联合循环发电机组控制系统及其可靠性

黄从智　主编

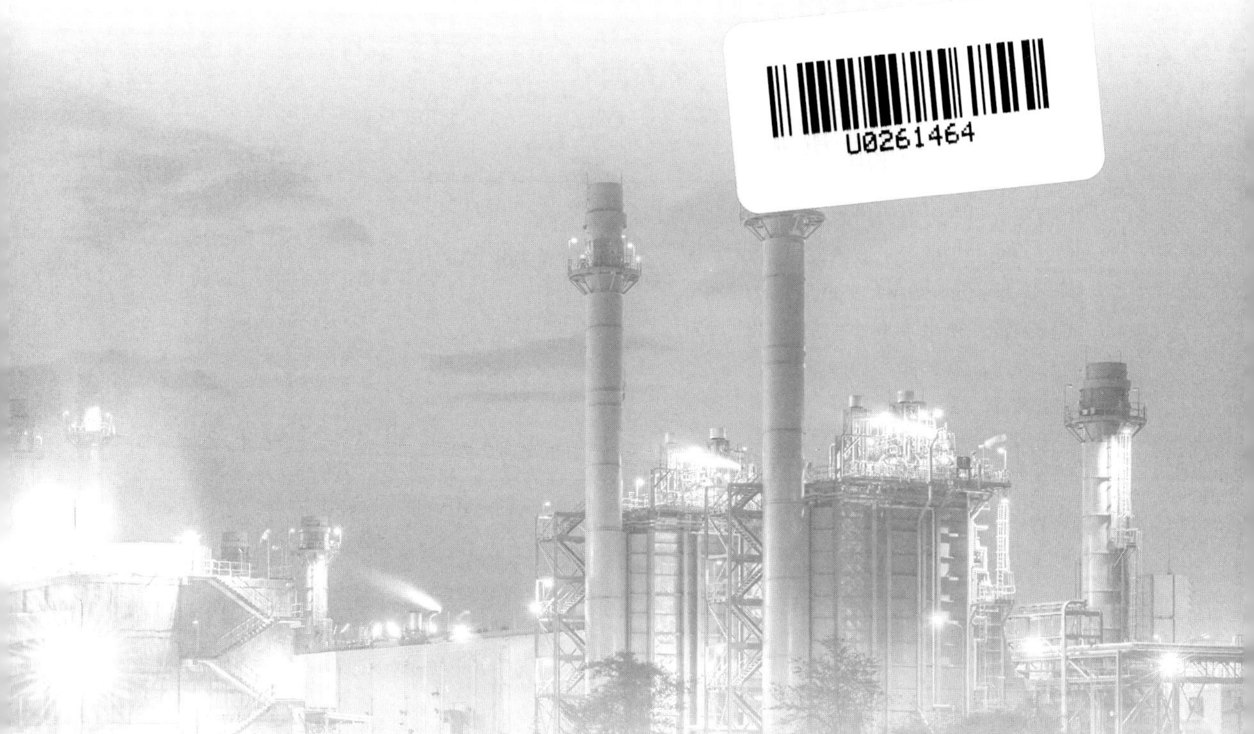

U0261464

中国电力出版社
CHINA ELECTRIC POWER PRESS

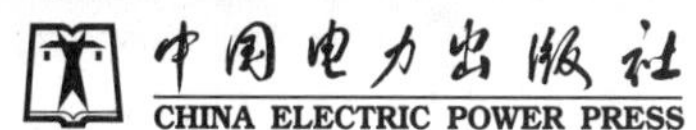

内容提要

本书主要从联合循环发电机组控制系统及其可靠性理论研究、工程应用等方面出发，依次介绍了：燃气－蒸汽联合循环发电机组工作原理；燃气－蒸汽联合循环发电机组各主要控制系统的硬件配置与功能；燃气－蒸汽联合循环发电机组中的燃气轮机、汽轮机、余热锅炉控制系统硬件可靠性框图分析；燃气轮机、汽轮机、余热锅炉各组成部分故障原因的故障树分析等。

本书以现有燃气－蒸汽联合循环发电机组的实际控制系统为基础编写，具有一定的理论研究意义和工程实践价值，可供相关专业科研人员及工程技术人员参考，并且期望为燃气－蒸汽联合循环发电机组提供一种新的可靠性分析思路和视角。

图书在版编目（CIP）数据

联合循环发电机组控制系统及其可靠性 / 黄从智主编 .— 北京：中国电力出版社，2024.4
ISBN 978-7-5198-6609-9

Ⅰ . ①联⋯ Ⅱ . ①黄⋯ Ⅲ . ①联合循环发电－发电机组－控制系统－可靠性 Ⅳ . ① TM611.3

中国版本图书馆 CIP 数据核字（2022）第 046038 号

出版发行：中国电力出版社
地　　址：北京市东城区北京站西街 19 号（邮政编码 100005）
网　　址：http://www.cepp.sgcc.com.cn
责任编辑：孙　芳（010-63412381）
责任校对：黄　蓓　常燕昆
装帧设计：郝晓燕
责任印制：吴　迪

印　　刷：三河市航远印刷有限公司
版　　次：2024 年 4 月第一版
印　　次：2024 年 4 月北京第一次印刷
开　　本：787 毫米 ×1092 毫米　16 开本
印　　张：14
字　　数：292 千字
印　　数：0001—1000 册
定　　价：70.00 元

版权专有　侵权必究
本书如有印装质量问题，我社营销中心负责退换

编 委 会

主　编：黄从智

副主编：丁淇德　侯国莲　韩向军

参　编：雷欣涛　高　飞　宋　征　牛长军　李　程

王立志　浮　岩　张　文　韦博文　佟纯涛

王殿升　王英虎　李战营　葛元武　王铭辉

间旭弘　汤嘉祥　张　楷　李卓勇　郭云泉

杨梦缘　杨　阳　赵鹤婷　蒋茜茜

前 言

重型燃气轮机被誉为工业制造业“皇冠上的明珠”，集中体现一个国家的工业水平。随着“十四五”的到来，我国相继出台了一系列规划和政策，促进燃气轮机技术向国产自主化、产业化、智能化方向发展。随着燃气轮机型号的更新换代，燃气－蒸汽联合循环发电机组的效率不断提升。为保证燃气－蒸汽联合循环机组的安全稳定运行，它的控制系统也必须更加可靠。因此，开展对燃气－蒸汽联合循环机组控制系统的研究，掌握控制系统的设计与可靠性分析是重中之重。

本书由华北电力大学控制与计算机工程学院黄从智教授主编，国电投周口燃气热电有限公司总工程师丁淇德、华北电力大学控制与计算机工程学院侯国莲教授、国电投周口燃气热电有限公司副总经理韩向军作为副主编，由北京交通大学教学名师、机械与电子控制工程学院王爽心教授，北京市教学名师、华北电力大学控制与计算机工程学院白焰教授审定。国电投周口燃气热电有限公司雷欣涛、张文、宋征、高飞、王英虎、牛长军、李程、王立志、李战营、葛元武、浮岩、韦博文、佟纯涛、王殿升等从事联合循环发电机组控制系统运行、维护的一线工程技术人员参与完成了本书的部分编写工作，华北电力大学控制与计算机工程学院的王铭辉、间旭弘、汤嘉祥、张楷、李卓勇、郭云泉、杨梦缘、杨阳、赵鹤婷、蒋茜茜等研究生协助完成了本书的编撰和修改工作。

本书的研究和编写工作受到中央高校基本科研业务费专项资金“数据驱动的新型电力系统智能调控协同优化方法研究”（2023JC001）、国电投周口燃气热电有限公司“燃气轮机控制系统安全完整性等级分析与应用研究”等科技项目的资助，在此致谢。

全书共分为 9 章：第 1 章概述，对燃气－蒸汽联合循环机组的发展现状、燃气－蒸汽联合循环机组控制系统及其可靠性研究的意义进行阐述；第 2 章简要介绍燃气－蒸汽联合循环机组的热力学原理和工艺流程；第 3~5 章，分别阐述燃气轮机、汽轮机、余热锅炉这三个部分的控制系统组成，包括各自的硬件配置和实现的功能；第 6 章介绍可靠性分析的基本理论，以及本书使用的几种可靠性方法，并且对燃气轮机、汽轮机、余热锅炉三部分控制系统的通用模件进行可靠性分析；第 7~9 章，则分别对燃气－蒸汽联合循环机组中的燃气轮机、汽轮机、余热锅炉等三部分，采用可靠性框图法进行系统级的可靠性分析，并采用故障树法针对一些具体故障原因开展可靠性分析。

期望通过本书，让读者对燃气－蒸汽联合循环机组的控制系统有一定程度的了解，进而为燃气－蒸汽联合循环机组控制系统的可靠性分析和提升提供新的思路和视角。

由于作者水平和经验有限，时间仓促，不妥之处，敬请广大读者批评指正。

编者

2024 年 2 月

目 录

1 绪论

本章主要对燃气 – 蒸汽联合循环机组的发展现状进行介绍，并对燃气 – 蒸汽联合循环机组控制系统及其可靠性研究的意义进行阐述。

1.1 燃气 – 蒸汽联合循环机组介绍

2020 年 9 月 22 日，中国在联合国大会上宣布：二氧化碳排放力争于 2030 年前达到峰值，努力争取 2060 年前实现“碳中和”。12 月 12 日，中国在全球气候雄心峰会上进一步宣布：到 2030 年，中国单位国内生产总值二氧化碳排放将比 2005 年下降 65% 以上，非化石能源占一次能源消费比重将达到 25% 左右，森林蓄积量将比 2005 年增加 60 亿 m^3，风电、太阳能发电总装机容量将达到 12 亿 kW 以上。作为全球最大的发展中国家，碳排放体量大，中国要实现这一“双碳”目标，可谓“压力山大”。此外，中国能源结构不合理造成高碳化石能源占比过高，同时能源利用效率偏低导致能耗偏高，这都是“双碳”目标按时完成的障碍。因此，中国需要采取更强有力的措施推进碳减排。在这样的契机下，具有高效低耗、启动快速、调节灵活、环境污染相对较少的燃气发电技术将在未来占据更重要的战略地位。

近年来，我国燃气发电装机容量稳步上升。根据中国电力企业联合会统计，2017~2022 年，燃气发电装机容量增长情况如图 1–1 所示。

由图 1–1 可知，燃气发电装机容量持续迅速上升，同时，虽然受到国际天然气价格影响，但燃气发电量仍然比燃煤发电量增长更迅猛。两者的同比增长速率如图 1–2 所示。

目前，国内燃气发电机组的发电设备主要是燃气轮机及燃气 – 蒸汽联合循环发电机组，两者具有密不可分的关系。其中，燃气 – 蒸汽联合循环发电机组是在燃气轮机的发展应用基础上产生的。

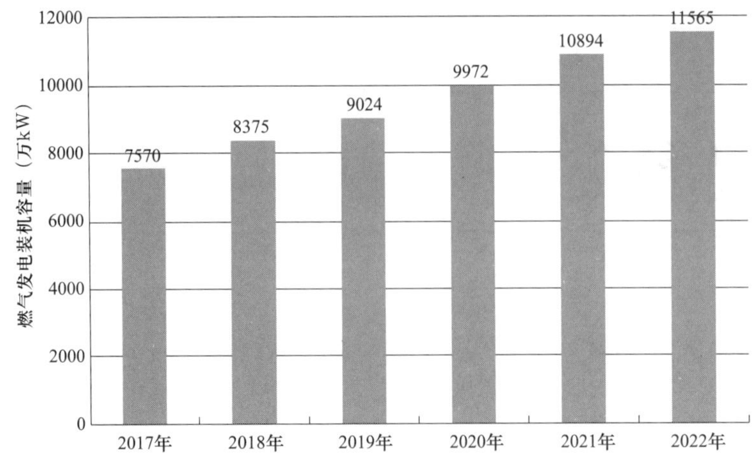

图 1-1 燃气发电装机容量增长图

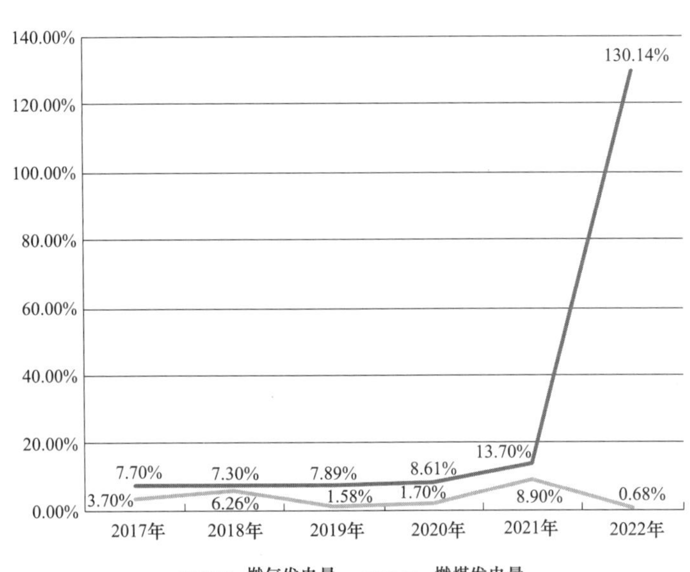

图 1-2 燃气发电量和燃煤发电量的同比增长速率图

“燃气轮机”这一名词的出现最早可以追溯到 1791 年，英国人巴贝尔提出了燃气轮机的具体设计方案，并申请了第一个燃气轮机设计专利，但燃气轮机设计的实现困难重重，直到 1905 年，法国人勒梅尔和阿芒戈制造了世界上第一台能输出有效功率的燃气轮机，但因存在较大缺陷并未得到实际应用。直到 1939 年，瑞士 BBC 公司制造了一台 4000kW 发电用燃气轮机并投入商业应用。同年，德国 Heinkel 工厂设计的第一台燃气涡轮喷气发动机通过地面试车，并装机试飞成功，标志着燃气轮机发展成熟，开始在发电行业崭露头角。20 世纪中叶，由于开式循环燃气轮机相对简单可靠，并且可以快速启停，能够在电网的快速调峰调频期间发挥一定作用，许多有天然气供应的国家建造了开式循环燃气轮机发电厂。此时还出现了一种非常小规模的开式循环燃气轮机，称为微型燃气轮机，可用于

家庭供电或小型商业供电。

1949 年，通用电气公司在美国俄克拉何马州的贝尔岛站安装了一台用于商业发电的燃气轮机，该燃气轮机的排气并未直接排放到大气中，而是通过安装在排气通道中安装省煤器以回收热量，并将这部分热量用于加热汽轮机发电机组的给水，这种设计是现代联合循环机组的雏形。在 20 世纪 80 年代，高效联合循环电厂的潜力得到了充分认识，现代燃气－蒸汽联合循环技术开始被电厂广泛采用。因为燃气－蒸汽联合循环机组具有高于燃气轮机机组与汽轮机机组的热效率，所以迅速发展为主流。此外，由于天然气廉价的优点，天然气发电市场发展迅速，各大燃气轮机制造商专门为这一市场开发了多种型号的重型燃气轮机，加速了联合循环发电站的发展。

目前，世界上已经有 20 多个国家，上百个企业生产数千种型号的燃气轮机，国际上习惯按照透平出口温度从低到高将燃气轮机划分为 A 级到 J 级。目前市场上以 F 级燃气轮机设备为主，且 H 级与 J 级重型燃气轮机也在逐步进入市场，以西门子 SGT5-8000H 燃气轮机为例，其联合循环效率最高可达 62%。

1.2　燃气－蒸汽联合循环机组控制系统

燃气－蒸汽联合循环机组容量的快速增加对热工自动控制技术提出了更高的要求，随着分散控制系统（distributed control system，DCS）的引入，热工自动控制技术迅速发展和完善。在燃气－蒸汽联合循环机组的实际应用中，DCS 往往集成数据采集系统、模拟量控制系统、炉膛安全监控系统、顺序控制系统、电气控制系统、汽轮机电液调节控制系统、安全防护系统、通信网络系统等，使其具有数据采集与处理、模拟量控制、安全监控、顺序控制、数据通信、逻辑运算等丰富的功能，实现了整个发电机组的炉、机、电一体化自动远程集中控制。控制范围不再局限于主要涡轮设备，也开始延伸至辅助设备，甚至延伸至整个发电厂。

燃气－蒸汽联合循环机组控制系统中 DCS 的结构一般是“四层三网”。四层从下到上依次是：现场级、控制级、监控级、管理级。三网则是四层之间的通信网络，从下到上依次是控制网络、监控网络、管理网络。现场级设备主要是各类传感器、变送器、执行器；控制级设备则主要是各类控制器与通信站，将现场级实时采集的信号进行逻辑运算，运算结果返回现场级；监控级设备则主要是工程师站、操作员站、历史站、制表站等；管理级设备主要是管理计算机，用于对整个发电机组的整体性能、运行效率进行分析、计算和管理。

DCS 本身的功能，是为接入系统的设备提供数据交互，对于 DCS 性能的评价，也主要集中在以下几个方面：允许接入 I/O 测点的数量、处理控制回路的能力、对用户和装置的适应能力、完整传输和纠错数据的能力、数据传输的速度、对其他型号 DCS 的兼容性以及使用寿命等，这些指标是衡量 DCS 技术成熟度的重要标志。

在国外，由于应用时间较长，DCS 的技术十分成熟，应用于燃气轮机或燃气－蒸汽联合循环机组的产品，主要有美国通用电气公司 MARK Ⅵ系统、美国艾默生公司 OVATION 系统、福克斯波罗 I/A Series 系统、ABB 公司 Symphony 系统、德国西门子 TXP 及 T3000 系统、日本横河 CENTUM VP 系统、日立 HIACS-5000M+ 系统和三菱 DIASYS-UP-6 等。它们技术先进且应用广泛，在曾经几十年时间内处于垄断地位，在国内的引进价格普遍高昂，维护又十分不便，因此研发国产 DCS 的重要性毋庸置疑。

国内厂家在引入国外产品的基础上开展了持续的消化、吸收、创新和大规模应用研究，相关的产品有国能智深 EDPF-NT 系统、和利时 MACS 系统、国电南自 TCS3000 系统、山东鲁能 LN2000 系统、西安热工院 FCS165 系统、南京科远 NT6000 系统、浙大中控 ECS 系统和上海新华 XDC800 系统、上海自动化仪表 SUPMAX800 等等。除此之外，全面国产化的 DCS 也已经实现。比如，中国华能集团自主研发的睿渥 HNICS-T316 已成功应用于华能玉环电厂 1000MW 机组，技术上已经接近或者达到国际先进水平。

1.3 燃气－蒸汽联合循环机组可靠性研究

一般地，控制系统的可靠性在工业生产过程中非常关键，控制系统的失效会造成生产停滞以及环境污染，甚至有可能造成人员伤亡。而可靠性正是用于衡量系统在不产生失效的前提下完整地执行系统功能的能力。

系统的可靠性一般定义为：在规定的条件下和规定的时间内，系统完成规定功能的能力。可靠性不符合规定可能导致一些严重后果，如大量人力资源的浪费、企业维修成本增加、公信力下降等。因此，为减少各类损失，系统的设计和运行必须高度可靠。

燃气－蒸汽联合循环机组控制系统是一类典型的工业生产过程控制系统，对其可靠性的要求非常高。因此，本书具体介绍了燃气－蒸汽联合循环机组控制系统硬件配置与功能，并详细分析了各部分控制系统的可靠性。

2 燃气－蒸汽联合循环机组原理、配置方式及工艺流程

目前，燃气－蒸汽联合循环机组已在火力发电行业中得到了广泛的应用，本章将首先介绍其构成原理与相应的配置方式，然后阐述燃气－蒸汽联合循环机组的工艺流程，为分析燃气－蒸汽联合循环机组的控制系统及其可靠性提供必要的基础。

2.1 燃气－蒸汽联合循环机组原理

燃气－蒸汽联合循环机组中，主要设备包括燃气轮机、余热锅炉、蒸汽轮机和发电机等。

一般地，燃气轮机的工作过程是：压气机不断地从大气中吸入空气并将其压缩（绝热压缩）；压缩空气将进入燃烧室与喷入的燃料混合，燃烧成为高温燃气（等压燃烧）并流入透平中膨胀做功，推动透平叶轮带着压气机叶轮一起旋转，同时输出机械功（绝热膨胀），而透平排气直接排入大气（等压放热）。在连续重复上述循环过程的同时，也就把燃料的化学能连续地转化为有用功。上述绝热压缩、等压燃烧、绝热膨胀、等压放热的工序，共同形成了燃气轮机装置的理想热力循环—布雷顿循环 (Brayton Cycle)，又称为燃气轮机的简单循环。图 2–1 为燃气轮机简单循环发电机组示意图。

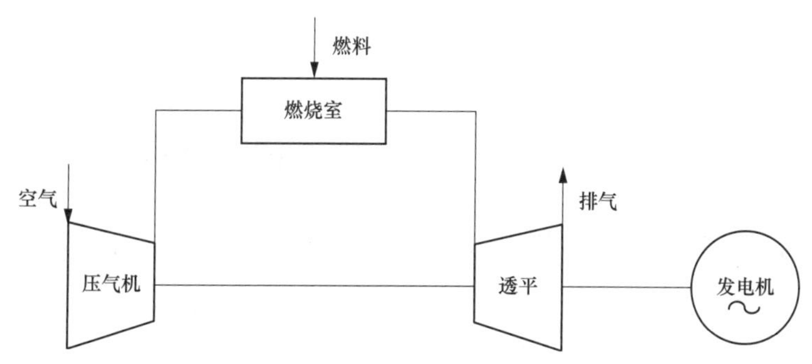

图 2–1　燃气轮机简单循环发电机组示意图

汽轮机的工作过程是：水泵中的水经过压缩升压（绝热压缩），进入锅炉中加热汽化；成为过热蒸汽后（定压吸热），进入汽轮机膨胀做功（绝热膨胀）；做功后产生低压蒸

汽，将会进入冷凝器冷却凝结成水(定压冷却)；最后回到水泵中，从而完成循环。上述绝热压缩、定压吸热、绝热膨胀、定压冷却的工序，共同形成了汽轮机装置的理想热力循环——朗肯循环(Rankine Cycle)。

在燃气轮机工作的布雷顿循环中，燃气轮机排气流量高达100~600kg/s，某些型号如西门子SGT5-8000H甚至超过800kg/s。而且透平的排气温度仍然很高，一般为450~650℃，因此有大量的热能未被利用而被排入大气。而在汽轮机工作的朗肯循环中，汽轮机进汽温度一般为540~560℃，接近燃气轮机的排气温度。可以设想，如果将两者结合起来，就可将能源进行二次利用，从而提高整体效率。这种结合形式称为燃气－蒸汽联合循环，是将布雷顿循环和朗肯循环结合在一起的循环。

燃气－蒸汽联合循环有多种形式，包括余热锅炉型联合循环、排气补燃型联合循环、增压流化床燃烧联合循环和整体煤气化联合循环。其中，最为常见的是余热锅炉型联合循环，主要由燃气轮机、余热锅炉、汽轮机及发电机组成。典型的余热锅炉型联合循环发电机组如图2-2所示。

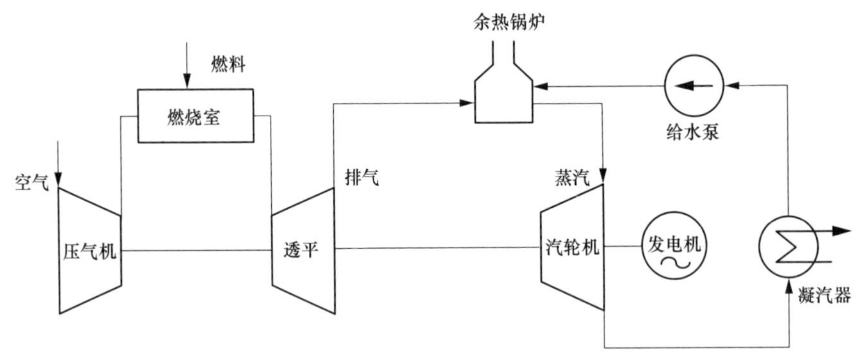

图2-2　典型联合循环发电机组示意图

燃气－蒸汽联合循环机组利用燃气轮机做功后的高温排气加热余热锅炉内的给水，将给水变成高温高压蒸汽，再送到汽轮机中做功，带动发电机发电，蒸汽经过汽轮机变为凝结水，由给水泵送往锅炉。

2.2　燃气－蒸汽联合循环机组配置方式

燃气－蒸汽联合循环机组按照轴系的布置，可划分为单轴和多轴的联合循环机组。如果将发电机、汽轮机和燃气轮机布置在同一根轴上，那么这类机组称为单轴机组。一般地，单轴机组一般采用“一拖一”配置，即用一台汽轮机带动一台发电机，如图2-2所示。它的特点是结构简单且紧凑，占地面积相对较小，联合循环的效率也比较高。

如果燃气轮机和汽轮机布置在不同轴系，并各自带动一台发电机，这类机组称为多轴机组。多轴机组中，燃气轮机和汽轮机可采用“一拖一”或“多拖一”模式。多轴、“一拖一”联合循环发电机组的示意图如图 2–3 所示。

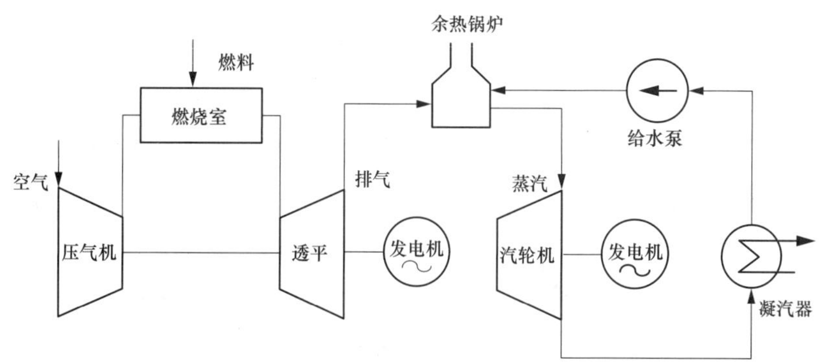

图 2–3　多轴、“一拖一”联合循环发电机组示意图

当采用“二拖一”或“多拖一”传动模式时，两台或多台燃气轮机和两台余热锅炉共同带动一台汽轮机，图 2–4 为典型“二拖一”模式布置的联合循环发电机组。

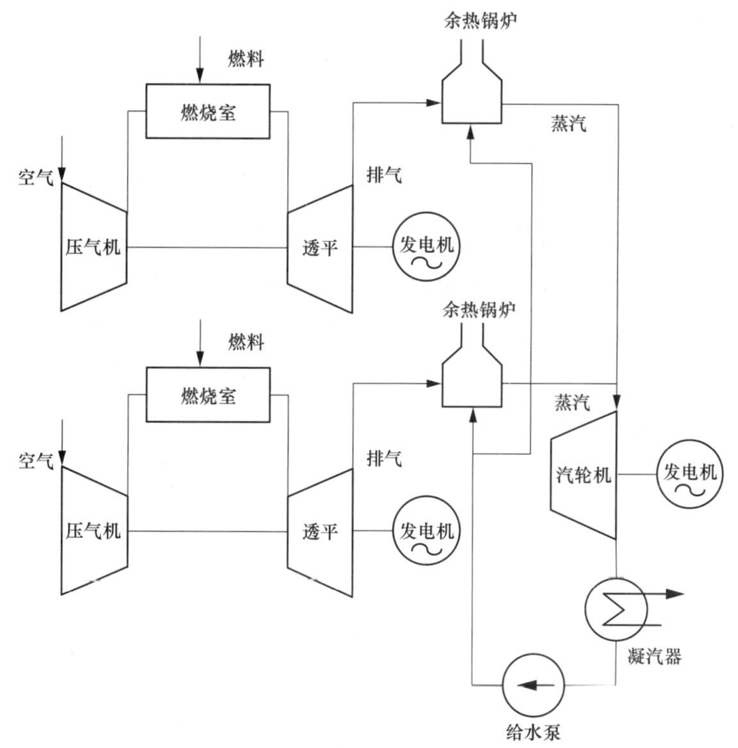

图 2–4　多轴、“二拖一”联合循环发电机组示意图

多轴、“二拖一”联合循环发电机组共有两台燃气轮机、两台余热锅炉、一台汽轮机和三台发电机。每台燃气轮机各带一台发电机，而两台余热锅炉出口的蒸汽并入母管后，输送到共用的一台汽轮机中做功，带动另一台发电机发电。多轴布置方式由于燃气轮机和汽轮机在不同的轴系，其运行组合方式更为灵活，可以满足外界不同负荷的需求。

2.3 燃气 – 蒸汽联合循环机组工艺流程

燃气轮机是一种依靠由燃料和空气混合燃烧而形成的高温高压燃气推动叶轮旋转的机械装置。汽轮机是依靠由各种热源产生的高温高压蒸汽推动叶轮旋转的机械装置，而将两种发电方式结合组成联合循环发电装置，并在此基础上加上辅助设备，则形成燃气 – 蒸汽联合循环机组。燃气轮机排气温度较高，作为蒸汽系统的能源或补充能源，两者结合可以进行梯级利用，可使效率达到 60% 以上。与常规燃煤机组相比较，燃气 – 蒸汽联合循环机组最大的优势在于使用了更为清洁的气体燃料（也包含液体燃料），对环境污染小，而且燃气轮机不需要大量的冷却水，联合循环的耗水量在一般情况下仅相当于同容量火电机组的 1/3 左右。另外，燃气 – 蒸汽联合循环机组启停快捷，调峰性能好。下面将以某电厂 F 级燃气轮机单轴“一拖一”联合循环发电机组（以下简称该机组）为例，介绍其生产工艺流程。

2.3.1 燃气轮机工艺流程

燃气轮机是以空气和燃气为工质的热机，一般由压气机、燃烧室和透平三大部件组成。燃气轮机工艺流程是：进气过滤系统把空气吸入压气机，在压气机被压缩成高压空气送至燃烧室，在燃烧室中燃料和压缩空气充分混合后在分管式燃烧器中燃烧，产生高压高温燃气进入透平，推动透平旋转做功，驱动发电机，透平出来的燃气排气通过排气扩压段和轴向排气道排出，排出的气体再通过余热锅炉、烟囱和消声器排放到大气。压气机的作用是提高工质压力；燃烧室的作用是提高工质温度，将燃料的化学能转换为工质的热能；透平的作用是通过工质的膨胀将其热能转换为机械能。燃气轮机的压气机是由透平直接驱动的，透平产生的机械功在抵消掉压气机的功耗之后带动发电机产生电能。

本书研究的燃气轮机采用单轴、单缸、轴向排气，冷端驱动，双轴承支撑，前轴承配置转子移动机构；压气机进气采用 15 级轴流压气机、前两级静叶 IGV 及 CV1 可调、布置有第五、九、十三级防喘抽气；透平采用 4 级，天然气预混气和值班气分别通过 24 个周向布置的燃烧器进入一个环形燃烧室、且每个燃烧器上布置一个点火器、燃烧室有两个火焰探测器，4 级透平的第二、三、四级静叶分别由压气机的第十三、九、五级抽气冷却，透平第一、二、三级动叶由相应的内部通道空气冷却。

其中，燃气轮机进气部分和压气机前 9 级采用单缸设计，特定的部分采用双缸设计。燃气轮机压气机有两个静叶持环，透平有一个静叶持环。整个燃气轮机转子包括前轴头、15 级压气机叶轮、3 级扭力盘、4 级透平叶轮和后轴头，由中心拉杆串联在一起，并通过透平末端的拉杆螺母拧紧。转子上的每个轮盘两侧都有沿径向分布的鼠牙盘。

压气机轴承为径向 – 推力联合轴承，其功能是在压气机端支撑转子，承受轴向推力。转子在透平端由径向可倾瓦轴承支撑。中间轴通过对接法兰将燃气轮机压气机端与发电机

连接起来，并通过螺栓进行固定。在中间轴上安装有齿轮环用于驱动盘车装置（液压马达）的齿轮；同时提供凹槽用于安装燃气轮机转速测量装置。径向推力联合轴承处装有间隙控制系统以便在燃气轮机运行过程中调整透平动叶和透平静叶持环间的径向间隙，提高燃气轮机性能。

整个燃气轮机最终是由压气机端支撑，透平端支撑以及中心导向支撑起来的。压气机支撑是死点位置，可在任何方向调整。透平支撑设计用来减少水平方向的应力，吸收轴承座的竖直热膨胀位移。中心导向支撑，用来调整轴向位移。

燃烧系统含有一个内部环形燃烧室，由燃烧室内环和燃烧室外环组成配备有 24 个低 NO_x 干式燃烧器。空气流经压气机排气导流环进入到组合型燃烧器中。在外环安装的两个火焰探测器对火焰进行监测。

燃烧器的气动特性由两个同轴、同旋向的旋流器决定，分别是轴向旋流器和斜旋流器。部分燃烧器出口带有燃烧器伸出端以引导燃烧流动，位于燃烧室上部的四个相邻位置的燃烧器出口不带伸出端。燃烧器有两个不同的喷嘴系统，分别位于斜旋流器的主预混喷嘴和位于轴向旋流器的值班喷嘴。

大部分燃气通过预混燃气接口进入斜旋流器，因为预混火焰当量较低，故采用值班火焰使主预混火焰稳定，值班气通过外部的同轴环腔提供。

燃烧器的中心区域利用来自压气机的冷却空气直接冷却，每一个值班环腔配备有一个火花塞，以此来点燃燃料出口的燃气，并在两个点火电极之间产生约 10000V 的点火电压，在点火过程中使其一直产生电火花。

排气扩散器包含一个锥形管段，进气侧通过螺栓与透平轴承衬连接。出气侧则焊接连在下游的排气系统中。此段扩散器与放风管路连接，在燃气轮机启动和停机时，把从压气机段流出的气体排出。此外，在环向上布置有 24 个热电偶，用于探测排气温度。排气扩散器设置一个孔，用以探视检修。

2.3.2　余热锅炉工艺流程

余热锅炉是利用工业生产过程中的余热产生蒸汽的设备。燃气 - 蒸汽联合循环中的余热锅炉是联合循环电厂中的关键设备之一，它处于燃气循环和蒸汽循环的交接点上，接受燃气轮机排气余热，并产生汽轮机所需蒸汽；余热锅炉与燃气轮机、汽轮机的联系密切，其运行性能在很大程度上受这些设备的影响。

余热锅炉根据烟气性质的不同分为许多种类：按照结构特点可分为管壳式余热锅炉和烟道式余热锅炉；按照布置方式分为卧式余热锅炉和立式余热锅炉；按照蒸汽压力等级又分为单压余热锅炉、双压余热锅炉、三压余热锅炉等。单压余热锅炉是指只生产一种压力的蒸汽供给汽轮机，双压余热锅炉与三压余热锅炉分别是指生产两种、三种不同压力的蒸汽供给汽轮机。

以三压余热锅炉为例进行介绍。其最主要的部分是汽水系统，可分为高压系统、中压系统、低压系统和除氧器系统。余热锅炉一般配置除氧器，低压汽包作为除氧器的水箱，提供除氧用汽。高压给水泵、中压给水泵入口的水均来自低压汽包。一般地，该锅炉中各蒸发系统的循环倍率（性能保证工况）如表 2–1 所示。

表 2–1　　蒸发系统的循环倍率

蒸发器	高压系统	中压系统	低压系统
循环倍率	6	39	29

高压系统：来自高压给水泵的水经高压给水调节阀、高压一级、二级、三级省煤器进入高压汽包，为防止高压省煤器汽化，高压省煤器还设置旁路系统以调节高压省煤器出口温度。高压汽包内的饱和水由下降管引入高压蒸发器，蒸发器出口的汽水混合物回到高压汽包形成自然循环；高压汽包内的饱和蒸汽进入高压一级、二级、三级过热器，然后进入汽轮机高压缸做功。在二、三级过热器之间和高压主蒸汽管道设置二级喷水减温器，以调节高压过热蒸汽温度。

中压系统：来自中压给水泵的水流经中压省煤器、调节阀进入中压汽包，同时防止中压省煤器内产生汽化。该给水管道与省煤器的设计压力充分考虑到启动状态水泵的特性曲线最高点，以保证省煤器系统的运行安全。中压给水泵出口预留去燃料性能加热器接口，中压汽包内的饱和水由下降管引入中压蒸发器，蒸发器出口的汽水混合物回到中压汽包形成自然循环；中压汽包内的饱和蒸汽进入中压过热器，之后与高压缸排汽混合后进入再热器，最后进入汽轮机中压缸做功。在二、三级再热器之间和再热蒸汽管道设置二级喷水减温器，以调节再热蒸汽温度。

低压系统：凝结水（给水）进入凝结水加热器，凝结水加热器出口的水经调节阀后进入除氧头；除氧后的水直接进入低压汽包。低压汽包内的饱和水由下降管引入低压蒸发器，蒸发器出口的汽水混合物回到低压汽包形成自然循环；低压汽包的饱和蒸汽，一部分用于除氧器除氧，另一部分进入低压过热器，然后进入汽轮机低压缸做功。为防止凝结水加热器受低温烟气腐蚀，锅炉还设置有中压给水泵出口至凝结水加热器进口的再循环管路，以提高凝结水加热器的进口水温，避免该受热面被低温腐蚀。

余热锅炉采用燃气轮机排气为供热源，其烟气流程为：燃气轮机排气→余热锅炉进口烟道→高压三级过热器→三级再热器→高压二级过热器→二级再热器→高压一级过热器→一级再热器→高压蒸发器→中压过热器→高压三级省煤器→高压二级省煤器→中压蒸发器→低压过热器→中压省煤器→高压一级省煤器→低压蒸发器→凝结水加热器→出口烟道→烟囱→排向大气。

2.3.3 汽轮机工艺流程

燃气 - 蒸汽联合循环机组所采用的汽轮机与常规火电机组所用的汽轮机相比，其基本原理和工作过程大致相同，但在设计和运行方面存在着较大的不同。其主要特点为：全变压、无抽汽、无增补汽。此外，联合循环汽轮机的末级叶片较常规火电机组汽轮机有所加长，对汽轮机的制造水平提出了更高的要求。

汽轮机采用高中压合缸、低压缸双流的双缸布置方式。高中压部分为双层结构，高中压整体内缸，叶片反流布置。高压 18 级、无调节级；中压 16 级；低压部分为分流结构，低压叶片 2×7 级向下排汽，采用了三层缸的设计，即外缸、内缸、静叶持环。从余热锅炉来的高压热蒸汽进入主汽阀，再进入高压调节阀，从高压调节阀出口直接进入高压缸，高压排汽直接排入高中压外缸与内缸之间的夹层；从锅炉来的再热蒸汽进入再热主汽阀，再进入再热调节汽阀，从再热调节阀出口直接进入中压缸，中压缸在第 14 级后的中压缸，经第 15 级的旋转隔板和第 16 级冲动级进入中压排汽，再到中低压连通管。中压排汽在高中压外缸中压侧上方，供热抽汽口布置在中压侧下方，抽汽由旋转隔板控制。旋转隔板具有类似于调节阀门的全开全关、限位调节功能。

当旋转隔板处于全开状态时，机组相当于常规同容量的纯凝机组；当旋转隔板处于全关状态时，亦保证有最小的容积流量，确保机组低压缸满足最小的冷却流量，以保证机组运行的安全性。补汽经补汽阀滤网、补汽阀组和补汽管道进入中低压连通管。补汽阀组包括一个补汽主门和一个补汽调门，均采用蝶阀形式。低压补汽阀组为刚性及挠性板支撑，管路支架为弹簧支撑。低压排汽缸处设有喷水减温装置，采用气动执行机构。高压主汽、再热主汽和补汽均设有 100% 旁路。高压与中压进汽腔室与内缸为一体结构。在高中压内缸上设有金属温度测点，用测得的内缸金属温度来代替进汽处高、中压转子温度，用金属与蒸汽的温度差和预先规定的数值相比较，来控制汽轮机的启动与负荷变化，以达到限制转子热应力的目的。高中压缸内设有两处平衡活塞汽封，其中高压侧平衡活塞汽封体位于内缸中部，与内缸合为一体；高压排汽侧平衡活塞汽封体位于内缸端部高排侧；为了提高密封效果，各平衡活塞汽封均采用迷宫式汽封。

2.4 小结

本章简要介绍了燃气 - 蒸汽联合循环机组的工作原理、配置方式以及工艺流程。虽然燃气 - 蒸汽联合循环机组的热力学原理一直是经典的朗肯循环和布雷顿循环，但随着时代的发展，燃气 - 蒸汽联合循环机组的工艺流程逐渐复杂化，热力设备不断更新，对自动控制技术提出了更高的要求。尤其近些年来，由于分散控制系统的引入，使电厂热工自动控制技术得到迅速发展和完善。

分散控制系统实现了整个机组的一体化控制。控制范围不局限于主要涡轮设备，也延伸至辅助设备。但是由于各设备的生产厂家往往不同，导致各部分控制系统的设计思路截然不同，给系统性分析燃气 – 蒸汽联合循环机组的控制功能带来了一定的困难。接下来的第 3 章、第 4 章和第 5 章将按照结构层次和功能层次，分别阐述燃气轮机、汽轮机和余热锅炉各部分的控制系统组成及功能。

3 燃气轮机控制系统

燃气－蒸汽联合循环机组控制系统的各部分相对独立，依照功能和布置划分为燃气轮机控制系统、汽轮机控制系统和余热锅炉控制系统。其中燃气轮机控制系统是这三部分的核心，实现机组的主要控制功能，包括机组盘车升速、转速控制、机组并网、减少热应力等，这些功能由编译在控制器模件中的控制逻辑实现。控制逻辑设计组态后下载至主控制器模件，通过各类通信网络进行数据传输交换。燃气轮机控制系统应用了包括数字量控制、模拟量控制、顺序控制等各种控制方式，一般将其划分为燃料控制系统、顺序控制系统、辅助控制系统、保护控制系统四个主要的子系统。

3.1 概述

燃气轮机控制系统应用 DCS 实现，DCS 分为管理级、监控级、控制级以及现场级。其中，管理级主要实现对全厂的人员及设备管理；监控级通过工程师站来设计或修改组态逻辑，经由控制网下载到各个子系统的主控制器单元；现场级主要包括被控对象、测量变送仪表和执行机构；控制级通常处于自动模式下，此时各个子系统主控制器单元中的组态逻辑会自行对输入的现场信号进行处理与运算，并产生控制指令。但如果控制级工作在手动模式下或者受到操作员指令的干预，此时监控级操作员站下达的命令先送到操作网，经由交换机送到服务器，服务器将指令经过控制网传达至子系统主控制器单元并覆盖自动模式下主控制器单元产生的控制信号。综上所述，在正常情况下除了手动模式和部分顺序控制需要监控级的控制命令，自动模式下的监控级仅执行监视功能，因此对控制系统的分析仅集中在控制级。将燃气轮机控制系统按照功能划分为燃料控制系统、顺序控制系统、辅助控制系统、保护控制系统四个主要的子系统。子系统的划分情况如图 3–1 所示。

图 3–1 中，燃气轮机燃料控制系统的功能主要完成对燃气轮机燃料供应系统的控制，保证燃气轮机的安全稳定运行。虽然燃气轮机燃料供应有许多具体的控制方式，如转速控制方式、负荷控制方式等，但在同一时间只有一个控制方式起作用，将不同控制方式的结果输入到一个“最小值选择门”进行筛选，选最小的一个控制量作为该选择门的输出，最终实现对燃料供应系统的自动控制。

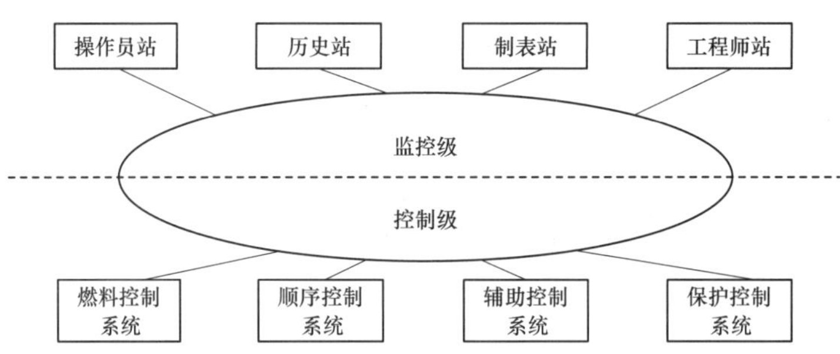

图 3–1 燃气轮机控制系统子系统划分情况

燃气轮机顺序控制系统实现对燃气轮机的启动、运行、停机的顺序控制，以及冷机期间对燃气轮机、发电机和辅机的顺序控制。顺序控制系统同时监测着保护系统和其他各个系统，比如燃料系统、液压油系统、润滑油系统等，并发出燃气轮机启动和停止的逻辑信号。这些逻辑信号包括转速信号、转速设定值控制信号、负荷选择信号、启动设备控制信号和计时器信号，为燃料控制系统和保护控制系统提供实时监控信号。

燃气 – 蒸汽联合循环发电机组必须配备有完善的辅助设备和辅助控制系统才能正常运行。辅助控制系统的性能是影响机组安全、可靠运行的重要因素之一。因此，全面掌握燃气轮机辅助控制系统的结构组成及其在联合循环发电机组中所起的作用是十分必要的。

当一些重要的参数超过限制值或者控制设备发生故障时，保护控制系统通过切断燃料流量遮断燃气轮机。保护控制系统主要包括超温保护、超速保护、熄火保护、振动保护、燃烧监测保护，此外还有一些零散的保护项目，例如润滑油压力过低保护或润滑油温度过高保护等。这些保护控制系统在启动、运行甚至盘车过程中，都随时监视着燃气轮机的状态。一旦某些参数达到临界值，或者保护控制系统自身出现故障，都发出报警信号致燃气轮机遮断。此外，切断燃料流量是通过两个独立的装置进行的，截止阀为主，燃料控制阀（对于液体燃料则是主燃油泵）为辅。

3.2 燃气轮机控制系统硬件配置

一个控制动作的产生，往往需要综合大量的现场信号，这些现场信号由 I/O 单元采集后通过现场通信网络传送至 I/O 信号处理单元，进而将经过处理的 I/O 信号通过子系统内部通信网络传送至子系统主控制器单元，经过组态逻辑处理与运算。上述过程可概括为现场信号的接收以及组态逻辑运算过程。分析硬件配置，可以对系统功能的实现了解更加透彻。下面以某燃气 – 蒸汽联合循环发电机组所使用的燃气轮机控制系统为例进行说明，其硬件配置如图 3–2 所示。

图 3–2 中，操作网指操作员站间相互通信的网络，控制网指控制器间相互通信的网络，操作网与控制网都是冗余的。控制器中的逻辑组态需要在工程师站中设计，之后下载至控制器中。因此，工程师站同时连接操作网与控制网，服务器负责连接控制网与操作网

之间的通信。机组运行时，运行人员在操作员站发出指令，该指令通过操作网中的交换机送到服务器，服务器将指令送至控制网，经过以太网通信接口模件的处理，最终发送给燃气轮机各子控制系统。

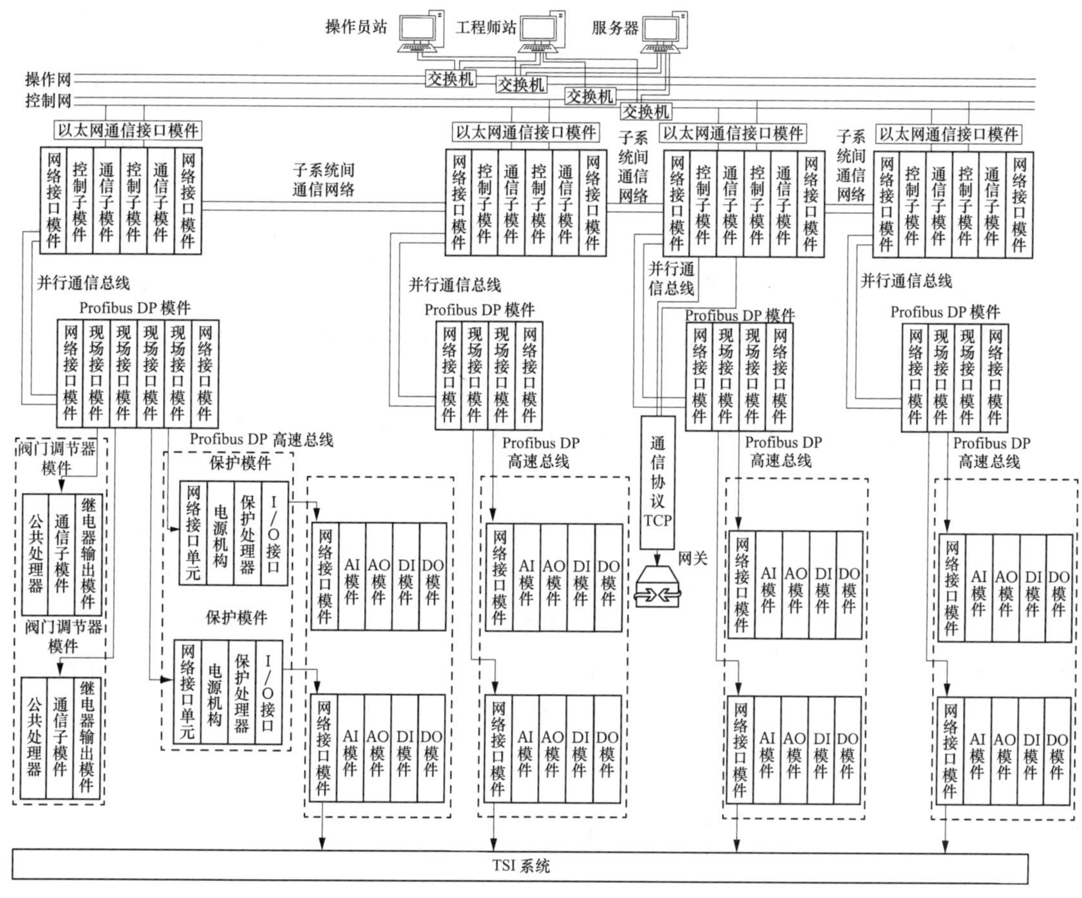

图 3-2　燃气轮机控制系统硬件配置图

燃气轮机控制系统功能实现主要依靠相应的硬件，包括主控制器模件、现场通信模件、以太网通信接口模件、阀门调节器模件、保护模件，以及 I/O 模件。每个模件都由相应的子模件组成。

主控制器模件共有四组，分别对应燃料控制系统、顺序控制系统、辅助控制系统以及保护控制系统，执行过程控制或保护功能，由控制子模件、通信子模件、网络接口模件组成，其中控制子模件执行逻辑运算功能，通信子模件执行数据传输功能，网络接口模件为通信子模件提供接口以及为整个主控制器模件提供电源。同时控制子模件、通信子模件皆为二重冗余热备用，且故障时两种子模件的冗余切换相互独立，这种切换功能由相连的以太网通信接口模件实现。而网络接口模件在两侧各有一个，需要同时工作未进行冗余处理。

现场通信模件，连接于主控制器模件和 I/O 模件之间，解决了主控制器模件和 I/O 模件因通信协议不同而无法连接的问题。以 Profibus DP 通信模件为例，它遵照 Profibus DP 通信协议，由通信模件（与现场连接，也称现场接口模件）、网络接口模件组成。通信模件与现场设备相连，执行数据处理功能，网络接口模件为其提供接口以及提供电源。其中，通信模件为二重冗余热备用。

阀门调节器模件，用于控制燃料伺服阀与燃料值班阀，包括：一个公共处理器模件、一个通信子模件和一个继电器输出模件，其中继电器输出模件可根据实际需要进行加装。

控制系统的 I/O 模件按照数据类型和流向可以划分为模拟量输入（analog input，AI）、模拟量输出（analog output，AO）、开关量输入（digital input，DI）、开关量输出（digital output，DO）四组，并且通过加装的 I/O 网络接口模件与 Profibus DP 通信模件的连接来实现 I/O 单元与 Profibus DP 通信模件之间的数据通信。I/O 模件除了与 Profibus DP 通信模件连接之外，还与透平监视系统（turbine supervisory instruments，TSI）相连接。

燃料控制系统硬件配置有一定的特殊性，其主控制器模件直接连接阀门调节器模件，并未连接 Profibus DP 通信模件。除此之外，燃料控制系统与现场 I/O 模件之间的连接还要通过型号各异的保护模件。

模件之间的连接，需要相应的数据总线或接口，其中主控制器模件与控制网之间的连接，需要以太网通信接口模件提供接口。操作网与控制网、控制网与主控制器之间均使用高速以太网线。主控制器与 Profibus DP 通信模件的连接使用了并行通信总线，并且在总线末端还需要增加一个终端电阻。Profibus DP 通信模件与 I/O 模件、保护模件、阀门调节器模件之间的连接使用 Profibus DP 高速总线。

3.3 燃气轮机燃料控制系统

燃气轮机燃料控制系统的功能是调节燃料量，以满足燃气轮机各运行阶段的燃料量需求。该燃料控制系统主要具有如下主要控制功能：启动功能（startup function）、转速控制（speed control）方式、负荷控制（load control 方式）、排气温度控制（tect control）、压气机（进、出口）压比限制（pressure rate limiter）、负荷限制（load limiter）、冷却限制（cooling limiter），构成原理框图如图 3-3 所示。

由图 3-3 可知，该燃气轮机主控系统设置了 7 个燃料控制信号，分别代表不同的控制方式。上述 7 个燃料控制信号同时进入小值选择器运算，取值作为输出。因此，虽然任何时刻 7 个燃料控制信号各自都有输出，但只有 1 种控制方式的燃料控制信号有可能进入实际燃料控制系统，这样就保证了 7 种控制方式的协同配合。一般地，小值选择器输出将经过燃料分配计算回路，按照预混阀与值班阀的分配比例进行计算并将计算结果分别发送至两个阀门调节器模件，最终调节值班阀与预混阀的位置。阀门开度限制的作用是保证在机组甩负荷期间，不会因为燃料供应不足而熄火。燃料修正系数根据进入燃气轮机的不同燃料而改变，修正预混阀与值班阀的阀门开度信号，保证燃气轮机平稳运行。

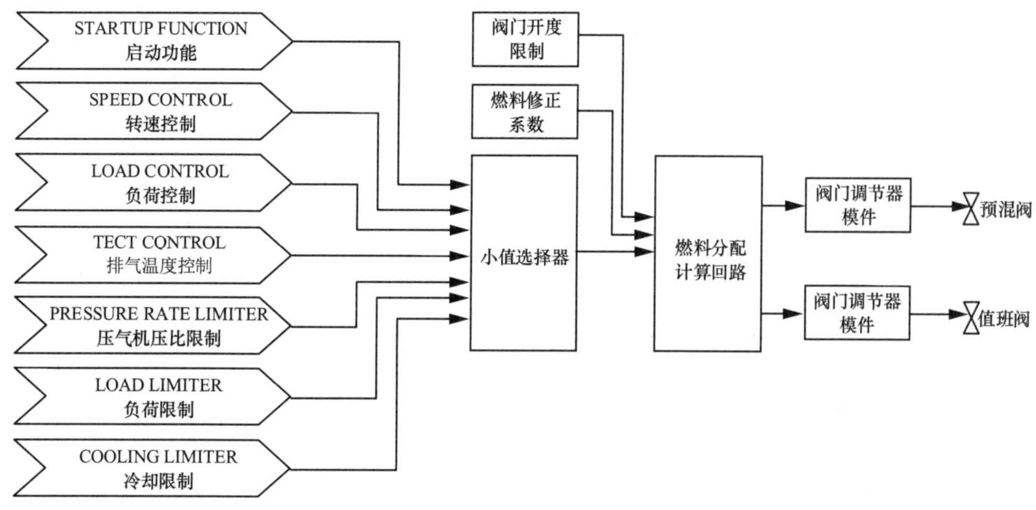

图 3-3　燃料量控制方式

接下来，本节将分别介绍燃料量控制系统的七个燃料控制指令。

3.3.1　启动功能

燃气轮机的启动过程是在顺序控制系统和启动控制系统共同作用下完成的。顺序控制系统的主要功能是：通过操作门选择操作指令键下达启动命令后，顺序控制系统及有关保护系统检查启动允许条件、速断附锁的复位、开动辅助设备（如液压泵、燃料补给等），根据程序去开关或启停相应的阀门、电动机，使启动电动机把燃气轮机带到点火转速，继而点火，再判断点火成功与否，随后进行暖机、加速，在达到一定转速后关闭启动机等一系列动作，直到燃气轮机达到运行转速才完成启动程序。启动功能一般针对静态启动装置、启动电动机、启动柴油机或者启动用膨胀透平等动作。

启动控制针对的控制变量是从点火开始到启动程序完成这一过程中的燃料量，燃气轮机启动过程中燃料量变化范围比较大。其最大值受压气机喘振（有时还受透平超温）所限，最小值则受零功率所限。这个上下限随着燃气轮机转速的变化而变化，在脱扣转速时这个上下限之间的裕度最窄。沿上限控制燃料量可使启动最快，但燃气轮机温度变化剧烈，会产生较大的热应力，导致材料的热疲劳而缩短使用寿命。相对于航空用燃气轮机来说，联合循环机组对重型燃气轮机启动时间要求并不高，因此重型燃气轮机启动过程中燃料控制目标一般偏低、变化偏缓，以求得较小的热应力，减轻热疲劳程度。该燃气－蒸汽联合循环机组以开环方式控制启动过程中的燃料量，燃料量的变化情况如图 3-4 所示。

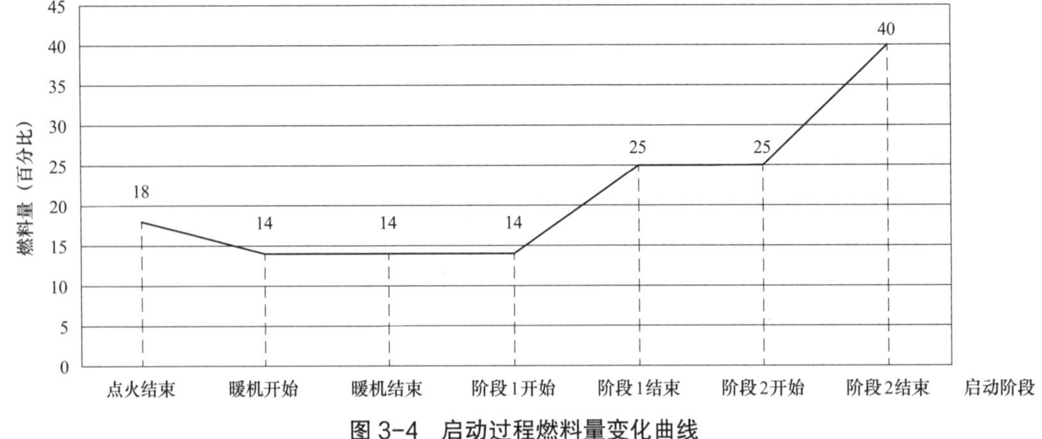

图 3-4 启动过程燃料量变化曲线

当燃气轮机被启动机带转到点火转速（约 16% 额定转速），等待清吹完成，并满足点火条件后，启动控制系统把预先设置的点火燃料量（18%）作为燃料量输出；一旦点火成功，立刻降到暖机值（即燃料量 14%）进行暖机，在暖机期间保持暖机值不变，由于燃气轮机的转速逐渐上升，实际燃料流量还是在增加（用静态启动时，可维持转速不变）；完成 1min 暖机过程后，燃料量将会按照两阶段升高，第一阶段是按预先设置的变化速率随时间上升到设定值（即燃料量 25%），第二阶段以另一个预先设置的较大的速率继续爬升，直到燃气轮机达到运行转速。

3.3.2 转速控制

在燃气轮机启动时，启动升速控制器加速转轴至额定转速。当到达特定转速时，转速控制器切入，代替启动升速控制器控制转速（即 97% 额定转速）。转速控制器控制燃气轮机转速至额定转速或同步转速，这个控制功能自动执行。操作员设置额定转速值在额定转速附近，以 3000r/min，即 50Hz 的燃气轮机为例，可以设置额定转速值在 47.6~51.4Hz 范围内。转速控制器主要用于燃气轮机同步并网前的无负荷操作过程中。

点火发生在转速点 42Hz 时，值班燃气控制阀设定使得允许的启动质量流量进入燃气轮机。在转速点 30Hz 时，预混燃气控制阀打开使得启动质量流量进入燃气轮机。值班燃气控制阀升程作为时间的函数通过以下 3 个独立的梯度进行调节：

（1）在转速达到 11Hz 时使用第一梯度 1.9%/min；

（2）在转速达到 20Hz 时使用第二梯度 3.7%/min；

（3）在转速达到 31Hz 时使用第三梯度 7.5%/min。

另外，这个过程中可能使用转速保护功能（限制功能）。保护功能的作用是在某一转速下，当要求的热输出值大于允许值时，限制启动功能超过最小限定值（例如，防止启动变流器太弱或者设定值太小）。保护功能设定值一般设置为 1%~30%。如无干扰发生，燃气轮机从正常启动到全速运行是没有保护功能介入的。

当转速达到47Hz（94%额定转速）后，关闭防喘放风阀1；延迟10s后，关闭防喘放风阀2；继续延迟10s后，关闭防喘放风阀3；继续延迟20s后，关闭防喘放风阀4。防喘放风阀关闭指令如表3–1所示。

表3–1 防喘放风阀关闭指令

转速	防喘放风阀	指令
转速 >47Hz	1	关闭
转速 >47Hz 延时 10s	2	关闭
转速 >47Hz 延时 20s	3	关闭
转速 >47Hz 延时 40s	4	关闭

当最后一个放风阀关闭并且经过延迟时间（如30s）时，值班燃气控制阀会按照质量流量设定点进行调整，依据是燃气轮机运行条件和环境条件，此时燃气轮机控制器会对燃料预混控制阀施加操作，燃气轮机运行相应的燃料模式都会维持此设置。

3.3.3 负荷控制

当发电机同步并网后，负荷控制器会自动激活。负荷控制器用于加减负荷至选择的目标值。它通过负荷设定进行调整，并显示在负荷设置面板上。在触发子组控制程序之前，操作员应设定负荷目标值。负荷根据所容许的负荷梯度进行变化。负荷控制器在同步至基本负荷阶段接管燃气轮机控制。当燃气轮机脱网（如甩负荷）时负荷控制器断开。

在燃气轮机正常运行期间，会使用如下升负荷/降负荷梯度。

冷启动燃气轮机时（冷态燃气轮机指的是并网后的第一个小时），从零负荷到压气机进口导叶开度（inlet guide vane，IGV）全开下的最小负荷阶段使用升负荷/降负荷梯度6.5MW/min，IGV全开下的高负荷范围使用升负荷/降负荷梯度6.5MW/min。

热启动燃气轮机时（热态燃气轮机指的是并网一个小时以后），从零负荷到IGV全开下的最小负荷阶段使用升负荷/降负荷梯度13MW/h，IGV全开下的高负荷范围使用升负荷/降负荷梯度6MW/h。

一般情况下在升负荷和降负荷过程中，IGV开度、空气流量、排气温度与燃气轮机输出功率之间的关系如图3–5所示。

图3–5中，纵坐标的百分比表示IGV开度/空气流量/排气温度占据IGV全开/额定空气流量/额定排气温度的比例。横坐标的百分比表示燃机功率输出占据额定功率输出的比例。

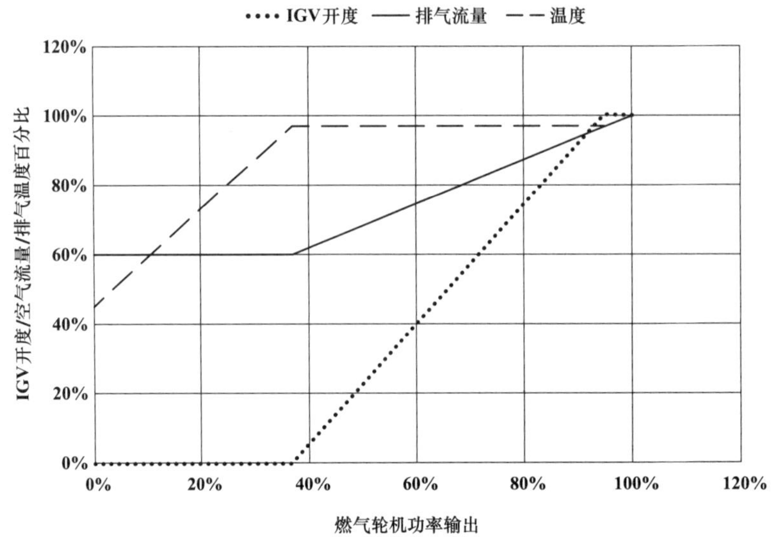

图 3-5　燃气轮机功率输出与排气流量、IGV 开度、温度的关系

3.3.4　排气温度控制

燃气轮机排气温度控制的主要作用是限制最大燃料量，以保证在启动阶段和带负荷时燃气轮机透平入口烟温在安全范围内，防止超温运行对燃气轮机热通道部件的损坏。

一般情况下，燃气轮机透平入口烟温 T_3 越高，燃气轮机的功率和效率越高，因此期望机组在尽可能高的 T_3 下安全运行。燃气轮机运行时，透平叶轮和叶片均在高温下高速转动，需承受高温和巨大的离心力。随着温度的升高，材料强度将明显降低，同时限于制造工艺和为了追求高性能参数，燃气轮机叶轮、叶片等热通道部件的材料强度裕度不会很大。如果 T_3 超出了安全极限，会使透平热通道部件寿命大为降低，甚至造成热通道部件烧毁、断裂等严重事故，对燃气轮机的安全运行造成严重威胁。因此，在燃气轮机运行过程中必须严格监控 T_3 的变化，保证 T_3 不超过限定值。重型燃气轮机的温度 T_3 都非常高，达到 1400℃左右。如此高的温度不可能直接用热电偶测量，只能采用测量燃气轮机排气温度 T_4（600℃左右），再用近似公式计算来间接获得 T_3 的方法。

燃气轮机运行时，温度和压力的变化趋势是相同的，而且温度场也因燃气经过透平做功后有所混合而比较均匀，所以便于测量和控制。温度控制系统实际上就是通过对燃气轮机排烟温度的测量和控制来达到控制透平入口烟温的目的。燃气轮机透平入口烟温、排烟温度、入口压力、排烟压力间的关系式为

$$T_3 = T_4\left(\frac{p_3}{p_4}\right)^{\frac{k-1}{k}} \tag{3-1}$$

式中：T_3 为透平入口烟气温度；T_4 为透平排烟温度；p_3 为透平入口压力，可认为与燃烧器壳压力或压气机出口压力相等；p_4 为透平排烟压力；k 为烟气绝热指数。

式（3–1）中，为使 T_3 为常数，排气温度孔和燃烧器壳压力之间有一条关系曲线，这就是燃气轮机温度控制基准线。燃气轮机在不超出温度控制基准线以上的范围内运行都是安全的，如图 3–6 所示。

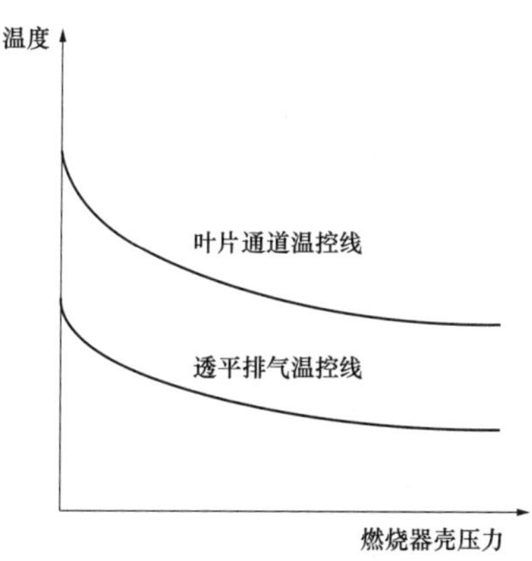

图 3–6　燃气轮机温度控制基准线

燃气轮机出口的透平排气温度（turbine exhaust temperature，TET）是通过布置在排气扩散器上一圈的 24 个热电偶测量透平末级下游的温度测量得到，每个热电偶拥有 A、B、C 三个测量通道，其中 A 为备用通道。为了得到一个质量较好的平均温度，24 个热电偶的平均温度通过排气扩散段的 6 个热电偶的平均温度进行修正。通过计算快速瞬态工况下的 24 个热电偶的平均值和针对于慢负荷变工况下的 6 个热电偶的平均值，可得到燃气轮机出口的平均排气温度。为了进行燃气轮机控制，需要测量每个 B 和 C 温度测量通道值并进行计算。

压气机入口温度（temperature of compressor inlet，TCI）是通过布置在压气机入口的 4 个热敏电阻测量。测量温度的平均值通过全部 4 个热敏电阻的 A 通道计算。

实际转速和额定转速之比 N/N_0 仅在燃气轮机频率过高 / 过低运行情况下有意义。

根据上述变量，可得修正后的排气温度（turbine exhaust temperature corrected，TETC）为

$$TETC = TET - \left(K_1 + K_3 \times TCI\right) - \left(1 - \frac{N}{N_0}\right) \times K_2 \tag{3–2}$$

$$K_1 = 0.37, K_2 = 200℃，K_3 = 0.0071 \tag{3–3}$$

修正后排气温度的设定值是通过燃气轮机机组配置和燃料的选取而确定的。对于不同的机组配置（例如简单循环和联合循环）和不同的燃料选取（例如燃气和燃油），设定值是不同的。

3.3.5　压气机压比限制

该控制回路的功能是避免压气机压比超过喘振可参与的数值。压气机压比取决于如

下参数：压气机入口温度、压气机入口压力、压气机减速 n、进口导叶开度（inlet guide vane，IGV）、空气质量流量。

最大压气机压比是压气机减速 n 乘以空气质量流量的函数，空气质量流量取决于 IGV 的开启位置。

被控制的参数是压气机压比系数 β（即压气机出口压力和压气机进口压力之间的比值）。为优化压气机功能，通过一系列曲线（减速、开度 IGV）来处理控制装置的设定点，这些曲线近似于上述最大压气机比函数，并具有良好的安全裕度。

β 在 IGV 打开之前，就慢慢接近上述曲线，当压气机压比不够，气流也会减少。如果 IGV 已经完全打开，则只能减少气体流量。

如果 β 快速接近上述曲线时，气体流量立即减小。正常情况下，β 增加对应于 IGV 开度增加，反之亦然。但是，对于非常低的转速值，n 存在一个区域，使 IGV 开度增加对应于 β 减少。因此，在此区域，IGV 将保持在正确位置。该控制器可以防止和减少压气机喘振，以避免燃气轮机跳机。

3.3.6　负荷限制

负荷限制回路使用了一个负荷限制控制器，限制透平最大容许的机械负荷。在进气温度较低及增大功率操作时（导致透平端质量流量和有功功率增加，此时并未达到最高透平进口温度），该控制器可以切断负荷控制，中断加载，阻止负荷进一步增大。上述情况一般出现在负荷设定值被设定到很高的水平，且燃气质量流量迅速升高以适应外界温度下降时。在压气机进行在线水洗时，一定要注意降低 5% 的负荷，冬季环境温度过低时，注意进气系统防冰装置的投入情况，尽量避免激活负荷限制控制器，防止燃气轮机过负荷。当负载设定设置过高时。此时燃气轮机内的质量流量急剧上升，透平温度将会降低。负荷限制控制器通过中央的最小值逻辑激活，限制燃料供应量，直到另一个控制器处于激活状态。

燃气轮机制造商确定了最大所容许的负荷，并会在控制系统中永久执行。

3.3.7　冷却限制

冷却限制回路使用了一个冷却限制控制器，该控制器的功能是在压气机入口温度较低或频率高于标称频率时，向燃气轮机叶片提供冷却气流。空气从压气机中抽出，压气机处的压力与叶片上的压力之差保证了气流。当进入压气机的压力升高时，压气机和叶片之间的压差减小，因此冷却空气流量可能不足。此时，有必要在 IGV 打开之前和 IGV 完全打开时，减少气流（两种操作都会降低透平叶片上的压力）。IGV 的打开增加了流向叶片的空气流量，因此冷却效果更好，而气流的减少会降低燃烧温度，从而降低叶片的热负荷。控制过程使用叶片热负荷参数，由压气机比、燃气轮机转速和压气机空气流量（由 IGV 位置计算的流量）计算。其中，压气机也通过燃机转速和 IGV 开度的多项式函数计算。

3.4 燃气轮机顺序控制系统

作为基本功能，燃气轮机的运行过程在任何时刻都被顺序控制系统监测。尤其是作为高级别的主顺控，用于控制其他顺控，如图 3–7 所示。

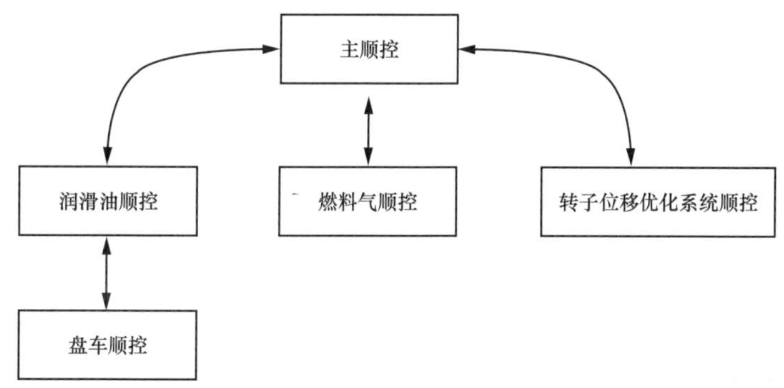

图 3–7 燃气轮机顺序控制系统结构

3.4.1 主顺控

3.4.1.1 主顺控启动顺控

燃气机组是通过燃烧天然气作为动力，但由于燃气轮机启动转矩一般较大，燃气轮机本身无法自启动，同时燃机点火也需要一个基本的转速，大约为 300~500r/min，因此需要一个外部的动力将整个轴转动起来。通常使用静止变频器（static frequency converter，SFC）作为主要启动方式。

主顺控启动顺控应该包括以下过程：发电机和 SFC 预准备、启动锅炉吹扫功能、启动燃料选择和相关的顺控、设置与燃料选择有关的顺控、IGV/CV1 控制器激活、润滑油系统启动、液压油系统启动、空气干燥器关闭，打开进气挡板门、放风阀打开、转子位移优化系统激活、发电机励磁与同步。

燃气轮机启动允许需满足以下全部条件：

（1）罩壳通风系统启动。

（2）盘车系统启动。

（3）润滑油系统准备：

1）润滑油泵无报警信号；

2）润滑油箱温度大于 20℃；

3）无火灾跳机；

4）无停止顺控。

（4）冷却油系统准备。

（5）发电机冷却空气大于最小值。

（6）冷却空气系统准备。

（7）气动空气压力可用。

（8）至少一个 IGV/CV1 插装阀可用。

（9）挡板门与防喘放风系统可用。

（10）安检门关闭。

（11）防爆门关闭。

（12）转子位移优化系统可用于燃气轮机启动。

（13）自动停机信号处于重置状态。

（14）火灾保护系统允许。

（15）燃料气闭锁。

（16）点火变压器处于工作状态。

主顺控启动顺控的具体步骤如下：

第一步：

动作：打开进气挡板门、关闭空气干燥器、重置 SFC 盘车命令。

反馈：选择 SFC 模式、进气挡板门打开、转速小于 6Hz。

等待时间 0s、监视时间 30s。

第二步：

动作：启动润滑油顺控、润滑油顺控进行、启动液压油泵、IGV/CV1 控制打开、转子位移优化系统顺控开启。

反馈：润滑油顺控进行、IGV/CV1 在主位置。

等待时间 0s、监视时间 25s。

第三步：

动作：所有防喘放风阀打开。

反馈：同步系统关闭、控制电压打开、至少一个液压油泵运行。

等待时间 0s、监视时间 10s。

第四步：

动作：选择最小负荷（5MW）、SFC 准备、启动功能激活、如果选择 SFC 水洗，则 IGV/CV1 使能。

反馈：SFC 准备、所有放风阀打开、润滑油启动顺控第十步激活、转子位移优化系统准备启动。

等待时间 0s、监视时间 60s。

第五步：

动作：SFC 启动。

反馈：已选择 SFC 启动。

等待时间 0s、监视时间 0s。

第六步：

动作：无命令。

反馈：来自 SIL 的锅炉吹扫完成选择 SFC 启动。

等待时间 0s、监视时间 0s。

第七步：

动作：无命令。

反馈：燃气轮机转速不大于 38.6Hz。

等待时间 0s、监视时间 45s。

第八步：

动作：启动燃料气顺控。

反馈：燃料气顺控步骤 7。

等待时间 0s、监视时间 120s。

第九步：

动作：无命令。

反馈：燃气轮机转速大于 38.6Hz、SFC 关闭。

等待时间 0s、监视时间 240s。

第十步：

动作：无命令。

反馈：燃气轮机转速大于 49Hz。

等待时间 0s、监视时间 40s。

第十一步：

动作：IGV/CV1 控制开启。

反馈：无反馈。

等待时间 0s、监视时间 0s。

第十二步：

动作：励磁已启动。

反馈：励磁启动。

等待时间 0s、监视时间 4s。

第十三步：

动作：无命令。

反馈：无反馈。

等待时间 0s、监视时间 0s。

第十四步：

动作：同步监测时间停止。

反馈：发电机已并网。

等待时间 0s、监视时间 0s。

第十五步：

动作：无命令。

反馈：无反馈。

等待时间 0s、监视时间 0s。

第十六步：

动作：燃气轮机运行。

等待时间 0s、监视时间 0s。

3.4.1.2 主顺控停机顺控

主顺控停机顺控应当包含以下过程：

燃气轮机降负荷、启动故障、启动停机顺控、关闭锅炉吹扫（锅炉吹扫期间停机触发）、关闭锅炉吹扫（锅炉吹扫期间停机触发）、关闭燃料供应、IGV/CV1 控制器关闭、液压系统关闭、盘车运行启动（包括润滑油和盘车程序启动）。

燃气轮机的停机顺控需满足以下全部条件：

（1）在启动顺控中监测时间超出。

（2）燃气轮机跳机传感器故障。

（3）冷点保护停机。

（4）冷却空气系统故障。

（5）启动或黑启动 SFC 故障。

（6）启动时间耗时太长。

（7）冷点保护停机燃料油或燃料气的顺控故障。

（8）进气滤网压差过大。

（9）除冰系统故障。

（10）转子位移优化系统供油管线压力太低。

（11）润滑油排油烟风机关闭。

（12）IGV/CV1 启动时没有处在最小位置。

（13）外部准则（基于电厂配置）。

主顺控停机顺控的每一步详述阐述如下：

第五十一步：

动作：无命令（注：此时燃气轮机沿着正常梯度降负荷）。

反馈：燃气轮机有功功率小于一定值或发电机脱网。

等待时间 0s、监视时间 3000s。

第五十二步：

动作：紧急油泵投自动开。

反馈：无反馈。

等待时间 0s、监视时间 0s。

第五十三步：

动作：无命令。

反馈：燃气轮机有功功率小于一定值或发电机脱网。

等待时间 0s、监视时间 25s。

第五十四步：

动作：燃气轮机发电机并网、甩负荷。

反馈：发电机已脱网。

监视时间 0s、等待时间 5s。

第五十五步：

动作：关闭 IGV/CV1、关闭除冰系统、关闭 SFC、关闭励磁。

反馈：无反馈。

监视时间 0s、等待时间 0s。

第五十六步：

动作：燃料气顺控停止顺控、紧急油泵关闭、SFC 自动关闭、允许燃气轮机保护系统停机。

反馈：励磁已启动、同步停止、SFC 关闭、燃料气顺控第五十二步。

监视时间 0s、等待时间 35s。

第五十七步：

动作：无命令。

反馈：燃气轮机转速小于 6Hz。

监视时间 0s、等待时间 0s。

第五十八步：

动作：无命令。

反馈：无反馈。

监视时间 0s、等待时间 0s。

第五十九步：

动作：无命令。

反馈：燃气轮机转速小于 4Hz。

监视时间 0s、等待时间 300s。

第六十步：

动作：无命令。

反馈：无反馈。

监视时间 0s、等待时间 0s。

第六十一步：

动作：液压油泵关闭、润滑油停止顺控。

反馈：润滑油停止顺控已结束、盘车顺控第八步或第十四步、SFC 紧急盘车。

监视时间 0s、等待时间 650s。

第六十二步：

动作：燃气轮机主顺控停止。

反馈：无反馈。

监视时间 0s、等待时间 0s。

3.4.2 燃料气顺控

3.4.2.1 燃料气启动顺控

燃料气启动顺控包含在主顺控中，如果燃料气启动顺控过程中监测时间超过，燃气轮机主顺控启动顺控就会停止，主顺控停机顺控自动被激活。

第一步：

动作：关闭天然气遮断阀。

反馈：无反馈。

等待时间 1s、监视时间 10s。

第二步：

动作：关闭燃料气放散阀。

反馈：燃料气放散阀已关闭、天然气密封空间已打开。

等待时间 1s、监视时间 10s。

第三步：

动作：打开燃气预混气调节阀、打开燃气值班气调节阀。

反馈：天然气值班气控制阀已打开。

等待时间 1s、监视时间 50s。

第四步：

动作：无命令。

反馈：转速大于 6Hz。

等待时间 1s、监视时间 120s。

第五步：

动作：打开燃料气紧急关断阀、启动点火变压器。

反馈：燃料气紧急关断阀已打开、火焰已点燃。

等待时间 1s、监视时间 20s。

第六步：

动作：无命令。

反馈：转速大于 12.5Hz。

等待时间 1s、监视时间 150s。

第七步：

动作：无命令。

反馈：转速大于 47Hz。

等待时间 1s、监视时间 600s。

第八步：

动作：启动顺控停止。

反馈：无反馈。

时钟停止。

3.4.2.2 燃料气停止顺控

如果燃气轮机停机顺控被激活（用于保护或操作人员选择），或燃气轮机跳机触发，则主顺控会激活燃料气停止顺控。在燃气轮机主顺控的第五十六步，激活燃气系统停止顺控，关闭燃气紧急遮断阀。

第五十一步：

动作：关闭燃料气紧急关断阀、关闭燃料气预混气调节阀、关闭燃料气值班气调节阀。

反馈：燃料气紧急关断阀已关闭、燃料气预混气调节阀已关闭、燃料气值班气调节阀已关闭、燃料气放散阀已打开。

等待时间 1s、监视时间 100s。

第五十二步：

动作：燃料气停止顺控结束。

反馈：无反馈。

等待时间 1s、监视时间 50s。

3.4.3 润滑油顺控

3.4.3.1 润滑油启动顺控

润滑油启动顺控通过燃气轮机主顺控的第二步激活。允许启动的条件如下（全部满足，逻辑与）：

（1）润滑油液位大于一定值；

（2）润滑油温度大于一定值；

（3）润滑油泵无报警信号；

（4）无火灾保护报警信号。

第一步：

动作：润滑油加热器停止。

反馈：润滑油加热器已停止。

等待时间 1s、监视时间 50s。

第二步：

动作：启动主油泵。

反馈：主油泵已启动且润滑油压力大于一定值。

等待时间 5s、监视时间 8s。

第三步：

动作：打开润滑油紧急油泵电机、继电器带电。

反馈：润滑油紧急油泵启动、继电器已带电。

等待时间 5s、监视时间 6s。

第四步：

动作：启动辅助油泵。

反馈：辅助油泵和主油泵已启动或润滑油压力大于一定值且紧急油泵启动。

等待时间 1s、监视时间 60s。

第五步：

动作：关闭盘车系统、关闭 SFC。

反馈：盘车阀已关闭。

等待时间 1s、监视时间 60s。

第六步：

动作：无命令。

反馈：润滑油压力大于一定值、至少一个润滑油箱排油烟风机机启动。

等待时间 1s、监视时间 60s。

第七步：

动作：关闭辅助油泵和紧急油泵。

反馈：润滑油压力大于一定值且紧急油泵关闭。

等待时间 1s、监视时间 60s。

第八步：

动作：启动顶轴油泵。

反馈：顶轴油泵启动、顶轴油压力大于一定值。

等待时间 1s、监视时间 60s。

第九步：

动作：无命令。

反馈：无反馈。

等待时间 1s、监视时间 30s。

第十步：

动作：润滑油顺控启动完毕（发送给燃气轮机主顺控）。

反馈：无反馈。

等待时间 1s、监视时间 30s。

3.4.3.2 润滑油停止顺控

润滑油停止顺控由燃气轮机主顺控第 51 步激活。

当燃气轮机转速小于 4Hz 时执行。

SFC 紧急盘车打开 / 关闭可供选择。如果预选择了 SFC 紧急盘车，发生盘车系统故障时，SFC 紧急盘车将会自动激活。

第五十一步：

动作：启动盘车泵启动盘车顺控且等待 3h。

反馈：正常启动下盘车顺控在第 8 步或第 14 步。

等待时间 1s、监视时间 20s。

第五十二步：

动作：无命令。

反馈：燃气轮机转速一定值且燃气轮机转速信号无故障。

等待时间 2h、监视时间 7500s。

第五十三步：

动作：关闭进气挡板门调节阀、启动空气干燥器、停止冷却系统、关闭继电器。

反馈：进气挡板门已关闭且空气干燥器已打开且冷却系统关闭，或燃气轮机转速小于一定值且燃气轮机转速信号无故障。

等待时间 1s、监视时间 11000s。

第五十四步：

动作：备用。

反馈：无反馈。

第五十五步：

动作：备用。

反馈：无反馈。

第五十六步：

动作：备用。

反馈：无反馈。

第五十七步：

动作：无命令。

反馈：等待时间已过或燃气轮机转速小于一定值。

等待时间 22h、监视时间 22h。

第五十八步：

动作：盘车停止、盘车顺控停止。

反馈：燃气轮机转速小于一定值。

等待时间 1s。

第五十九步：

动作：无命令。

反馈：燃气轮机转速小于一定值。

等待时间 1s、监视时间 15min。

第六十步：

动作：无命令。

反馈：继电器关闭、燃气轮机转速小于一定值。

等待时间 600s、监视时间 11min。

第六十一步：

动作：燃气轮机停机，所有泵（主油泵、辅助油泵、紧急油泵、顶轴油泵和盘车泵）都关闭。

反馈：所有泵已经关闭。

等待时间 2s、监视时间 10s。

第六十二步：

动作：打开润滑油加热器。

反馈：无反馈。

等待时间 6h、监视时间 50s。

第六十三步：

动作：关闭润滑油加热器，启动主油泵，释放保护信号给辅助润滑油泵和紧急润滑油泵。

反馈：无反馈。

等待时间 60s、监视时间 70s。

第六十四步：

动作：无命令。

反馈：无反馈。

等待时间 2s、监视时间 10s。

第六十五步：

动作：启动顶轴油泵。

反馈：润滑油箱液位妥当、顶轴油压力大于一定值。

等待时间 2s、监视时间 10s。

第六十六步：

动作：启动盘车顺控。

反馈：燃气轮机转速小于一定值。

等待时间 120s、监视时间 120s。

第六十七步：

动作：停止盘车顺控。

反馈：燃气轮机转速小于一定值。

等待时间 1s、监视时间 300s。

3.4.4 盘车顺控

3.4.4.1 盘车启动顺控

盘车启动顺控由润滑油顺控的第五十一步或第六十六步激活。

启动顺控允许条件如下：

（1）顶轴油压力大于一定值且持续一定时间；

（2）顶轴油泵打开；

（3）燃气轮机和盘车电机的速度传感器无故障；

（4）盘车阀可用。

第一步：

动作：关闭盘车阀、关闭流量控制阀。

反馈：盘车处于未啮合状态。

等待时间 0s、监视时间 10s。

第二步：

动作：无命令。

反馈：无反馈。

等待时间 0s、监视时间 0s。

第三步：

动作：设置流量控制阀使齿轮转速升高、盘车阀打开。

反馈：盘车齿轮速度大于一定值。

等待时间 0s、监视时间 50s。

第四步：

动作：设置流量控制阀使齿轮转速降低（用于啮合燃气轮机转轴）。

反馈：盘车齿轮与燃气轮机转轴的速度不一致、盘车齿轮处于作用中。

等待时间 0s、监视时间 40s。

第五步：

动作：无命令。

反馈：盘车齿轮与燃气轮机转轴的速度不一致。

等待时间 0s、监视时间 20s。

第六步：

动作：打开关断电磁阀（为了使旋转臂啮合）。

反馈：旋转臂啮合。

等待时间 0s、监视时间 10s。

第七步：

动作：设置流量控制阀使齿轮转速升高。

反馈：燃机转速不低于一定值。

等待时间 0、监视时间 10min。

第八步：

动作：允许润滑油顺控第五十一步。

反馈：无反馈。

等待时间 0s、监视时间 0s。

第九步：

动作：无命令。

反馈：无反馈。

等待时间 0s、监视时间 0s。

第十步：

动作：设置流量控制阀使齿轮转速降低。

反馈：无反馈。

等待时间 60s、监视时间 0s。

第十一步：

动作：打开关断电磁阀（为了使旋转臂啮合）。

反馈：旋转臂啮合。

等待时间 0s、监视时间 10s。

第十二步：

动作：设置流量控制阀使齿轮转速升高、打开盘车齿轮阀。

反馈：旋转臂啮合。

等待时间 0s、监视时间 10s。

第十三步：

动作：设置流量控制阀使齿轮转速升高。

反馈：燃气轮机转速不应低于一定值。

等待时间 0s、监视时间 10min。

第十四步：

动作：允许润滑油顺控第五十一步。

反馈：无反馈。

等待时间 0s、监视时间 0s。

3.4.4.2 盘车停止顺控

盘车停止顺控由以下条件触发：

（1）润滑油启动顺控第五步；

（2）润滑油停止顺控第五十八步；

（3）润滑油停止顺控第六十七步；

（4）盘车顺控启动监测时间超时；

（5）防火装置报警。

第五十一步：

动作：关闭盘车阀、关闭流量控制阀。

反馈：旋转臂未啮合。

等待时间 0s、监视时间 20s。

第五十二步：

动作：设置流量控制阀使齿轮转速降低。

反馈：无反馈。

等待时间 60s、监视时间 0s。

第五十三步：

动作：在顺控结束时，关闭盘车齿轮泵。

反馈：无反馈。

等待时间 0s、监视时间 50s。

3.4.5 转子位移优化系统顺控

3.4.5.1 转子位移优化系统启动顺控

转子位移优化系统通过控制燃气轮机转子的轴向位移，以优化燃机效率。来自润滑油系统的润滑油进入转子位移优化系统的油泵，经过油泵升压、过滤器过滤，经主推、副推力管路进入燃气轮机推力轴承工作面和非工作面的液压活塞，实现对燃气轮机转子的推动，其回油经主副推力管路回到润滑油箱。

主副推力管路都安装了电磁阀用于控制。主推部分电磁阀有四个，其中，一个为主推回油电磁阀，三个为主推供油电磁阀，用数字 1、2、3 区分；副推部分的电磁阀有两个，其中副推回油电磁阀、副推供油电磁阀各一个。

转子位移优化系统分为两种操作模式：标准操作模式和主推冲洗模式。

满足启动顺控条件（转轴在零位置且转子位移优化系统系统运行无故障）后，开始顺控的第一到第六步，第六步时，阀门驱动到如图 3-8 所示位置，执行标准操作模式。

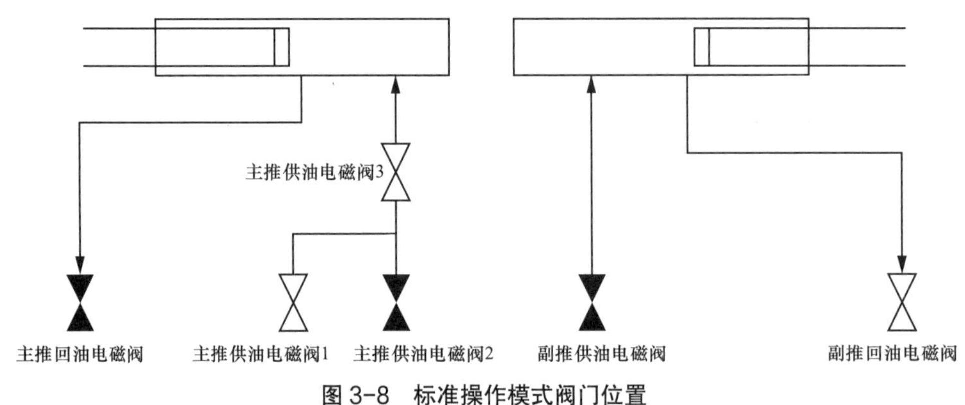

图 3-8　标准操作模式阀门位置

满足主推冲洗条件（主推压力大于一定值且超过 12s，转子位移优化系统压力大于一定值且超过 2h）后，执行顺控的第七到第十步，第十步时阀门驱动到如图 3-9 所示位置，开始冲洗。

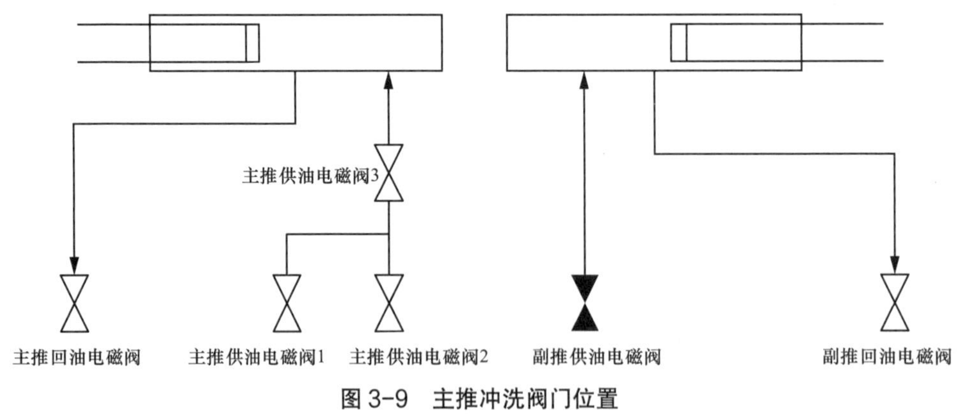

图 3-9　主推冲洗阀门位置

冲洗后执行第十一到第十四步，且第十四步结束之后，阀门位置与标准操作模式一致，顺控也跳转至第六步，执行标准操作模式。

转子位移优化系统启动顺控具体的顺控步骤如下：

第一步：

动作：关闭主推回油电磁阀。

等待时间 5s、监视时间 2s。

第二步：

动作：关闭副推供油电磁阀。

等待时间 5s、监视时间 2s。

第三步：

动作：打开副推回油电磁阀，关闭主推供油电磁阀 2。

等待时间 8s、监视时间 5s。

第四步：

动作：打开主推供油电磁阀 1 与主推供油电磁阀 3（注：为了防止轴位移太快，必须在主推供油电磁阀 2 处于未开状态时，主推供油电磁阀 3 才可以打开）。

等待时间 5s、监视时间 2s。

第五步：

动作：无命令（这一步用于等待轴移到主推位置）。

反馈：主推回油压力大于一定值，且转轴已经到达主推位置。

等待时间 21s、监视时间 18s。

第六步：

动作：无命令。

等待时间 43200s。

第七步：

动作：转子位移优化系统预选泵接受打开指令（当转子位移优化系统激活时，操作员就应当预选择开启泵）。

等待时间 32s、监视时间 30s。

第八步：

动作：打开主推供油电磁阀 1。

等待时间 4s、监视时间 2s。

第九步：

动作：打开主推回油电磁阀。

等待时间 4s、监视时间 2s。

第十步：

动作：打开主推回油电磁阀（与第九步一致，命令再次发送，且在此步中执行冲洗）。

等待时间 22s、监视时间 20s。

第十一步：

动作：关闭主推回油电磁阀。

等待时间 4s、监视时间 2s。

第十二步：

动作：关闭主推供油电磁阀 2。

等待时间 4s、监视时间 2s。

第十三步：

动作：无命令。

等待时间 4s、监视时间 2s。

第十四步：

动作：主推冲洗计时打开，监测时间（43200s）重置。经过等待时间过去，顺控进入第六步。

等待时间 1s。

3.4.5.2 转子位移优化系统停止顺控

转子位移优化系统停止顺控分为三个部分：第五十一 ~ 五十八步为初次运行时的顺控，分别对主推和副推进行冲洗；第五十九 ~ 六十三步时，转子位移优化系统处于未激活状态；第六十三 ~ 六十九步时，转子位移优化系统处于副推状态。

停止顺控的激活条件为：转子位移优化系统压力小于一定值且燃气轮机转速小于一定值。

第五十一 ~ 五十八步：如果转子位移优化系统认为是初次运行，此时将轻微移动转轴，阀门驱动至主推冲洗位置，如图 3–10 所示。

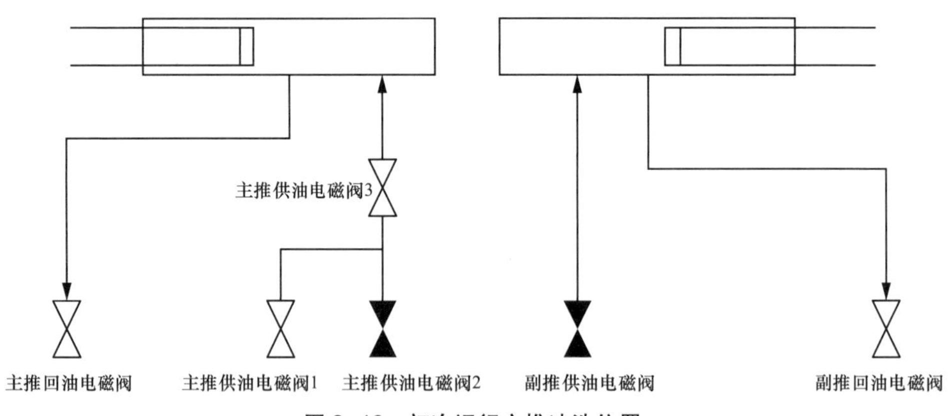

图 3–10　初次运行主推冲洗位置

之后阀门驱动至副推冲洗位置，如图 3–11 所示。

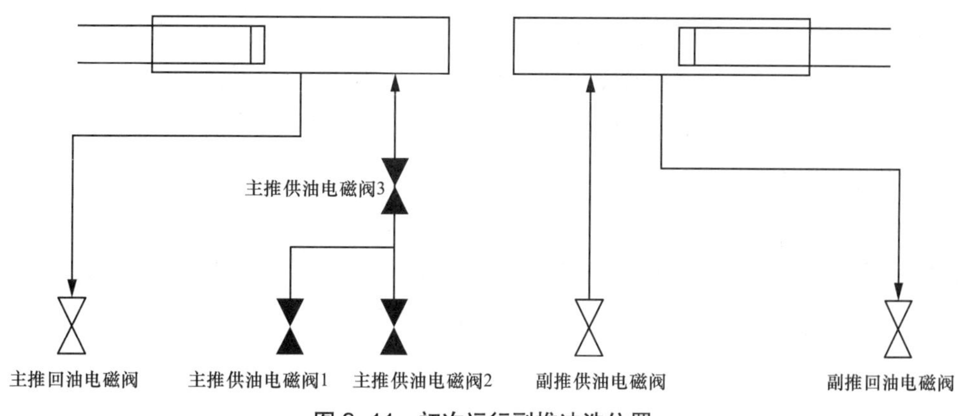

图 3-11　初次运行副推冲洗位置

经过第五十一 ~ 五十八步，或者系统不被认为是初次运行，则进行第五十九 ~ 六十三步，此时转子位移优化系统处于未激活状态，如图 3-12 所示。

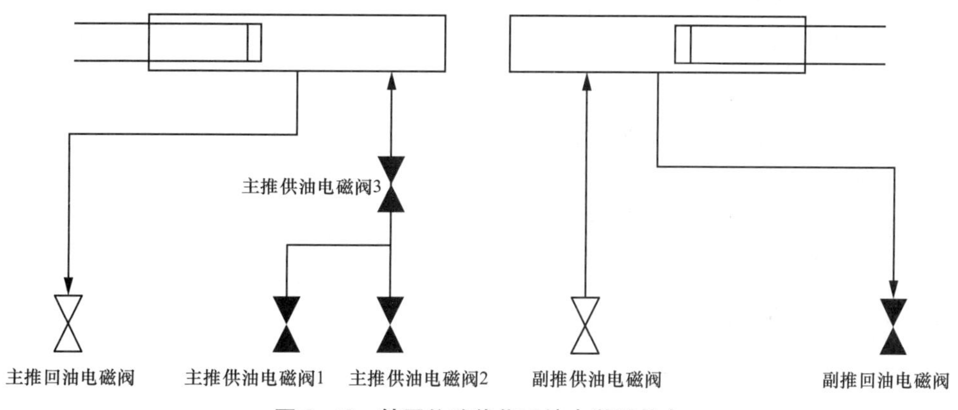

图 3-12　转子位移优化系统未激活状态

第六十三 ~ 六十九步：转子位移优化系统处于副推状态，如图 3-13 所示。

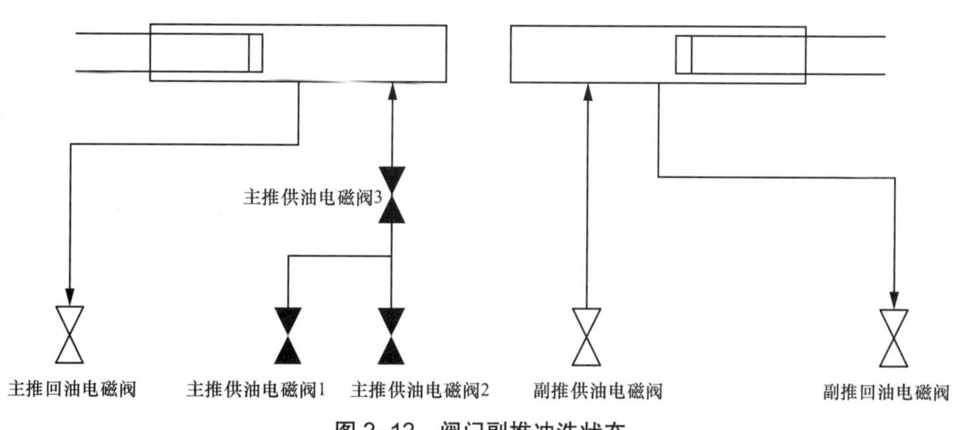

图 3-13　阀门副推冲洗状态

以下是转子位移优化系统停止顺控的具体步骤：

第五十一步：

动作：无命令。（注：当燃气轮机转速小于一定值且由于冲洗步骤的要求转子位移优化系统压力释放，则顺控进入到第52步。否则，冲洗步骤跳过，顺控进入第59步。）

等待时间0s、监视时间0s。

第五十二步：

动作：打开主推回油电磁阀，打开副推回油电磁阀，关闭副推供油电磁阀，关闭主推供油电磁阀（同时关闭1，2，3），发出主顶轴油泵打开命令。

等待时间30s、监视时间0s。

第五十三步：

动作：打开主推回油电磁阀，打开主推供油电磁阀1和3，打开副推回油电磁阀，关闭副推供油电磁阀，关闭主推供油电磁阀2。（与第五十二步的某些信号重复，这种重复发送可以确保传输可靠）

等待时间4s、监视时间2s。

第五十四步：

动作：发送打开命令至两个转子位移优化系统泵。

等待时间4s、监视时间2s。

第五十五步：

动作：无命令。

等待时间30s、监视时间32s。

第五十六步：

动作：无命令。

等待时间0s、监视时间0s。

第五十七步：

动作：关闭主推供油电磁阀1和3，打开副推供油电磁阀。

监视时间2s、等待时间4s。

第五十八步：

动作：无命令。

监视时间32s、等待时间34s。

第五十九步：

动作：关闭主推供油电磁阀1、2、3。

（注：在这一步，当燃气轮机转速大于一定值且转子位移优化系统压力满足一定条件时，顺控会从第五十一步跳转到达。）

监视时间2s、等待时间5s。

第六十步：

动作：关闭副推回油电磁阀。

监视时间 2s、等待时间 5s。

第六十一步：

动作：打开主推回油电磁阀。

监视时间 2s、等待时间 5s。

第六十二步：

动作：打开副推供油电磁阀，冲洗计时开始（启动监测时间 43200s）。

监视时间 2s、等待时间 5s。

第六十三步：

动作：无命令。

监视时间 18s、等待时间 21s。

第六十四步：

动作：无命令。（转子位移优化系统此时处于未激活状态。顺控会停留在这一位置，直到一个次更新油激活，43200s 之后。停止记忆监测时间停止。）

监视时间 7200s、等待时间 0s。

第六十五步：

动作：打开预选转子位移优化系统泵。

（转子位移优化系统压力小于一定值则顺控跳转至第六十四步。）

监视时间 30s、等待时间 33s。

第六十六步：

动作：打开副推回油电磁阀。

监视时间 2、等待时间 4s。

第六十七步：

动作：打开命令重复发送至副推回油电磁阀。

监视时间 25s、等待时间 25s。

第六十八步：

动作：关闭副推回油电磁阀。

反馈：监视时间 2s、等待时间 4s。

第六十九步：

动作：间断性冲洗使能。监测时间 43200s 重置。

等待时间过去后，顺控返回到第六十四步。

反馈：监视时间 0s、等待时间 1s。

3.5 燃气轮机辅助控制系统

一台燃气轮机发电机组控制系统，除了主机（压气机、燃烧室、透平、发电机）和调节控制及保护系统外，还配备有完善的辅助系统和设备才能正常运行。辅助系统的控制质量是影响机组安全、可靠、长期运行的一个十分重要的因素。因此，研究燃气轮机辅助系统的组成、运行、控制及其在机组控制系统中所起的作用是十分必要的。

燃气轮机辅助控制系统分为罩壳通风系统、过滤系统、发电机氢气系统、发电机定子水系统、发电机密封油系统。

3.5.1 罩壳通风系统

通风系统是罩壳系统中最重要的系统之一，它为燃气轮机的安全可靠运行提供了基本保障。通过通风系统对罩壳内部进行强制通风，可以达到以下目的：

（1）排出燃气轮机及辅助系统运行时散发出的废热，保持罩壳内的温度低于限定值（55℃）。

（2）通过直接将废热排放到厂房外可以降低厂房通风的热负荷。

（3）通过提高空气交换率稀释可能泄漏的可燃性气体避免爆炸的危险。

（4）将可能泄漏的可燃性气体从泄漏源输送到可燃性气体探测器可探测范围，提高了可燃性气体被发现的几率。

（5）将罩壳内的有害气体排放到厂房外。

（6）负压运行增强了厂房的防爆能力。当通风系统的风机满负荷运行时，罩壳内可达到最大负压 50Pa，即表压 –50Pa。

一般地，通风系统由以下几部分组成：

（1）5 套百叶栅格以及马达控制开启（通过弹簧复位）的进气挡板门。

（2）2 套马达控制开启（通过弹簧复位）排气挡板门。

（3）进 / 排气消音器（进气消音器位于进气挡板门内，排气消音器位于罩壳顶部的排气管道内）。

（4）排气管道系统。

（5）空气处理单元：采用 2×100% 或 3×50% 的机械冗余式风机设计，并且在每台风机进风口前配有止回阀和消音器，在排风口处也配有消音器。

（6）测量元件，包括测量每台风机压差的压差传感器、3 套流量传感器、1 套罩壳内的温度传感器。

下面以 3×50% 风机的空气处理单元为例，简要介绍罩壳通风系统运行的基本原理：通常情况下，在环境温度小于 35℃时，1×50% 的风机运行（约 $20m^3/s$），另外两台备用；当环境温度上升到 35℃以上时，2×50% 的风机运行（约 $40m^3/s$），一台备用，其中第二台风机随罩壳内温度的高低由燃气轮机控制系统控制启停。此外，如果在风机满负荷运行下，温度传感器探测到温度还是超过55℃，或可燃性气体探测器探测到可燃性气体浓度超过最低爆炸极限时，燃气轮机控制中心一方面会控制燃气轮机停机，另一方面燃气轮机罩壳的所有挡板门将立即关闭，CO_2消防系统开启并向罩壳内部释放CO_2，以达到防爆和消防的目的。

3.5.2 过滤系统

空气的质量对燃气轮机的性能和可靠性有着巨大的影响，它本身也受机组周围环境的影响，即使在同一地点，空气的质量在一年内的不同时间，甚至在几个小时内都可能有显著的变化。空气质量差会导致压气机堵塞，在压气机严重堵塞的情况下，燃气轮机的输出功率会大大降低。为了保证燃气轮机的有效运行，需要对进入燃气轮机的空气进行处理去除杂质。

进口过滤室包括进口滤网和带自动过滤清洗系统的滤芯。在进口过滤室后，顺气流而下安装有进气加热母管。进气加热系统包括控制阀、压力传感器、位置指示器和抽气加热管道。抽气加热管道将压气机抽气引入进气加热母管，有助于防止压气机入口结冰，扩大燃气轮机预混燃烧的范围以减少氮氧化物排放污染。紧靠抽气加热管道后面有一排消声器，用来降低来自压气机的低频率噪声。然后，弯管重新将空气向下引入进气室。弯管内有两层格栅式滤网，防止异物损坏燃气轮机。弯接头有助于现场安装，并将进气系统与燃气轮机隔离开来。设有两个膨胀节，一个位于过滤室与进口消声器组件之间，另一个位于过渡导管与进气室之间。

过滤室上配置了过滤脉冲清洗系统，可用来清洗进口过滤器滤芯。脉冲清洗系统提供压缩空气脉冲，使空气暂时反向流过滤芯，驱除积聚在滤芯进气圈的积灰，延长滤芯的使用寿命，有助于保持过滤器效率。脉冲清洗系统使用的纯净干燥空气来自燃气轮机压气机抽气，再经过空气处理单元冷却、净化和干燥得到。

在过滤器模块下面有一只螺旋式除尘推送器，用来运送过滤系统运行中清除的污物或灰尘。推送器系统可以选择两种运行模式，通过就地控制屏安装的选择开关进行选择。当开关处于自动模式时，在完成每个整体过滤器清洁周期后，推送器系统会自动运行，并继续运行一段时间，清除槽内现存的灰尘。当开关处于手动模式时，推送器连续运行，与脉冲系统设定值无关。当推送器电动机不运行时，热敏温控电动机空间加热器运行，以便在停机期间将水分积聚至最低程度。在用户接线盒内提供了可锁断开开关。当可锁断开开关处于关闭位置时，电动机和电动机空间加热器的所有电源被切断。为了保护人员，在推送器槽的入口处提供了不锈钢保护屏。此外，该系统还包括监测、控制和保护仪表装置。

3.5.3 发电机氢气系统

按照介质的不同，发电机内部冷却方式可分为空冷、水冷、双水内冷、水氢冷及全氢冷。某燃气轮机发电机采用氢气（H_2）作为冷却介质。氢气系统的作用是在发电机内维持一定压力和纯度、温度、湿度的氢气，以冷却发电机的转子、定子，并通过轴封部件来防止氢气从轴与机座之间的间隙泄漏。

发电机两端有与轴相连的风扇，内部有风道。风扇出口的冷风通过发电机内部的风道对发电机的转子线圈、定子线圈及定子铁芯进行冷却，热风送到四台汽水换热器进行热交换，氢气达到正常运行温度后送到风扇入口，形成循环冷却。

氢气从供应装置送至发电机供氢母管后，在发电机内部形成一个闭式循环冷却过程。氢气从发电机母管进入发电机，通过发电机两端的风扇加压后流过转子绕组和定子绕组、铁芯，对其进行冷却。冷却换热后的氢气就变成热氢。热氢通过安装在发电机顶部的氢气冷却器后，再次变成冷氢，然后又流回发电机的转子绕组和定子绕组、铁芯，从而形成一个闭式循环冷却系统。为了除去氢气中的水分，部分氢气在经过油雾分离器除去氢气中的杂质及油烟后，再经过氢气干燥装量进行干燥。经过干燥后的氢气再回到发电机中进行冷却。

3.5.4 发电机定子水系统

发电机定子水系统用于冷却发电机定子绕组及出线侧的高压套管。该系统为闭式循环系统。其水质一般为除盐水，来自化学补给水系统。在进入发电机闭式循环冷却水系统之前，冷却水先在去离子装置中进行离子交换，然后储存在定子冷却水箱，再由定子冷却水泵注入定子绕组。通常定子冷却水的进水温度在 35 ~ 46℃范围内（不同的机组，取值有所不同）。

发电机定子水系统的主要功能是保证冷却水（纯水）不间断地流经定子线圈内部，从而将发电机定子线圈由于损耗引起的热量带走，以保证定子线圈的升温（温度）符合发电机运行的有关要求。同时，系统还必须控制进入定子线圈的压力、温度、流量、温度、水的导电度等参数，使其运行指标符合相应的规定。

3.5.5 发电机密封油系统

对于用氢气冷却的发电机，必须保护发电机良好的密封性能，防止发电机内的氢气溢出。由于发电机内的氢气会沿固定的发电机端罩与转轴之间的空隙从发电机向外泄漏，所以要将持续稳定流量的压力油注入间隙，形成一道屏障将氢气密封在发电机内。密封油系统的作用是向发电机密封瓦供油，使油压高于发电机内氢气压力的一定数量值，以防止发电机内氢气外漏。同时，也要防止油压过高而导致发电机内进油。

密封油系统的供油和回油都是和主机润滑油系统相连的。密封油系统中有多种用于控

制油流量，同时去除油中氢气的设备。持续稳定的油流在轴密封中循环时会携带少量的氢气气泡，必须去除密封油中的这些气泡之后，油才能安全地返回主润滑油系统。

3.6 燃气轮机保护控制系统

燃气轮机保护功能在控制系统中执行，因此本章将该部分称为保护控制系统。

在燃气轮机正常运行时，控制系统会调节机组参数，使机组在合适的参数下运行。当机组由于各种不可预测的原因出现故障时，参数会偏离正常的运行范围。此时，燃气轮机控制系统中的保护系统便给出警告并指示出故障的来源，以便引起运行人员的警觉，并使运行人员其能够及时分析故障的原因，尽可能地在不停机的情况下排除故障，使机组能恢复到正常、安全的运行状态。当机组出现较大故障时，保护系统在报警的同时会执行自动停机或者遮断机组直接跳机。

燃气轮机保护控制系统响应逻辑遮断信号，如润滑油压力过低、润滑油母管温度过高、继电保护系统信号等，也可以响应更加复杂的参数，如超速，超温，燃烧检测和熄火等。为此，一些保护系统和部件通过保护回路起作用；而另一些机械系统直接作用于燃气轮机部件，通过两种独立切断燃料的方法，即利用燃料控制阀和截止阀。

燃气轮机的保护控制系统除了单独占据一组控制器的保护控制系统外，还包括其他控制器中独立于控制系统的保护部分，以避免控制系统故障阻碍保护装置正常动作的可能性。燃气轮机的保护控制系统由许多子系统组成。其中有一些在正常启动和停机的过程起作用，另外一些在应急或者非正常运行的状态下起作用。燃气轮机控制系统绝大多数的故障是因传感器及其导线连接损坏引起的故障。保护控制系统对这些故障进行检测和报警。如果状态严重到不能改善和恢复时，燃气轮机将被遮断。

燃气轮机跳机逻辑运算在保护控制系统之中完成，当接收到来自燃气轮机各个子系统（包括保护控制系统自身）发来的跳机信号时，保护控制系统将运算结果输出到现场，使燃气轮机跳机。逻辑如图 3-14 所示。

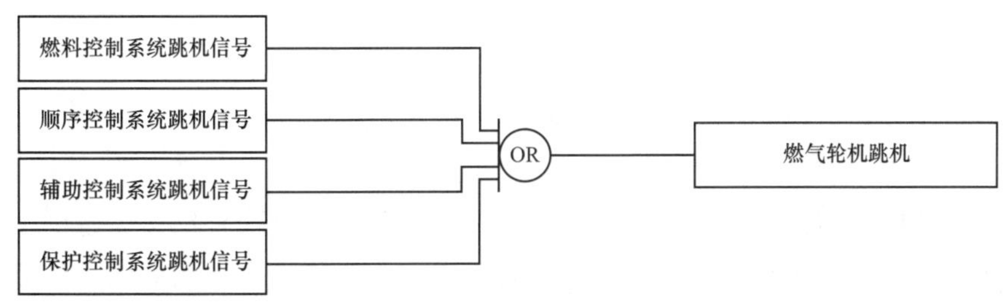

图 3-14 燃气轮机跳机逻辑

下面，将对每个子系统的跳机条件分别进行分析。

3.6.1 燃料控制系统跳机信号

导致燃料控制系统发出跳机信号的逻辑如图 3–15 所示，“跳机”是指该条件触发燃机跳机。

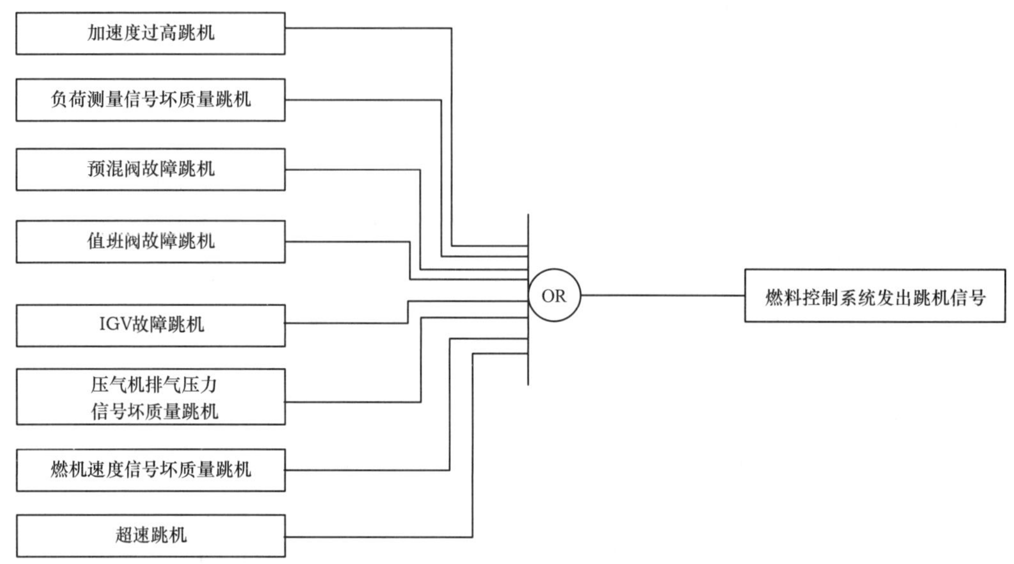

图 3–15 燃料控制系统保护跳机逻辑

3.6.1.1 加速度过高跳机

燃气轮机运行过程中，燃烧不稳定会增加燃烧室内的压力脉动幅值（嗡鸣），以及出现较高的燃烧室加速度，为防止燃气轮机损坏，嗡鸣和过高的加速度必须及时监测并加以抑制。嗡鸣通过两个动态压力传感器测量燃烧室内的压力脉动幅值来检测。嗡鸣值仅作为监测值输出，不接入燃气轮机的保护逻辑。加速度由安装在燃烧室上的压电式加速度传感器检测。

该部分主要有如下的保护动作：

（1）加速度值超过极限值 2.5m/s^2，且燃烧室速度超过 47.5m/s，天然气紧急关断阀处于打开状态，则触发燃气轮机跳机。

（2）加速度值超过较高的极限值 8m/s^2，立即触发燃气轮机跳机。

考虑到测点的冗余情况，燃气轮机加速度过高保护跳机逻辑如图 3–16 所示。

3.6.1.2 负荷测量信号坏质量跳机

在发电机断路器闭合的情况下，如果两个发电机有功功率信号均为坏质量，会导致不能测量到燃气轮机正常的有功功率，最终导致燃气轮机跳机。负荷测量坏质量保护跳机逻辑如图 3–17 所示。

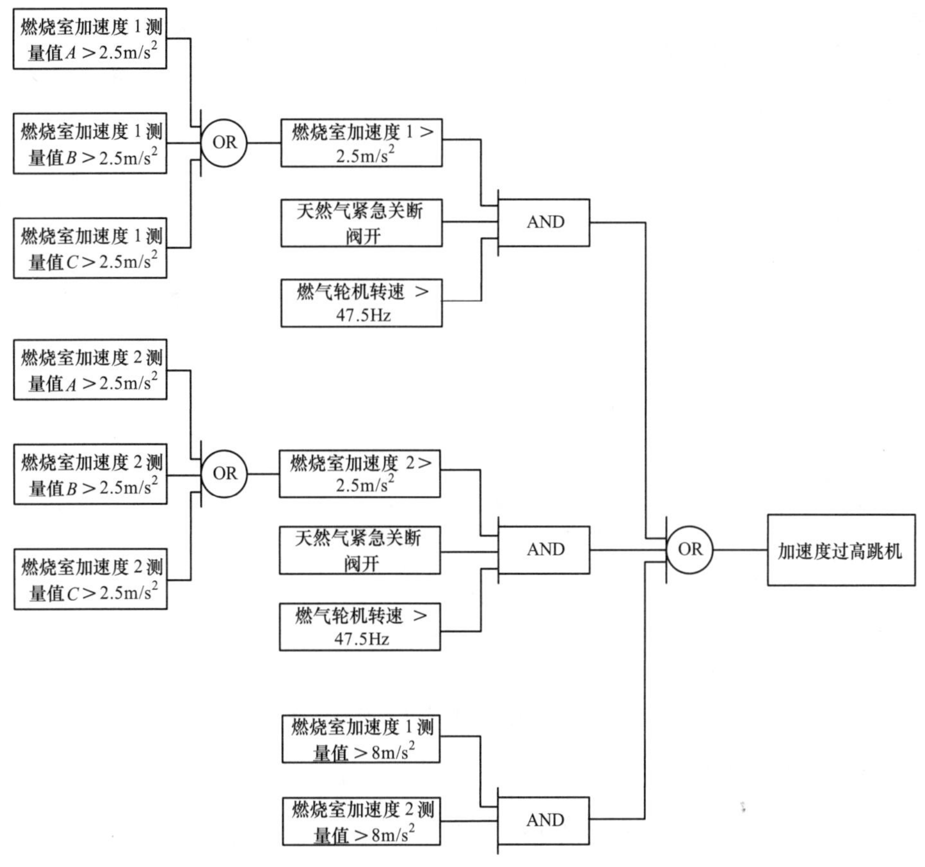

图 3-16　燃气轮机加速度过高保护跳机逻辑

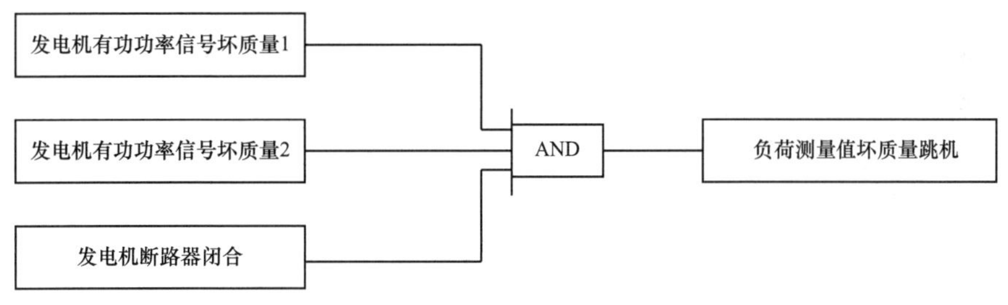

图 3-17　负荷测量值坏质量保护跳机逻辑

3.6.1.3　预混阀故障跳机

预混阀故障跳机有两种情况（见图 3–18）。

（1）燃气轮机紧急关断阀处于打开状态且检测到预混阀位置超出限制值，或者阀位反馈与命令差距较大，将会导致燃气轮机跳机。

（2）若燃气紧急关断阀打开，且燃气预混阀报警，且预混阀阀门开度大于 1%，也会导致预混阀故障跳机。其中，预混阀故障报警有多种情况：预混阀执行机构故障、预混阀阀位信号坏质量、预混阀参数错误、预混阀数字信号处理器故障、预混阀手动模式。

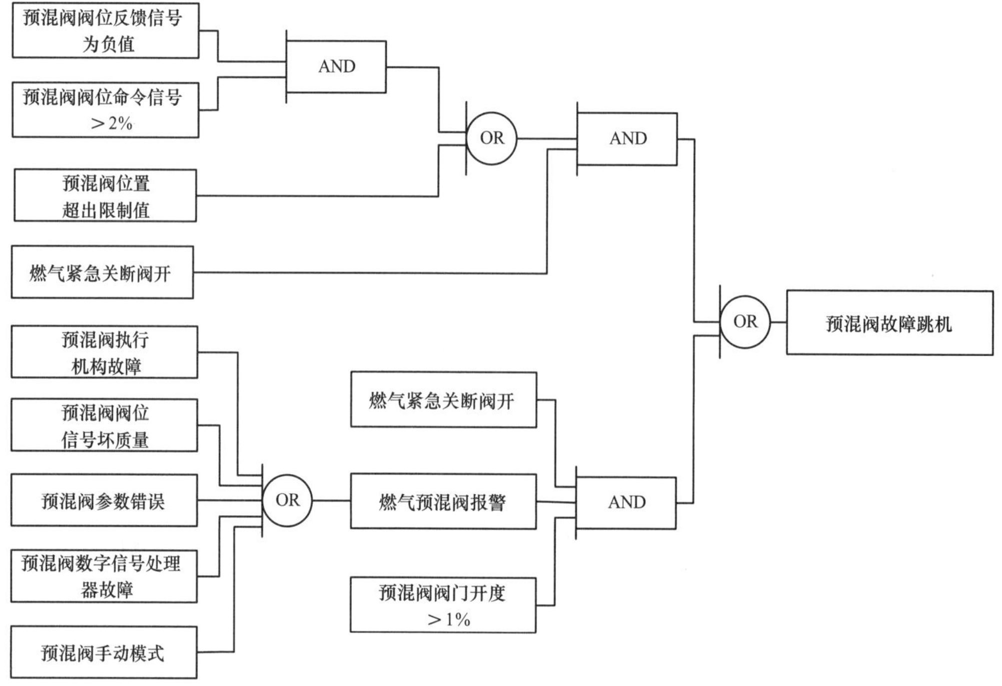

图 3-18　预混阀故障保护跳机逻辑

3.6.1.4　值班阀故障跳机

值班阀故障跳机与预混阀故障跳机的判断条件类似（见图 3-19）。

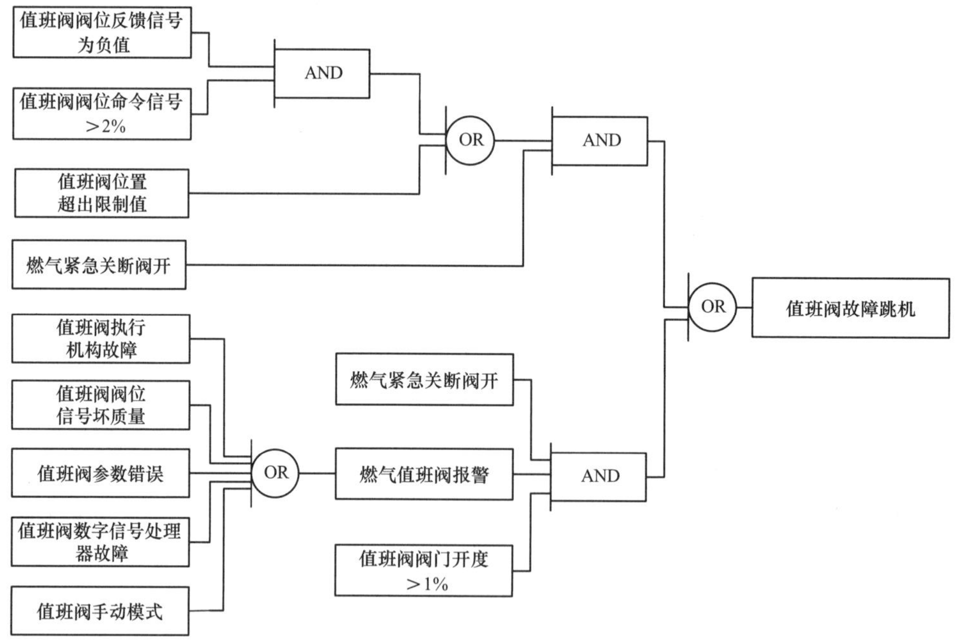

图 3-19　值班阀故障保护跳机逻辑

3.6.1.5 IGV 故障跳机

IGV 故障跳机触发条件（见图 3–20）为：液压油压力妥当的条件下，IGV 位置错误或 IGV 位置报警。

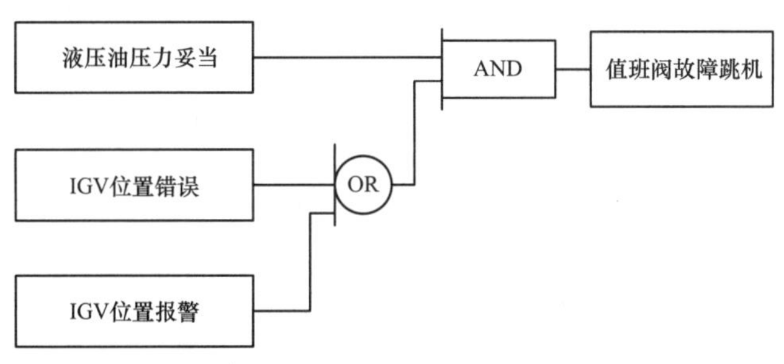

图 3–20 IGV 故障保护跳机逻辑

3.6.1.6 压气机排气压力信号坏质量跳机

压气机排气压力共有三个测点，压气机排气压力坏质量跳机条件为压气机排气压力 1 信号坏质量，压气机排气压力 2 信号坏质量，压气机排气压力 3 信号坏质量，进行三取二逻辑运算，如图 3–21 所示。

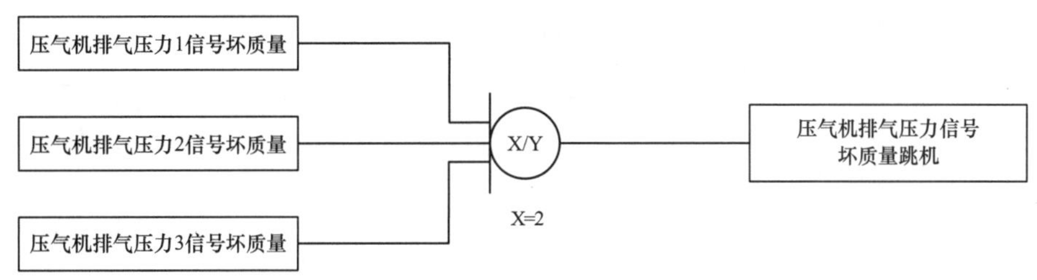

图 3–21 压气机排气压力坏质量跳机逻辑

3.6.1.7 燃机速度信号坏质量跳机

燃机速度（转速）信号坏质量触发条件为燃气轮机三个速度测点（命名为燃机速度信号 1、燃机速度信号 2、燃机速度信号 3）间任意两者偏差大于等于 5，如图 3–22 所示。

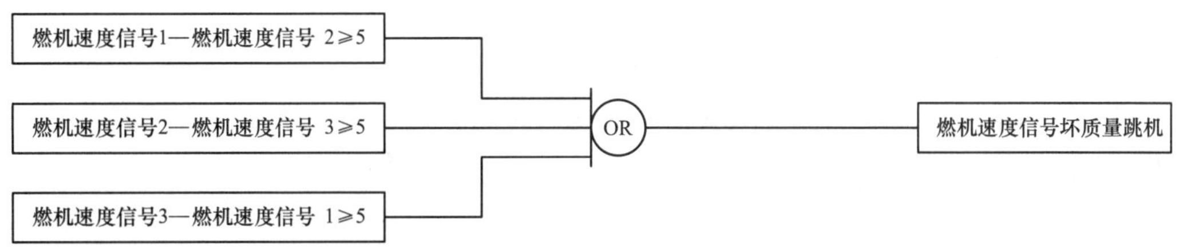

图 3–22 燃机速度信号坏质量保护跳机逻辑

3.6.1.8 超速跳机

燃机转速由三个测速模块来检测，当测速模块发出超速信号，经过三取二运算，会触发超速跳机信号，如图 3–23 所示。

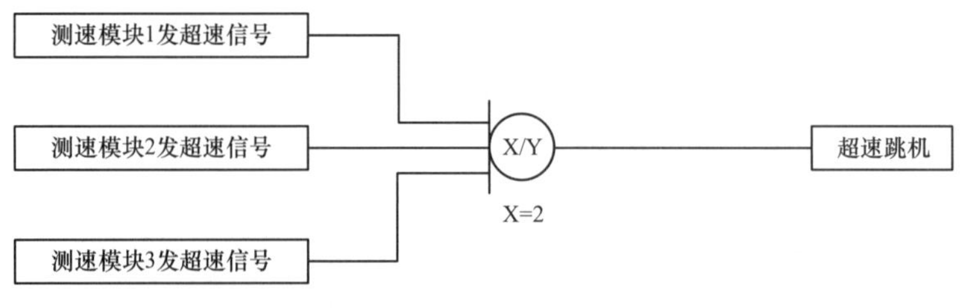

图 3-23　超速保护跳机逻辑

3.6.2　顺序控制系统跳机信号

导致顺序控制系统发出跳机信号的条件如图 3-24 所示。

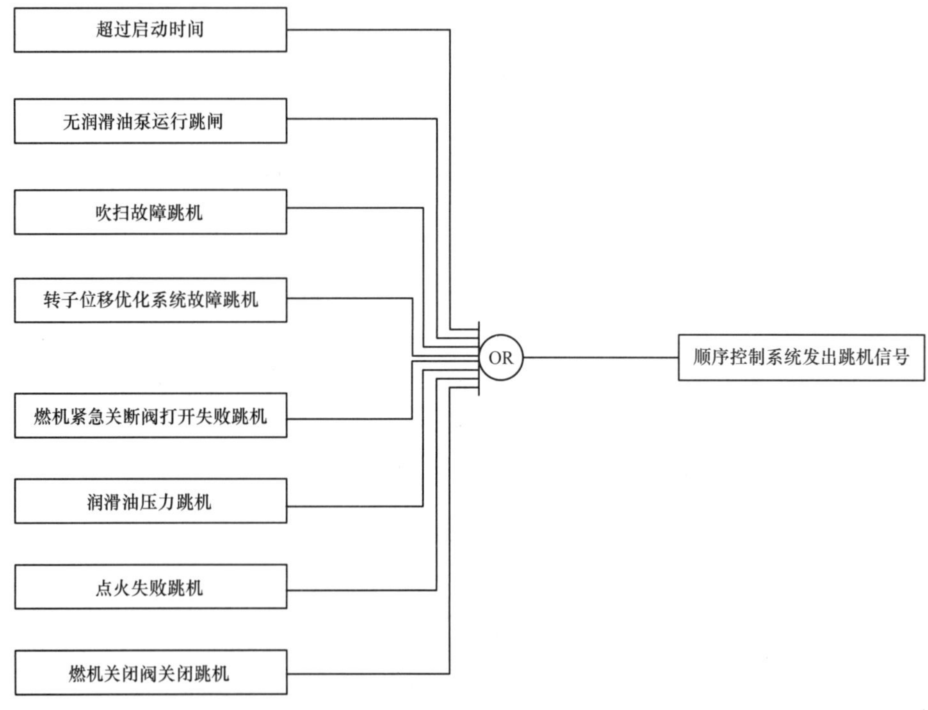

图 3-24　顺序控制系统跳机条件

3.6.2.1　超过启动时间

燃气轮机启动顺控为第二十五步时，超过启动时间过长会导致燃气轮机跳机，如图 3-25 所示。

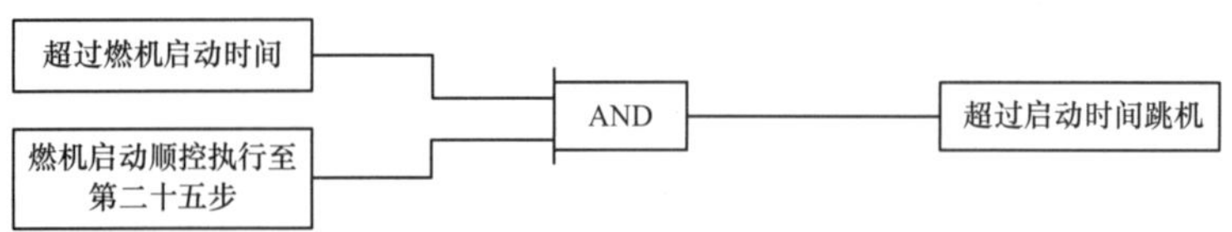

图 3-25　超过启动时间保护跳机逻辑

3.6.2.2 无润滑油泵未运行跳机

润滑油泵无润滑油，会导致运行中的燃气轮机跳机。无润滑油可能是主油泵和辅助油泵未开导致的，如图 3–26 所示。燃气轮机未运行时无需进行判断。

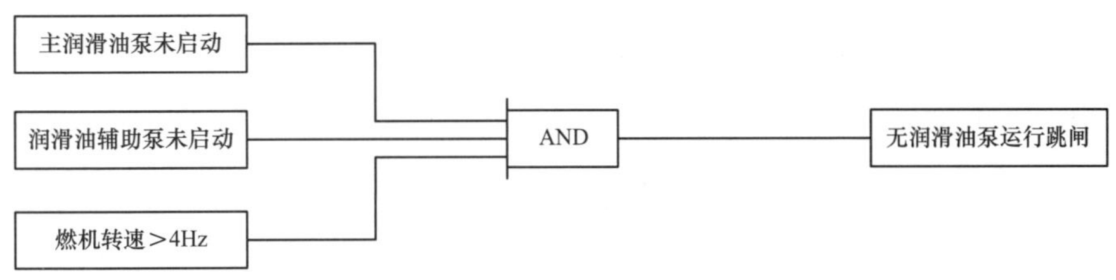

图 3–26 无润滑油泵未运行跳机保护跳机逻辑

3.6.2.3 转子位移优化系统故障跳机

转子位移优化系统相关内容可以参考章节 3.4.5。该故障导致燃气轮机跳机的原因如图 3–27 所示。

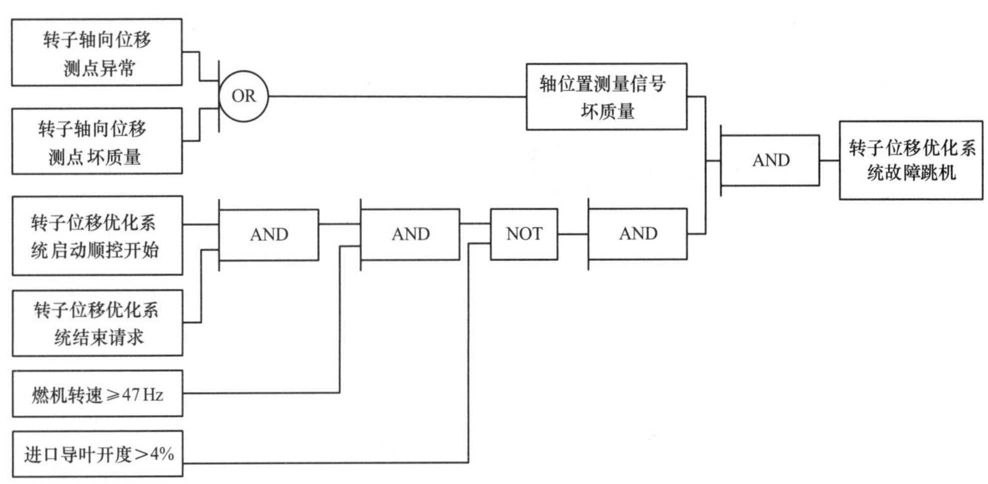

图 3–27 转子位移优化系统故障保护跳机逻辑

3.6.2.4 吹扫故障跳机

燃气轮机吹扫故障将会导致燃气轮机跳机，由压气机排气阀开度判断，压气机排气阀共有 4 个，其中前 2 个为一组，命名为压气机排气阀 1.1 与 1.2，后 2 个命名为压气机排气阀 2 与 3，如图 3–28 所示。

3.6.2.5 燃气轮机紧急关断阀打开失败跳机

燃气轮机（天然气）紧急关断阀打开失败将导致燃气轮机跳机，如图 3–29 所示。

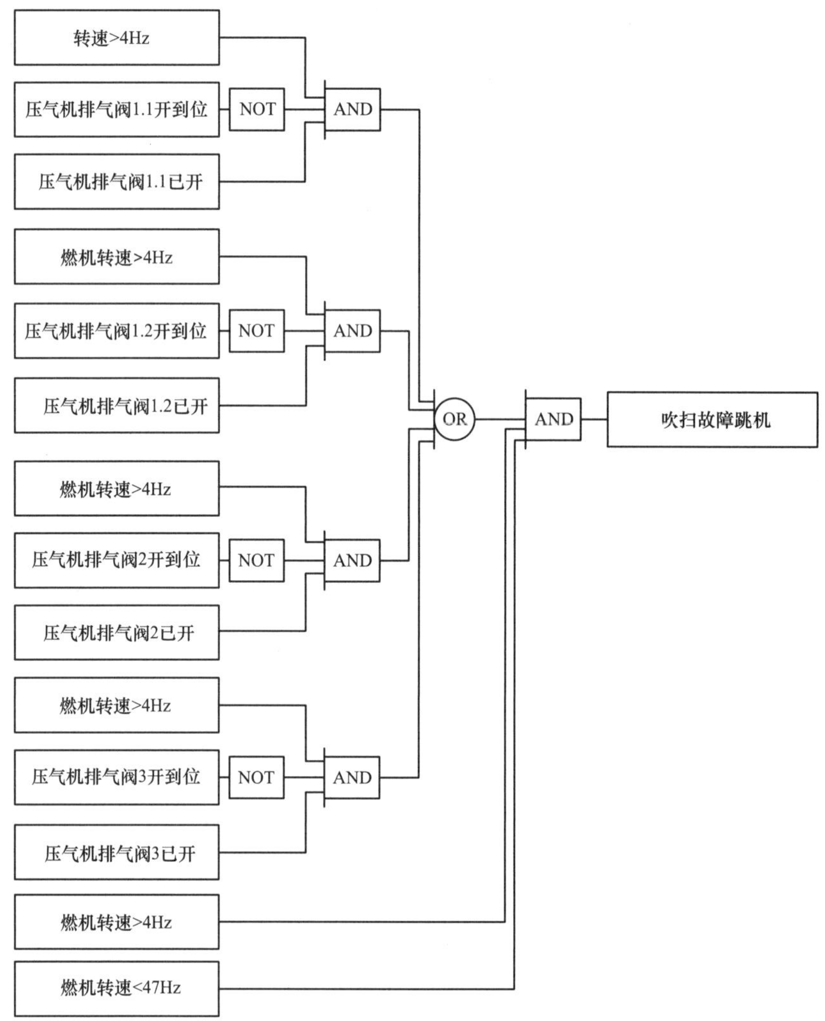

图 3-28　吹扫故障保护跳机逻辑

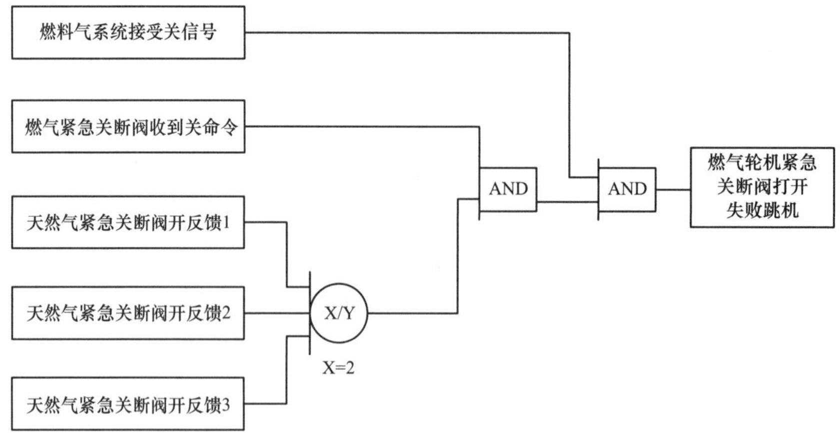

图 3-29　燃气轮机紧急关断阀打开失败保护跳机逻辑

3.6.2.6 润滑油压力跳机

润滑油压力低将导致燃气轮机跳机，其跳机逻辑如图 3–30 所示。

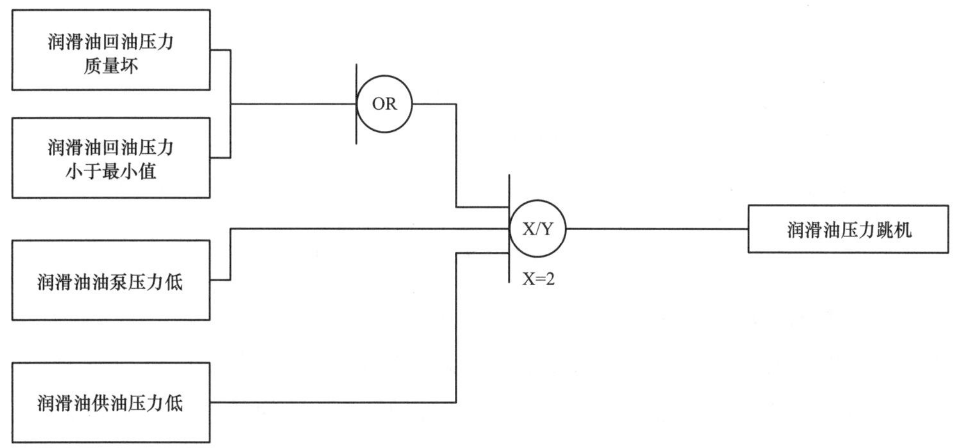

图 3–30 液压油压力保护跳机逻辑

3.6.2.7 燃气轮机点火失败跳机

燃气轮机点火情况由点火探头检测。虽然在信号运算中还存在燃气轮机检测到火焰信号，但是该条件在燃气轮机检测到火焰后会自锁，自锁后该信号输出逻辑值为 1，逻辑运算中不起作用，因此与燃气轮机检测不到火焰信号不存在冲突，如图 3–31 所示。

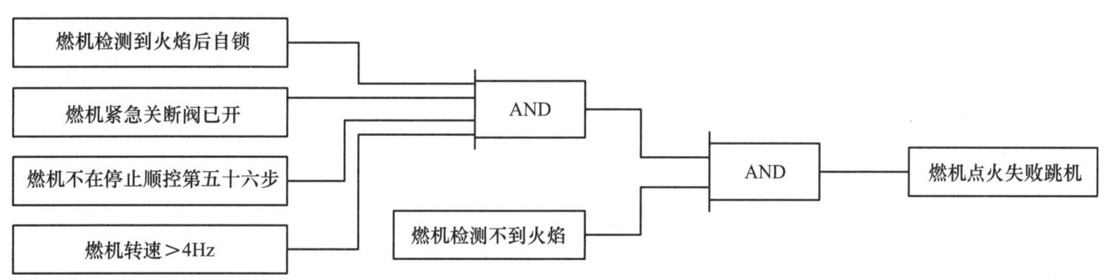

图 3–31 燃气轮机点火失败跳机逻辑

3.6.2.8 燃气轮机关闭阀关闭失败跳机

出口关断阀与天然气紧急关断阀同时处于已开的状态，则认为燃气轮机关闭阀关闭失败。燃气轮机关闭阀关闭跳机逻辑如图 3–32 所示。

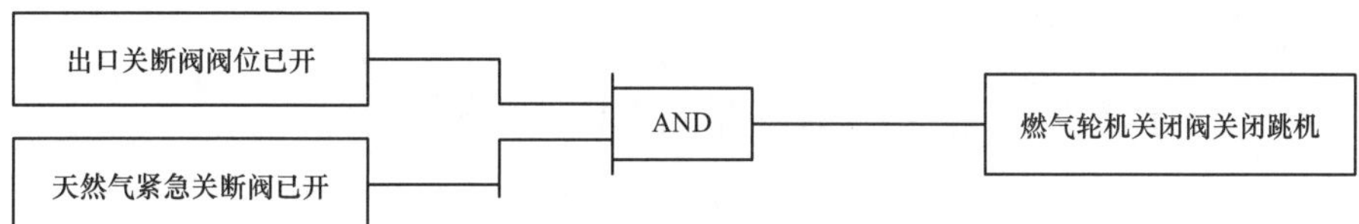

图 3–32 燃气轮机关闭阀关闭跳机逻辑

3.6.3 辅助控制系统跳机信号

辅助控制系统发出跳机信号的条件（见图 3–33）为：罩壳通风系统发出跳机信号或密封油系统发出跳机信号。

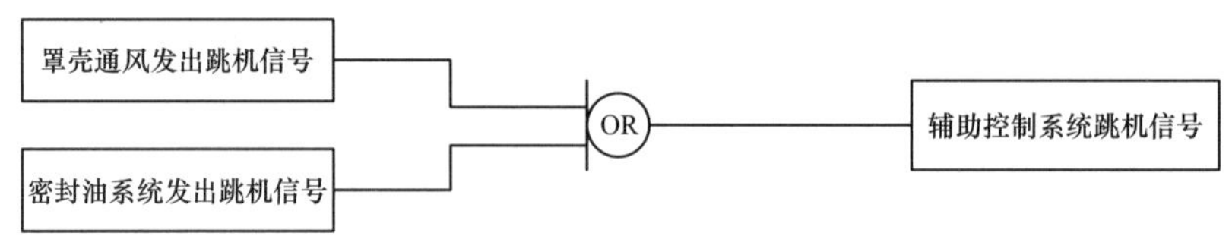

图 3–33 辅助控制系统跳机逻辑

3.6.3.1 罩壳通风系统跳机

当燃气轮机运行且罩壳通风系统运行时，罩壳通风流量小于规定的最小值（三取二判断），则罩壳通风系统跳机。罩壳通风保护跳机逻辑如图 3–34 所示。

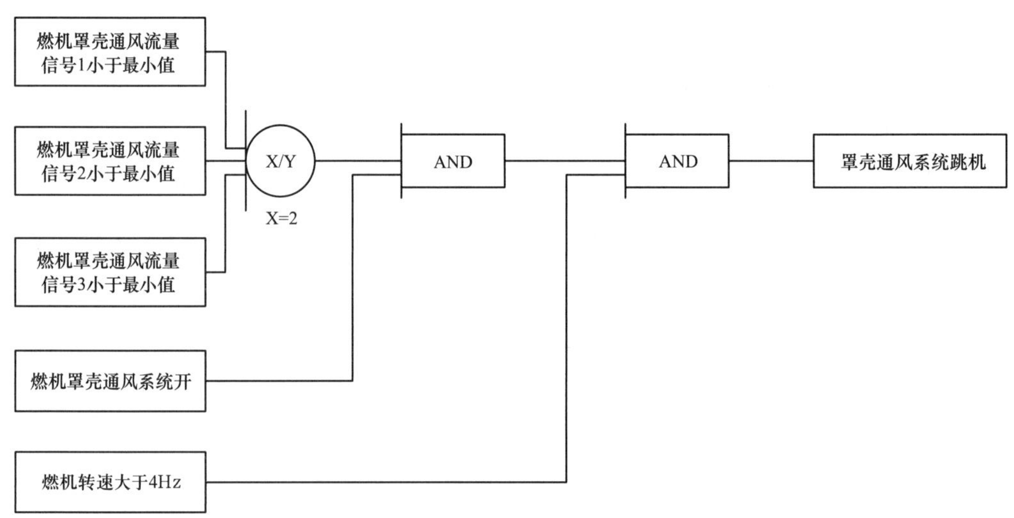

图 3–34 罩壳通风保护跳机逻辑

3.6.3.2 密封油系统跳机

密封油系统跳机逻辑主要根据氢气压力、氢气密封油压力、交流密封油泵运行情况、抽汽器运行情况等条件判断，如图 3–35 所示。

3.6.4 保护控制系统跳机信号

导致保护控制系统发出跳机信号的逻辑如图 3–36 所示。

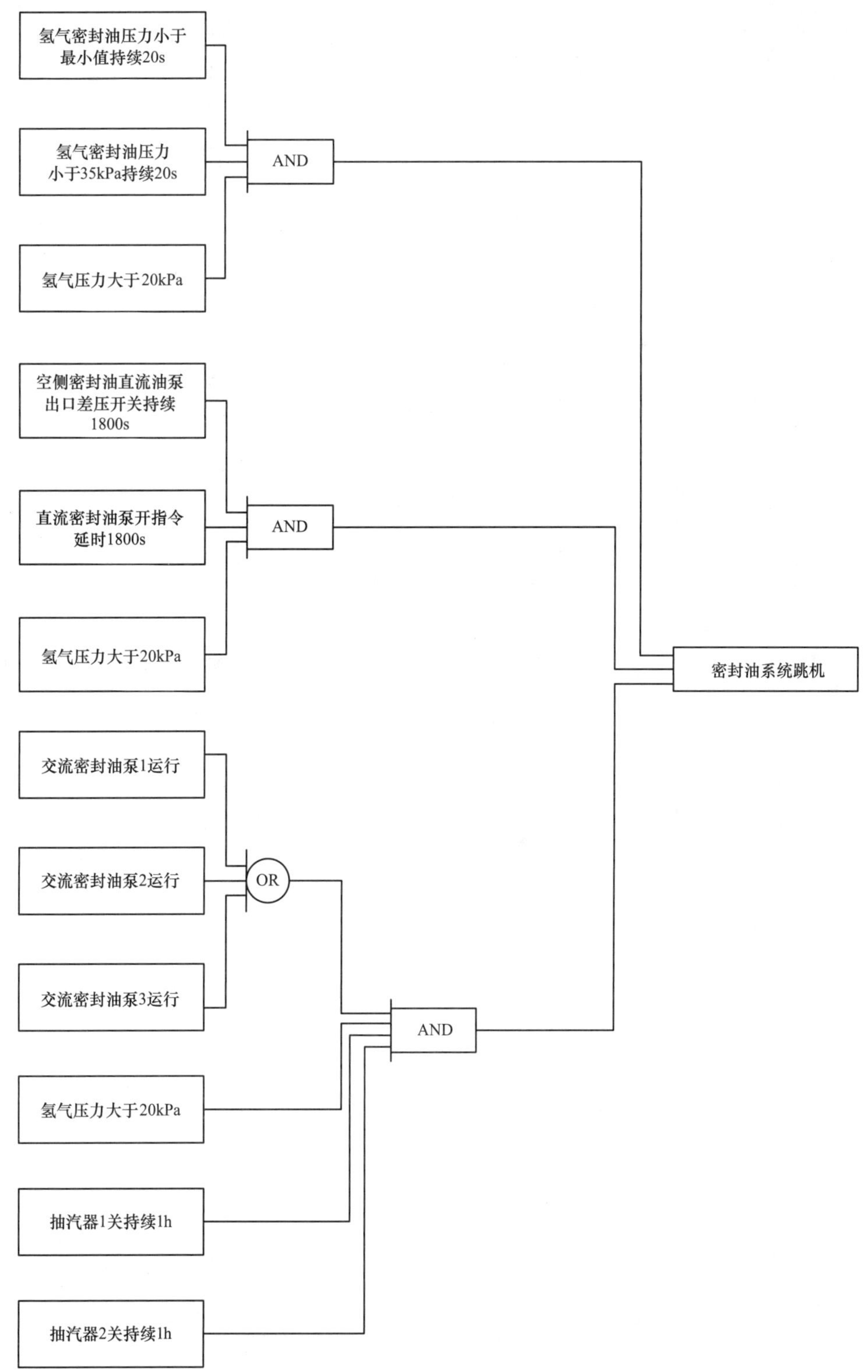

图 3-35 密封油系统跳机逻辑

图 3-36　保护控制系统燃气轮机跳机信号

3.6.4.1 燃气轮机透平侧轴承温度 1 高 Ⅱ 值

燃气轮机透平侧轴承温度有燃气轮机透平侧轴承温度 1 和燃气轮机透平侧轴承温度 2 两个测点，每个测点处，都有三支热电偶（A/B/C）用来测量轴承的金属温度，一般地，温度值设定有两个限度值：一个是报警限度值，另一个是跳机限度值。超出第一个限度值仅仅报警，不会跳机，超出第二个限度值（第二个限度值为 120℃）时，会导致燃气轮机跳机。

因此，燃气轮机透平侧轴承温度 1 高 Ⅱ 值逻辑如图 3–37 所示。

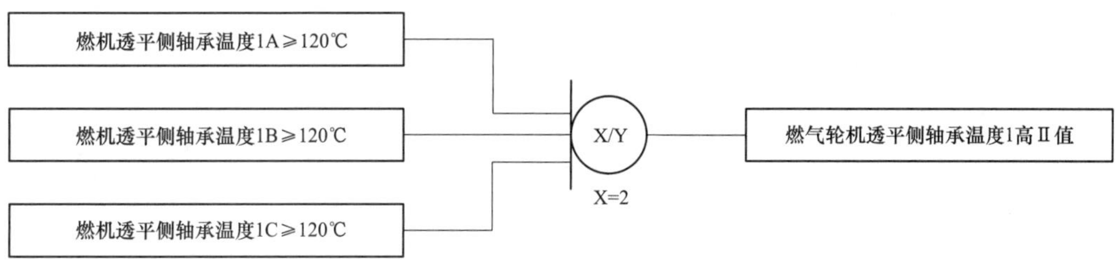

图 3–37 燃气轮机透平侧轴承温度 1 高 Ⅱ 值

3.6.4.2 燃气轮机透平侧轴承温度 2 高 Ⅱ 值

燃气轮机透平侧轴承温度 2 高 Ⅱ 值逻辑如图 3–38 所示。

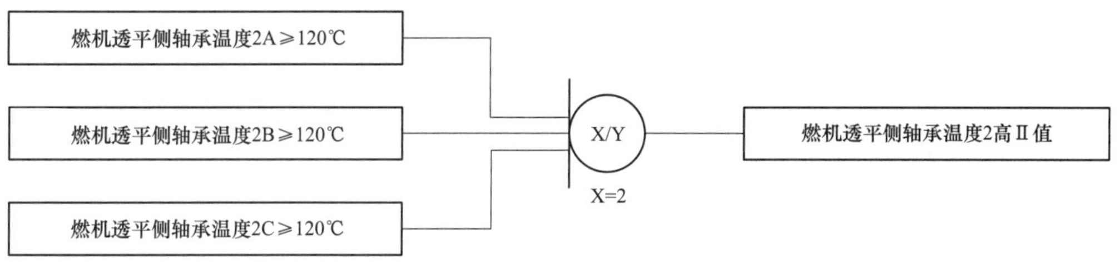

图 3–38 燃气轮机透平侧轴承温度 2 高 Ⅱ 值

3.6.4.3 压气机径向轴承温度高 Ⅱ 值

同样由三支热电偶（A/B/C）用来测量压气机径向轴承的金属温度。温度超过第一个限度值时（三取二判断）时，发出警报；当且仅当超出第二个限度值（120℃）时，燃气轮机跳机。

因此，压气机径向轴承温度高 Ⅱ 值逻辑如图 3–39 所示。

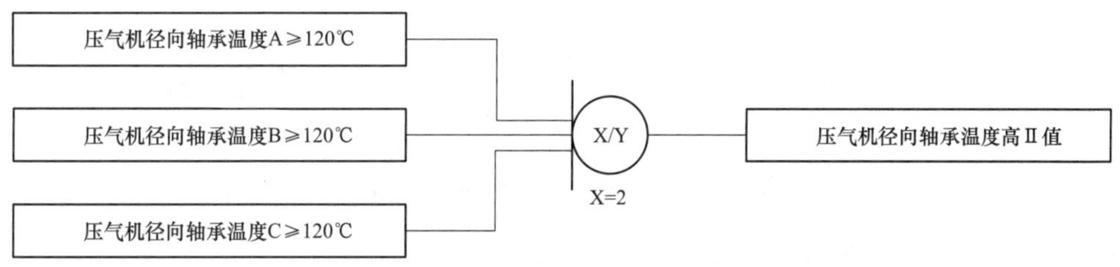

图 3–39 压气机径向轴承温度高 Ⅱ 值

3.6.4.4 主推力轴承上半温度高 Ⅱ 值

推力轴承温度共有 16 个测点来测量发电机侧温度。16 个测点两两一组（命名为 A/B），共 8 组。主推力轴承上半面、主推力轴承下半面、副推力轴承上半面、副推力轴承下半面各 2 组。温度超过第一个限度值时，仅仅发出警报，超出第二个限度值（第二个限度值为 120℃）时，燃气轮机跳机。

该跳机保护只针对主推力轴承。

因此，主推力轴承上半温度高 Ⅱ 值跳机逻辑如图 3-40 所示。

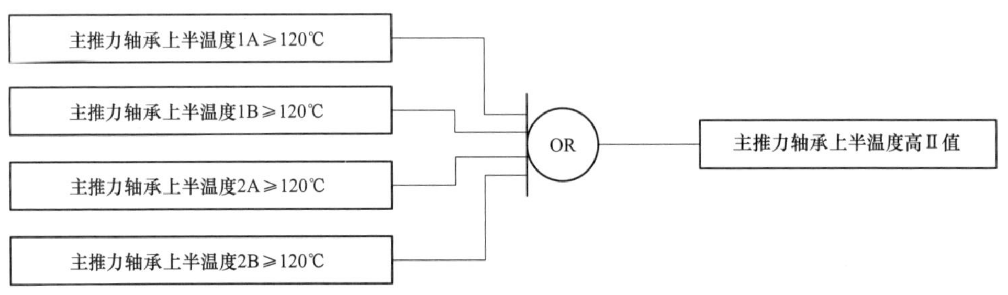

图 3-40 主推力轴承上半温度高 Ⅱ 值跳机逻辑

3.6.4.5 主推力轴承下半温度高 Ⅱ 值

主推力轴承下半温度高 Ⅱ 值跳机逻辑如图 3-41 所示。

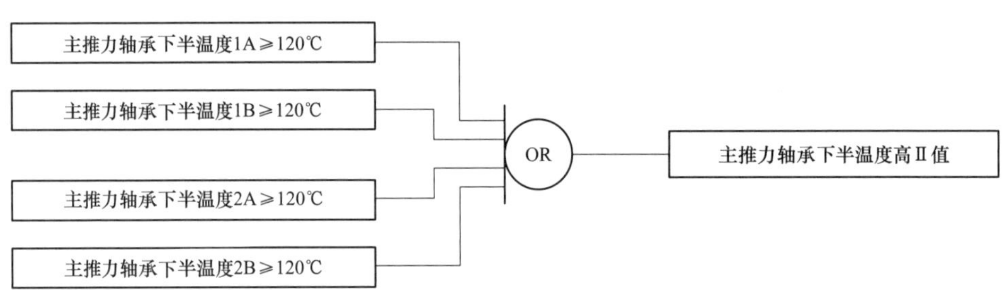

图 3-41 主推力轴承下半温度高 Ⅱ 值跳机逻辑

3.6.4.6 发电机汽端轴瓦温度高 Ⅱ 值

发电机汽端轴瓦温度通过两个热电偶测量（命名为 A/B），经过逻辑判断高 Ⅱ 值（107℃）后，向保护控制系统发出跳机信号，如图 3-42 所示。该逻辑是在 TCS 系统的内部判断的，可以直接由硬接线输出至硬件保护装置。

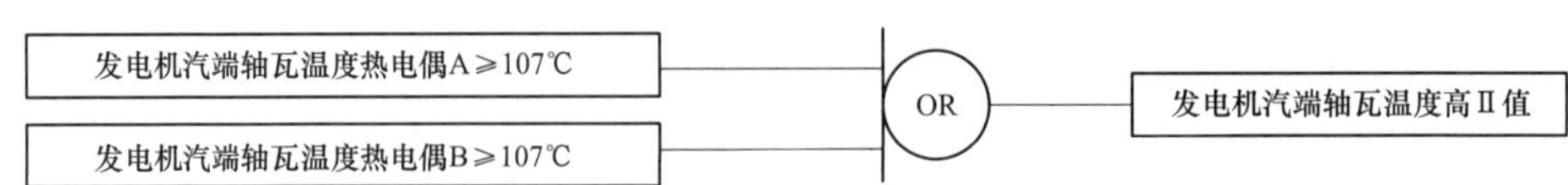

图 3-42 发电机汽端轴瓦温度高 Ⅱ 值

3.6.4.7 发电机励端轴瓦温度高 Ⅱ 值

发电机励端轴瓦温度通过两个热电偶测量（命名为 A/B），与汽端轴瓦温度判断条件类似，如图 3–43 所示。

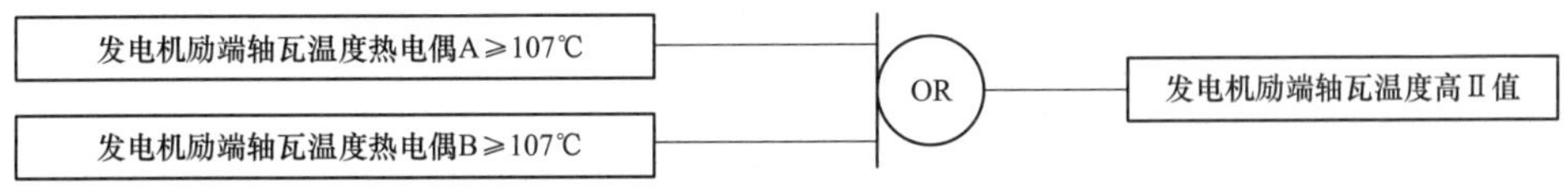

图 3–43　发电机励端轴瓦温度高Ⅱ值

3.6.4.8　燃气轮机透平出口温度高

为了达到排气温度保护的目的，燃气轮机出口处布置 24 个三通道热电偶，每个热电偶的 B 和 C 通道值用于排气温度判断和保护，A 通道作为备用。以 24 个 B\C 通道的平均值作为参考值。信号的质量不间断地显示，如果偏差大于其他通道平均值如 100℃或检测到电气故障，则可认为通道存在故障。这种情况下，计算平均值时移除故障信号，并用相同测点上其他通道的值替代用来显示温度分布。燃气轮机透平出口温度的保护分为温度过高、热点保护跳机、冷点保护跳机三种。

燃气轮机透平出口温度高是指 24 个热电偶的 B/C 通道的平均值过高（大于 660℃），但该条件并非直接进行加和取平均的计算方式。在逻辑的实现中，每四个热电偶 B 通道为一组，每组取平均值，再进行六取三运算。

燃气轮机透平出口温度高跳机的控制逻辑如图 3–44 所示。

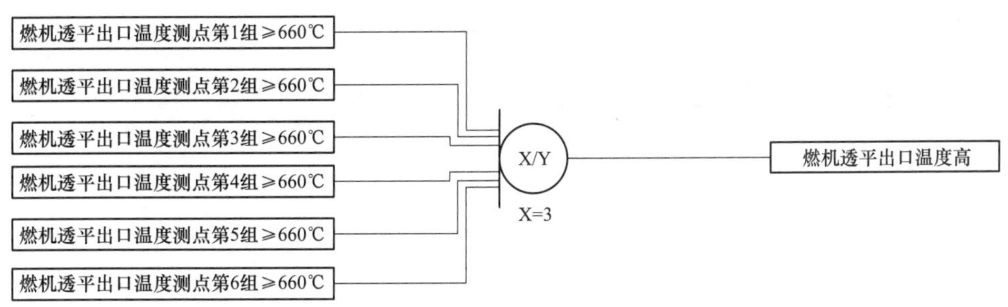

图 3–44　燃气轮机透平出口温度高跳机逻辑

3.6.4.9　热点保护跳机

为防止单燃烧器燃料过多，通过比较 24 个热电偶 B/C 通道的平均值（参考值）和单个热电偶通道测值来监测燃烧器燃烧情况。如果某个热电偶通道测值比平均值高出 50℃以上持续 10s，说明该热电偶对应位置的燃烧器燃料过多，任一燃烧器燃料过多均会导致热点保护跳机，如图 3–45 所示。

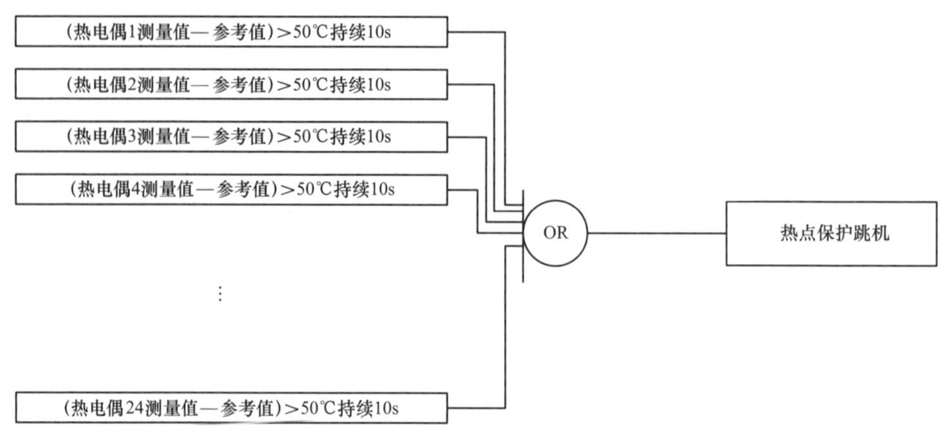

图 3-45　热点保护跳机逻辑

3.6.4.10　冷点保护跳机

通过观察温度分布的对称性来监测不稳定火焰。通过比较 24 个热电偶 B\C 通道的平均值和单个热电偶通道测值来监测燃烧器的熄火，如果差值在 50℃以上，认为热电偶对应的燃烧器熄火。如果有任意四个燃烧器熄火，则启用冷点保护跳机，如图 3-46 所示。

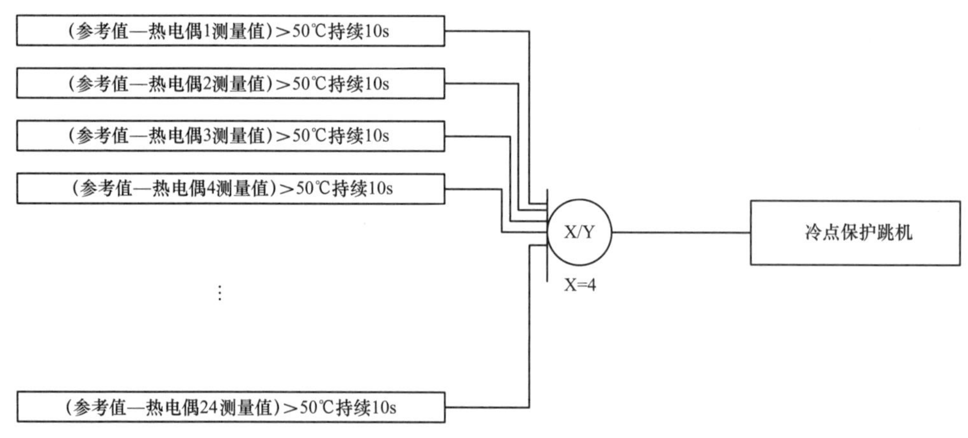

图 3-46　冷点保护跳机逻辑

3.6.4.11　润滑油油箱液位不正常跳机

润滑油油箱液位通过读取液位指示计（视镜）检查润滑油箱的液位值并记录，每周至少进行一次，并及时补充润滑油。液位监测考虑了光学和声学影响，可以保证正确地检测油箱液位且无偏差。根据液位指示计得到油箱液位的测试记录，它们显示了液位平面到油箱顶板的距离。油箱液位的变化与运行状态，将随着润滑油系统和顶轴油系统的油循环量的变化而变化。

燃气轮机在额定转速下运行时，油箱液位应为正常液位。设定值 1 的作用是提示运行人员及时补充润滑油或检查油箱，而设定值 2 则是跳机液位。图 3-47 所示为润滑油油箱液位不正常跳机逻辑。

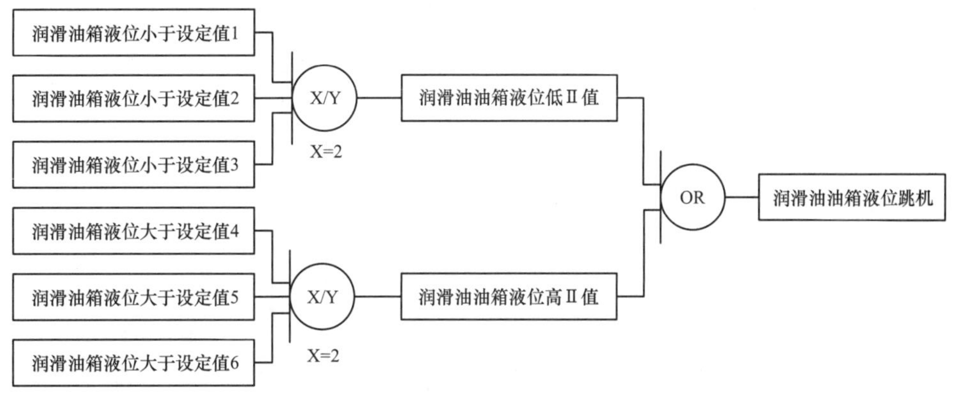

图 3-47 润滑油油箱液位不正常跳机逻辑

3.6.4.12 燃气轮机控制油母管压力跳机

燃气轮机的控制油指液压油，控制油母管是液压供油单元的一部分。该跳机信号由三个测点决定，测点 A 为 4~20mA 类型测点，测点 B 与测点 C 是 24V 直流电压类型测点，三个测点分别与相应的限值比较，得到对应的低 I 值信号，再进行三取二运算，得到燃气轮机控制油母管压力跳机信号如图 3-48 所示。

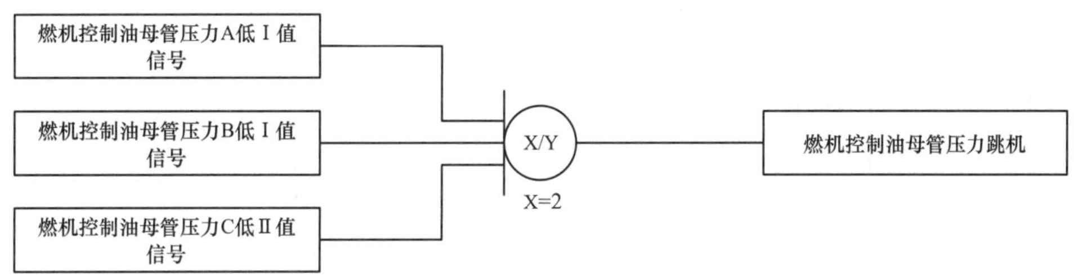

图 3-48 燃气轮机控制油母管压力跳机逻辑

3.6.4.13 发电机集电环轴承振动跳机

机组在运行状态下，集电环轴承处振动高Ⅱ值会触发电机集电环轴承振动跳机，如图 3-49 所示。

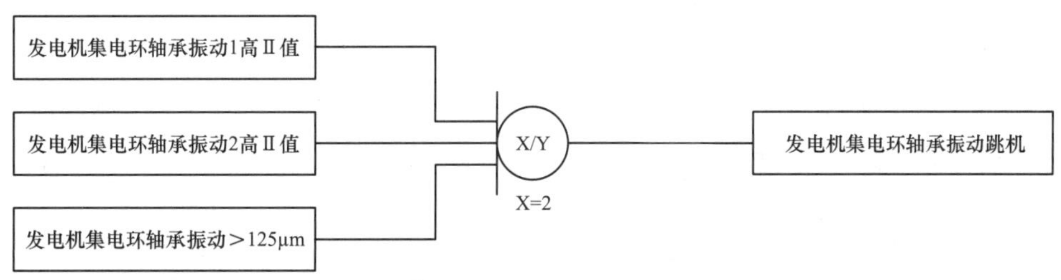

图 3-49 发电机集电环轴承振动跳机逻辑

3.6.4.14 风门 2/3 未打开跳机

燃气轮机进气挡板门三个中有两个没有打开，会导致燃气轮机保护跳机，如图 3-50 所示。

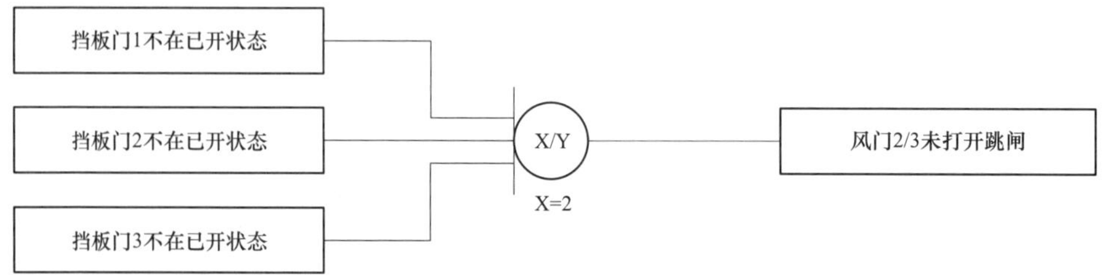

图 3-50　风门 2/3 未打开跳机逻辑

3.6.4.15　盘车离合器分离

若盘车期间检测到盘车离合器分离，则会触发燃气轮机跳机，该信号有三个测点，三取二运算，如图 3-51 所示。

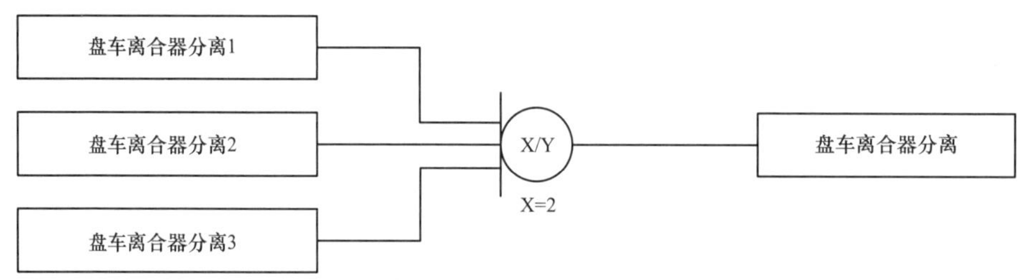

图 3-51　盘车离合器分离跳机逻辑

3.6.4.16　自动系统故障跳机

若检测到系统间通信信号故障，会触发燃气轮机跳机，如图 3-52 所示。

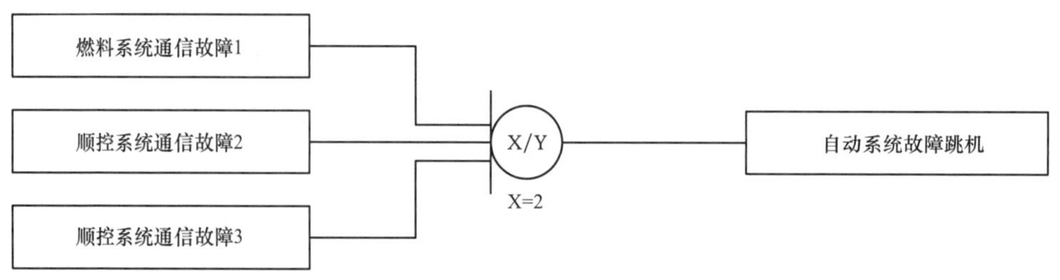

图 3-52　自动系统故障跳机逻辑

3.6.4.17　发电机集电环轴瓦温度跳机

发电机集电环轴瓦温度信号由热电阻测量，任一测量信号高Ⅱ值则触发电机集电环轴瓦温度跳机，如图 3-53 所示。

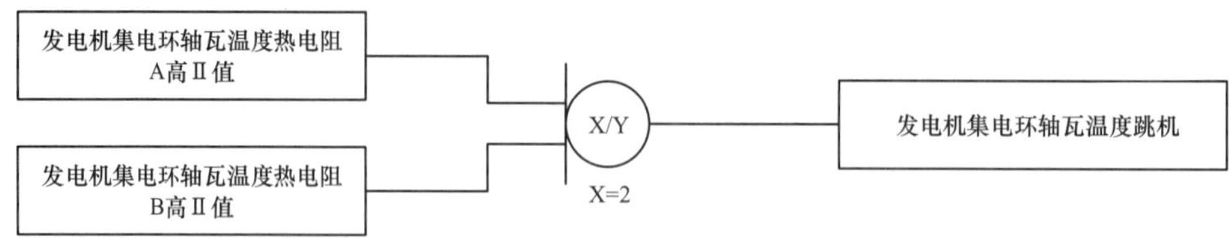

图 3-53　发电机集电环轴瓦温度跳机逻辑

3.6.4.18 压气机入口温度信号坏质量跳机

压气机入口温度有四个测点，对应的坏质量信号进行四取二运算，触发燃气轮机跳机，如图 3–54 所示。

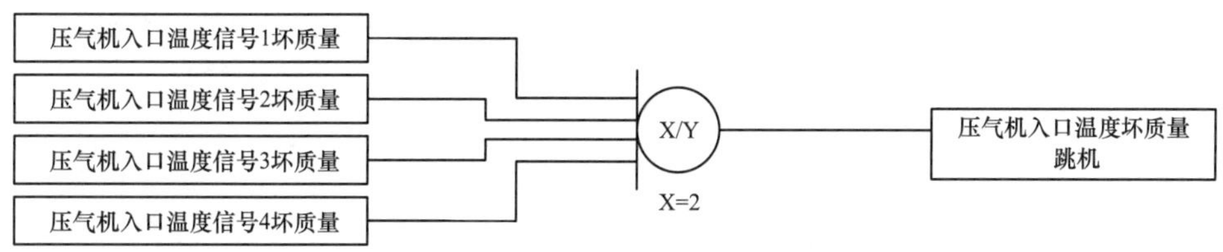

图 3–54 压气机入口温度信号坏质量跳机逻辑

3.6.4.19 定子冷却水断水保护装置

定子冷却水泵压力低Ⅱ值会进行报警并关停水泵，若三个冷却水泵中有两个报警，则启动定子冷却水断水保护装置，并最终使燃气轮机跳机，如图 3–55 所示。

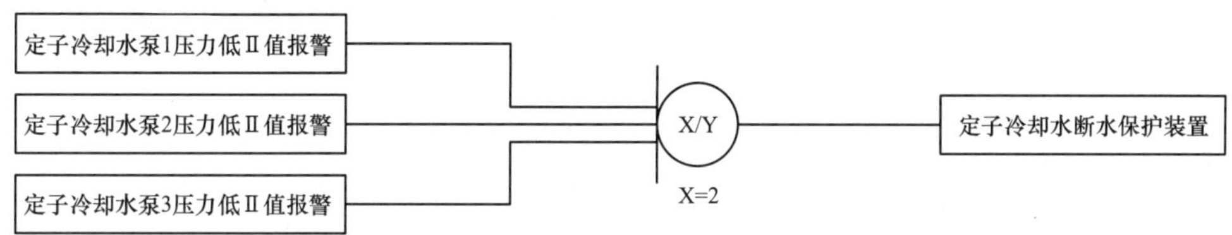

图 3–55 定子冷却水断水保护装置跳机逻辑

3.6.4.20 燃气轮机推力轴承压气机侧温度上高Ⅱ值

压气机侧的推力轴承装备有 8 个热电偶。两两一组分为 4 组，上下推力面各有 2 组。超出限度值（120℃）时，燃气轮机跳机。上推力面测点命名为 1A、1B、2A、2B，如图 3–56 所示。

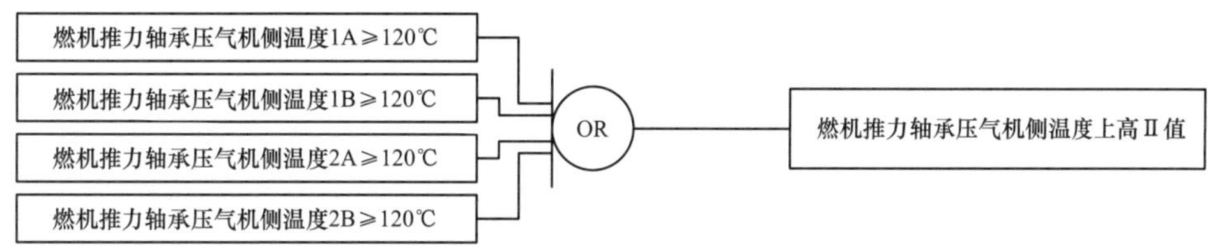

图 3–56 燃气轮机推力轴承压气机侧温度上高Ⅱ值保护跳机逻辑

3.6.4.21 燃气轮机推力轴承压气机侧温度下高Ⅱ值

下推力面测点命名为 3A、3B、4A、4B，则逻辑如图 3–57 所示。

3.6.4.22 储气罐压力低跳机

储气罐的排污阀被打开，压气机出力不足，压气机不能运行，进口过滤器滤芯堵塞均可能会导致储气罐压力低报警。若三个测点中有两个报警，则会触发储气罐压力低跳机，如图 3–58 所示。

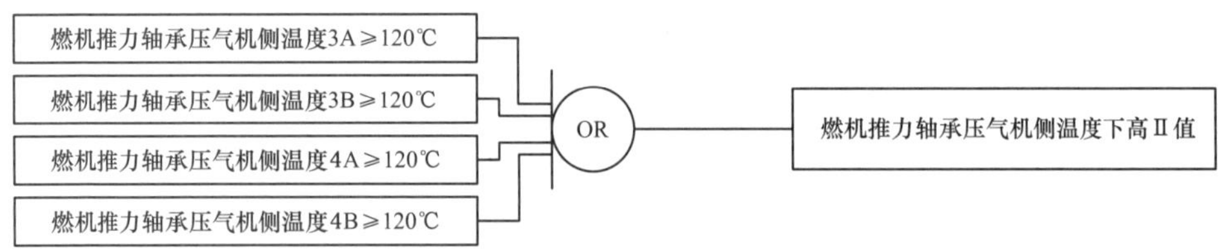

图 3-57　燃气轮机推力轴承压气机侧温度下高Ⅱ值保护跳机逻辑

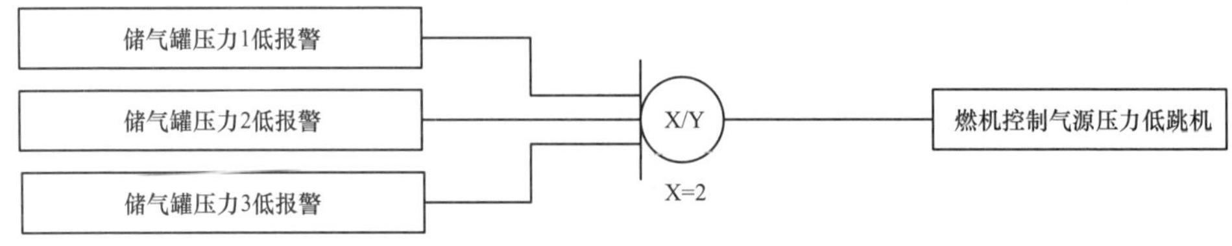

图 3-58　储气罐压力低跳机逻辑

3.6.4.23　燃料气低压跳机

若检测到燃料气压力低，说明燃料量供应不足，会导致报警，若若三个测点中有两个报警，则触发燃气轮机跳机，如图 3-59 所示。

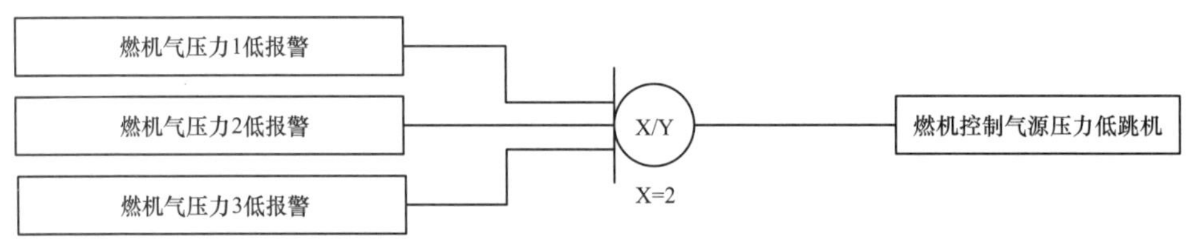

图 3-59　燃料气低压跳机逻辑

3.6.4.24　燃气轮机透平侧轴承振动跳机

透平侧使用传感器监测轴承座的绝对振动，显示并记录振动值。处理器模块从信号中计算出有效振动速度，系统使用有效振动速度作为参考值。绝对振动有两个定值，如果测量值比第一个定值高出 9.3mm/s，定义为高 I 值，只会发出警报；比第二个定值高出 9.3mm/s 时，定义为高Ⅱ值，燃气轮机将会跳机。

注：在正弦振动的情况下，振动位移、振动速度和振动加速度可以互相转化。

除绝对振动监测以外，每个轴承上还装有两个传感器，用于测量轴相对缸体的振动。如果测量值比第一个定值高出 164μm，定义为高 I 值，将发出警报；比第二个定值高出 240μm 时，定义为高Ⅱ值，燃气轮机将会跳机。只有当燃气轮机速度在正常运行允许速度范围内，才进行相对振动判断。图 3-60 所示为燃气轮机透平侧轴承振动保护逻辑。

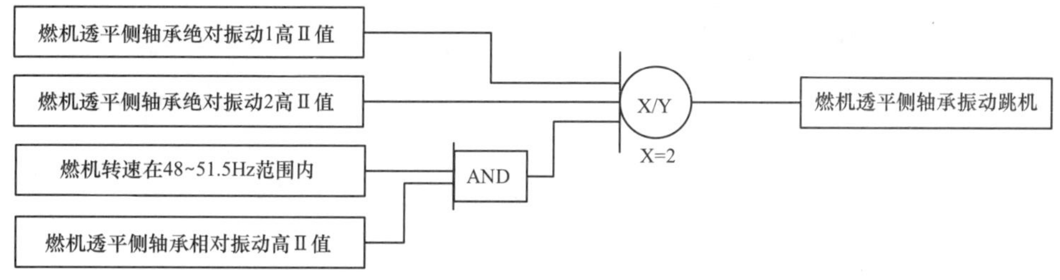

图 3-60 燃气轮机透平侧轴承振动保护逻辑

3.6.4.25 燃气轮机压气机侧轴承振动

压气机侧轴承振动与透平侧轴承振动的判断方式相同。使用传感器监测轴承座绝对振动，显示并记录振动值。处理器模块从信号中计算出有效振动速度作为参考值。绝对振动有两个定值，如果测量值比第一个定值高出 9.3mm/s，定义为高Ⅰ值，只会发出警报；比第二个定值高出 9.3mm/s 时，定义为高Ⅱ值，燃气轮机将会跳机。

除绝对振动监测以外，每个轴承上还装有两个传感器，用于测量轴相对缸体的振动。这些信号用来收集第一个限制值（警报）和第二个限制值（跳机）。如果至少有一个测点值比第一个限制值高出 165μm，定义为高Ⅰ值，将发出警报；比第二个限制值高出 240μm 时，定义为高Ⅱ值，燃气轮机将会跳机。只有当燃气轮机速度在正常运行允许速度范围内，才进行相对振动判断。图 3-61 所示为燃气轮机压气机侧轴承振动保护跳机逻辑。

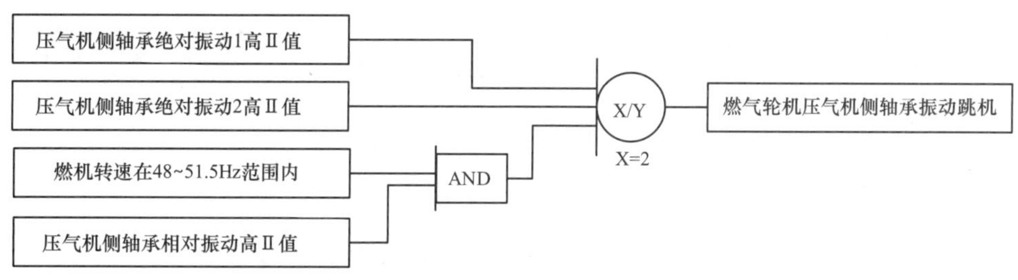

图 3-61 燃气轮机压气机侧轴承振动保护跳机逻辑

3.6.4.26 发电机汽端轴承振动跳机

发电机汽端轴承振动跳机与燃气轮机轴承振动判断方式相同。绝对振动有两个定值，如果测量值比第一个定值高出 9.3mm/s，定义为高Ⅰ值，只会发出警报；比第二个定值高出 9.3mm/s 时，定义为高Ⅱ值，燃气轮机将会跳机。除绝对振动监测以外，每个轴承上还装有两个传感器，用于测量。

轴相对缸体的振动。如果测量值比第一个定值高出 165μm，定义为高Ⅰ值，将发出警报；比第二个定值高出 240μm 时，定义为高Ⅱ值，燃气轮机将会跳机。只有当燃气轮机速度在正常运行允许速度范围内，才进行相对振动判断。图 3-62 所示为发电机汽端轴承振动跳机信号。

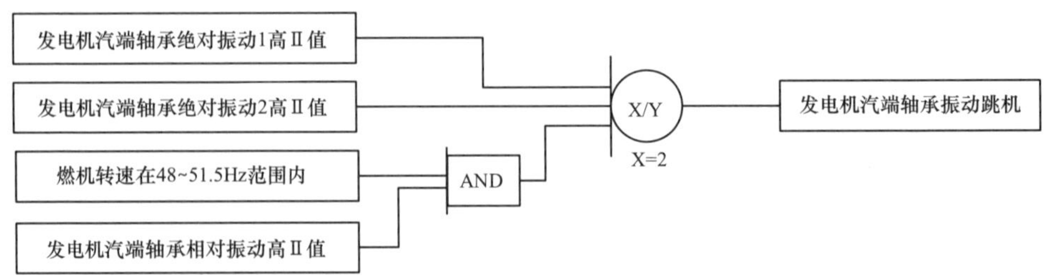

图 3-62　发电机汽端轴承振动跳机信号

3.6.4.27　发电机励端轴承振动跳机

发电机励端轴承振动跳机与燃气轮机轴承振动判断方式相同。绝对振动同样有两个定值，如果测量值比第一个定值高出 9.3mm/s，定义为高Ⅰ值，只会发出警报；比第二个定值高出 9.3mm/s 时，定义为高Ⅱ值，燃气轮机将会跳机。除绝对振动监测以外，每个轴承上还装有两个传感器，用于测量。

轴相对缸体的振动。如果测量值比第一个定值高出 165μm，定义为高Ⅰ值，将发出警报；比第二个定值高出 240μm 时，定义为高Ⅱ值，燃气轮机将会跳机。只有当燃气轮机速度在正常运行允许速度范围内，才进行相对振动判断。图 3-63 所示为发电机励端轴承振动发电机跳机信号。

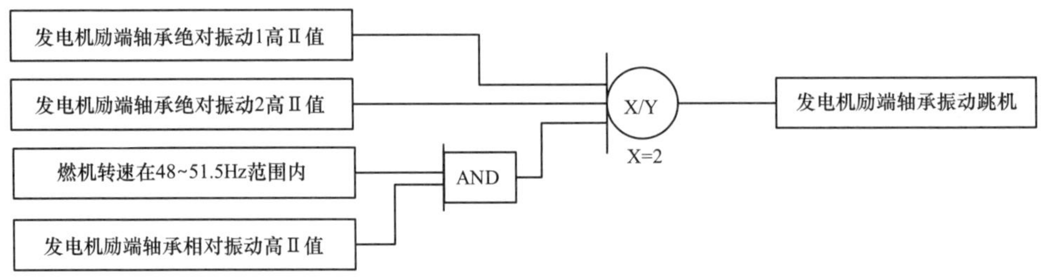

图 3-63　发电机励端轴承振动发电机跳机信号

3.6.4.28　可燃气体浓度高跳机

燃气轮机控制系统使用三个测点检测罩壳内可燃气体的浓度，在浓度高于设定值时发出报警或跳机，防止燃气轮机罩壳及附近区域的爆炸或火灾发生，如图 3-64 所示。

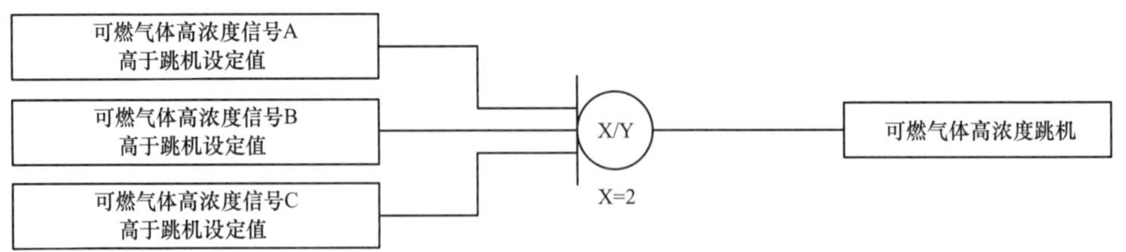

图 3-64　可燃气体高浓度跳机信号

3.7 小结

本章首先介绍了燃气轮机控制系统的基本组成和各部分功能，然后从硬件的角度详细分析了燃气轮机控制系统各部分的硬件配置，并且对所使用的模件的结构和功能进行分析。另外，还详细介绍了燃气轮机控制系统燃料控制系统的功能、顺序控制系统的功能、辅助控制系统的功能以及保护控制系统的功能，为下面对燃气轮机控制系统开展可靠性分析奠定了基础。

4 汽轮机控制系统

汽轮机控制系统的主要部分是汽轮机电液伺服控制（digital electric hydraulic control system，DEH）。DEH 的主要功能是通过改变主汽阀和调节汽阀的位置控制进入汽轮机的蒸汽流量来实现不同工况或运行步骤下的转速、主汽压力等参数的调整，使其符合运行要求。该过程中汽轮机控制系统不能直接对主汽阀和调节汽阀进行控制，而是将电液伺服油动机作为 DEH 柜的控制信号终端在接收到控制命令后通过液压进一步控制主汽阀和调节阀的位置。此外，汽轮机控制系统是一个闭环控制系统，需要接受来自汽轮机组的反馈信号（转速、主汽压力等）或操作员的指令才能发出控制指令，在接收到的反馈信号及操作员指令后，通过主控制器中存储的组态逻辑进行处理与运算，最终发出控制信号至伺服油动机，确保汽轮机负荷始终运行在最佳状态以及电网的稳定运行。

4.1 概述

汽轮机控制系统可划分为现场侧和 DCS 侧。现场侧的生产过程包括被控对象即汽轮机组，以及大量的执行机构和测量变送仪表，在控制系统框图中对应的位置和信号流程为"执行机构 – 被控对象 – 测量变送仪表"，如图 4–1 所示。

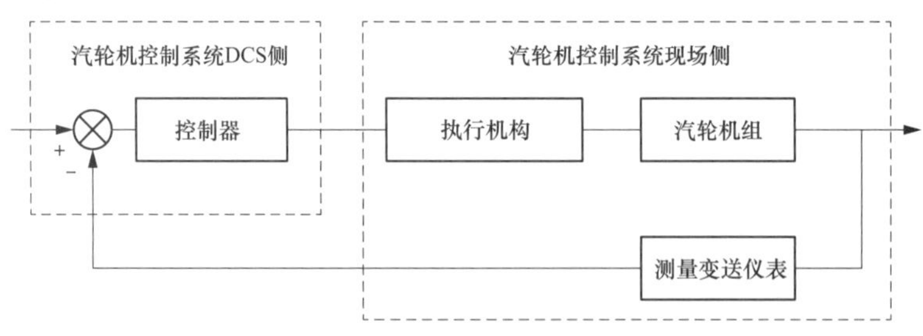

图 4–1　汽轮机控制系统框图

图 4–1 中，执行机构指的不仅是主汽阀、调汽阀，还包括对主汽阀或者调汽阀进行直接调节的伺服油动机，对伺服油动机进行遮断的电磁阀以及其他电动执行机构。需注意的是，现场侧生产过程向 DCS 侧反馈的信号除了测量变送仪表中的信号外，还有执行机构的状态反馈信号，即阀门开度或者开关的通断状态。出于安全需求，主汽阀和调汽阀的开

度由伺服油动机通过液压调节而不是由 DCS 控制系统直接通过电动信号调节，因此主汽阀和调汽阀的开度由伺服油动机将液压信号经过转换反馈回 DCS 侧控制系统，而电磁阀的通断状态或者其他电动执行机构的反馈信号则直接反馈回 DCS 侧控制系统。

汽轮机控制系统 DCS 侧按照功能可划分为危急遮断子系统（emergency trip system，ETS）、基本控制子系统（basic turbine control system，BTC）和汽机自启停控制子系统（automatic turbine startup or shutdown control system，ATC），其中自启停控制子系统又被称为顺序控制子系统。ETS 是通过实时监控现场侧的现场信号对生产过程的安全状态进行自动判断，若自动判断的结果为危险，则 ETS 系统会自动动作，通过对危急遮断电磁阀断电使整个生产过程停止，以避免损失进一步扩大，上述过程中“自动判断”由主控制器硬件所存储的组态逻辑规定。BTC 通过将现场侧信号送入主控制器硬件，同样经过组态逻辑对现场侧信号进行处理与运算，最终形成 BTC 控制信号，如主汽压力控制、调节级压力控制、汽轮机转速控制、负荷控制等。ATC 则通过对 BTC 中的主要控制动作的启停设置限制条件（限值或者限速）来规定 BTC 中主要控制方式的投入顺序，如转速控制、同期、负荷控制、协调控制，具体过程同样由主控制器硬件中的组态逻辑所规定。

4.2 汽轮机控制系统硬件配置

相对于现场侧复杂的生产过程，汽轮机控制系统 DCS 侧的通信过程有很多相似的特点，下面简要介绍汽轮机控制系统的 DCS 配置和通信过程。为便于将汽轮机控制系统功能与 DCS 侧信号通信相结合，同样将 DCS 侧控制级按照功能划分为 ETS 子系统、BTC 子系统及 ATC 子系统。某燃气－蒸汽联合循环机组的汽轮机控制系统 DCS 拓扑图如图 4–2 所示。

图 4–2 中，汽轮机控制系统 DCS 按其结构将其划分为监控级、控制级和现场级。监控级的主要功能是通过实时监控现场过程控制的重要参数如主蒸汽压力、主蒸汽温度、汽轮机转速，或执行机构状态如高中压调门等监控现场生产过程，必要时可通过操作员站进行干预。而且控制逻辑也需要从监控级的工程师站编写，进而下载到控制级的 DCS 设备中。除此之外，监控级还承担着执行数据库管理与历史数据存储的职责，分别由而服务器和历史站实现。该电厂实际应用中，汽轮机控制系统监控级由数个操作员站、一个工程师站、一个服务器以及一个历史站构成，且服务器和历史站的功能由同一台上位机表示，在图 4–2 中表示为服务器 & 历史站。而监控级和控制级之间的通信则由某种高速通信网络构成的控制网（C–net）和操作网（O–net）及相连的交换机实现，操作网和控制网的冗余数均为 2，因此，一共有 4 条高速通信网络和 4 个相应的交换机。由于 C–net 和 O–net 采取同一种网络协议，因此并未设计网关。其中，O–net 与操作员站、工程师站、服务器 & 历史站相连，主要用于操作员指令的信息通道；C–net 通过交换机与工程师站、服务器 &

历史站相连，主要用作组态逻辑的信息通道；而交换机则充当各监控级上位机与控制网或操作网之间的信息交互媒介。需要注意的是，当操作员对生产过程进行干预时，其指令将通过交换机及相连的 O-net 传达至服务器，继而由服务器再通过交换机将操作员指令下传至控制网，最后送至主控制器单元并参与组态逻辑运算。

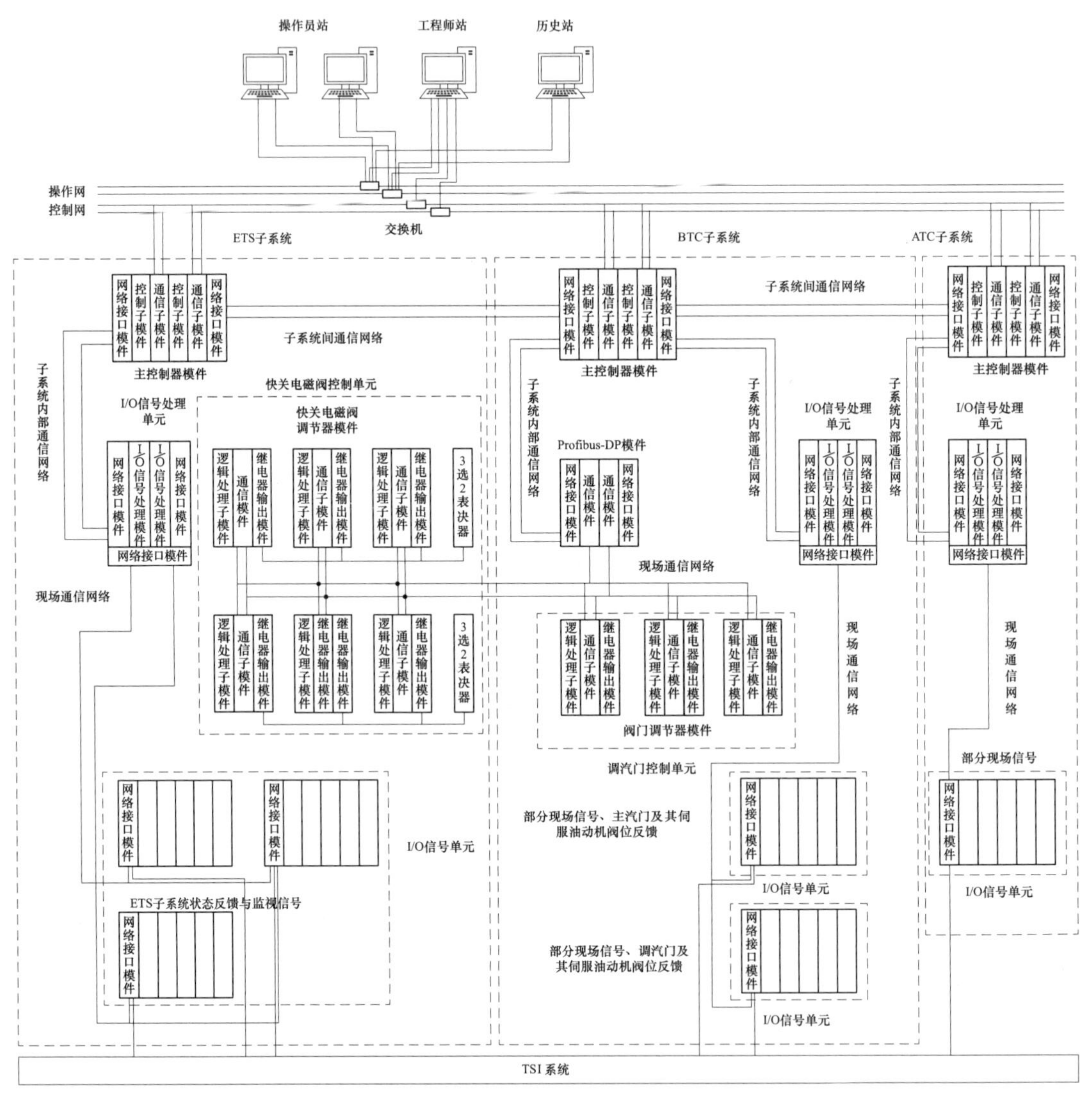

图 4-2　汽轮机控制系统 DCS 拓扑图

DEH 控制系统原理如图 4-3 所示。

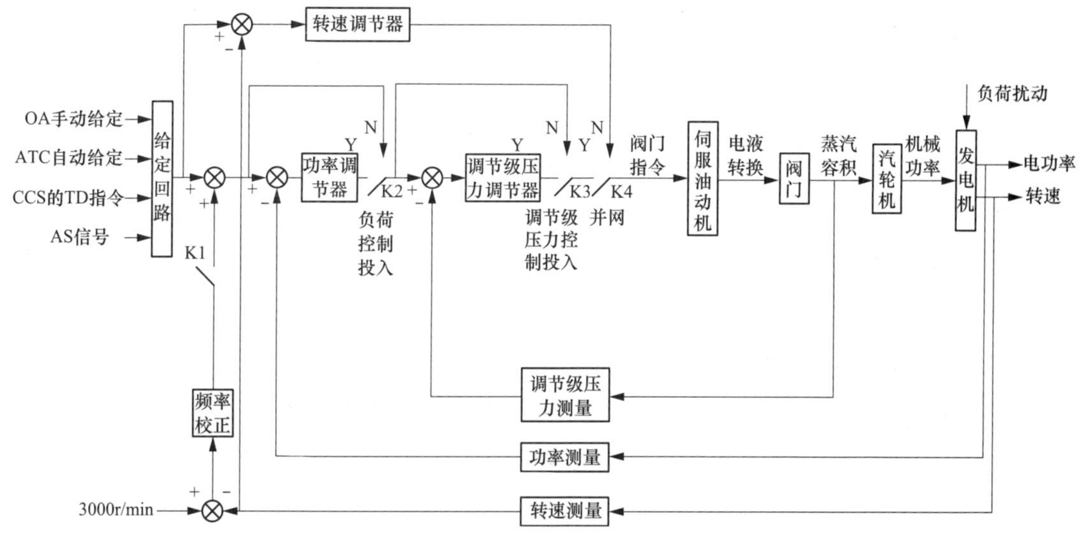

图 4-3　DEH 系统的控制方式原理图

图 4-3 中，“汽轮机”与“发电机”二者等价于图 4-1 中的“汽轮机组”；“调节级压力测量”“功率测量”以及“转速测量”等同于“测量仪表”的测量结果；“伺服油动机”与“阀门”等价于图 4-1 中的“执行机构”“功率调节器”“转速调节器”以及“调节级压力调节器”，则等价于图 4-1 中的“控制器”，具体控制策略由 BTC 子系统中的组态逻辑规定；“频率校正”相当于在图 4-1 中“测量仪表”所测信号之后添加一个信号处理单元，其组态逻辑同样存储于 BTC 子系统中。除此之外，“给定回路”“负荷控制是否投入”“调节级压力是否投入”以及“是否并网”，都会对图 4-1 中“控制器”的控制效果以及相应“被控对象”产生影响，上述过程的具体细节由 ATC 子系统的组态逻辑规定。

图 4-3 中，汽轮机的主要控制参数是功率、转速和主蒸汽压力、调节汽轮机的进汽量和发电机组的输出电功率。发电机组通过调节阀门开度对蒸汽容积进行控制进一步来控制发电机组的输出电功率。在机组的启动阶段，先投入转速控制，该控制信号既可能来自操作员自动（operator automation，OA）模式，也可能来自协调控制（coordinated control system，CCS）模式或汽轮机自启停控制（ATC）模式，该模式又被称为顺序控制模式。一般情况下，在转速达到额定值的时候，汽轮机控制系统会收到自动同期（automatic synchronizing，AS）信号。在收到 AS 信号后，汽轮机组将进行并网。一般情况下，汽轮机组并网之后汽轮机控制系统将投入负荷控制，此时会断开原来的转速控制回路，由功率调节器调节阀门开度，与此同时会实时监视发电机组的输出电功率，使其与电网功率需求相匹配。当汽轮机采用部分进汽时，汽轮机第一级进汽压力随负荷的变化而变化。当负荷达到一定程度时，为了防止轴向位移过大或者振动幅度过大，需要投入调节级压力控制。

当控制系统接收到 OA 手动给定、ATC 自动给定、CCS 目标指令以及 AS 信号中的某个或者多个信号时，由组态逻辑规定上述信号幅值范围以及优先级，该功能在图中表示为

“给定回路”。下面对“给定回路”及相应的工作模式进行一个简单的概括与说明，一般情况下汽轮机的运行方式有 4 种分别为 OA、ATC、AS 以及 CCS 方式。

（1）OA 模式下控制系统主要执行转速自动控制、功率自动控制或者主汽压力控制任务，与之相对应的组态逻辑存储于 BTC 子系统。

（2）ATC 模式下控制系统主要执行变更转速、改变升速率、产生转速保持、改变负荷变化率以及产生负荷保持功能，进而实现汽轮机自启停控制，与之相对应的组态逻辑存储于 ATC 子系统。

（3）AS 模式下，则执行同期任务，其运行条件为：①控制在“OA”模式或“ATC”模式；②机组的转速由高压调门控制；③发电机变压器组断路器断开（未并网）；④自动同期允许；⑤汽轮机转速在同步范围内，其功能执行部分组态逻辑存储于 BTC 子系统，切换条件组态逻辑存储于 ATC 子系统。

（4）CCS 模式下，则兼顾锅炉、电网、汽机以及辅机特性，进行协调控制，其运行条件为：①机组已并网；②接收到 CCS 请求信号；③由 CCS 来的给定信号正常等，同样其功能执行部分组态逻辑存储于 BTC 子系统，切换条件组态逻辑存储于 ATC 子系统。

下面将继续结合图 4–2 对 DCS 的控制级，即 ETS 子系统、BTC 子系统以及 ATC 子系统进行说明。

4.2.1 ETS 子系统 DCS 配置

ETS 子系统的功能主要是实现汽轮机的危急遮断，这一功能由主控制器模件实现。ETS 子系统主控制器模件由两块控制子模件、两块通信子模件组成，其中控制子模件是中央处理器，用于处理复杂的逻辑功能；通信子模件通过通信处理器与操作网和控制网相连，实现其与监控级之间的通信。主控制器模件不能直接收 I/O 信号单元中的现场信号，需要 I/O 信号处理单元对现场信号进行处理，才可以接收。其中，主控制器模件通过子系统内部通信与 I/O 信号处理单元相连，而 I/O 信号处理单元通过现场通信网络与 I/O 信号单元相连，这样主控制器模件就可以通过接收 I/O 信号单元中的现场信号以及执行机构的位置反馈信号，判断机组的安全状态，进而实现自动危急遮断。需要注意的是，主控制器模件不能直接接收 I/O 信号单元中的现场信号，需要 I/O 信号处理单元对现场信号进行处理，其中 AI 信号要由 TSI 系统将预先采集，而 DI，DO 以及 AO 信号可以直接接收。

由于主控制器模件根据 I/O 模件所接受的信号判断 DEH 处于危险状态，则主控制器模件会向快关电磁阀调节器模件传达遮断指令。需要注意的是，ETS 子系统和 BTC 子系统以及 ATC 子系统的组态逻辑并不是完全独立的，部分控制逻辑会存在多个子系统共享的情况，在这种情况下 ETS 需要通过子系统间通信网络来实现逻辑互通。同样地，ETS 子系统中执行危急遮断功能的部分组态逻辑与 BTC 子系统共享。因此，ETS 子系统主控制器模件所发出的遮断指令需要通过子系统之间的通信网络发送至 BTC 子系统的主控制器

模件来进一步完善。然后，由 BTC 子系统所属主控制器模件发出完善的遮断指令。该指令由 BTC 子系统的 Profibus-DP 模件加装的网络接口模件从子系统内部通信网络接收，之后再经由通信模件进一步处理。

若主控制器模件判断 DEH 处于危险状态，则主控制器模件会向快关电磁阀调节器模件传达遮断指令，最终实现遮断功能。快关电磁阀调节器模件分为两组，均由逻辑处理子模件和通信子模件构成，分别执行组态逻辑运算与信号接收功能。两组快关电磁阀调节器模件互相冗余，且每组电磁阀均可以对汽轮机各个主汽阀和调节阀进行遮断。除此之外，每组快关电磁阀调节器模件也存在冗余。各组快关电磁阀调节器模件冗余数量均为 3，故两组快关电磁阀调节器模件总计 6 个快关电磁阀调节器模件。每个冗余的快关电磁阀调节器模件通过加装继电器输出模件来发送快关电磁阀控制信号。两组快关电磁阀调节器模件各自分配一个三选二表决器，实现快关电磁阀控制信号冗余。

4.2.2　BTC 子系统 DCS 配置

BTC 子系统的功能由主控制器模件、I/O 信号处理单元和两个 I/O 信号单元实现。BTC 子系统的控制逻辑同样由工程师站的组态编辑软件编译出来后，一方面通过操作网安装到操作员站，另一方面通过控制网下装到主控制器模件。不仅可以通过主控制器模件实现自动控制，也可以由操作员站的指令经由操作网—服务器 & 历史站—控制网下传至主控制器模件并进行组态逻辑运算的方式实现操作员指令控制。而且，BTC 子系统的主控制器模件的冗余方式及其通信连接方式与 ETS 子系统也相同。不同之处在于，主控制器模件通过接收 I/O 信号单元中的现场信号以及执行机构反馈，不再判断机组的安全状态进行遮断而是跟踪 DEH 系统主参数，进而通过阀门调节器模件实现 DEH 系统的主要控制方式如压力控制、转速控制等。

在 BTC 子系统的主控制器模件对 DEH 系统主要控制参数进行跟踪后，经过复杂的组态逻辑运算与处理形成控制指令，由主控制器模件向阀门调节器模件传达。主控制器模件向阀门调节器模件传达控制命令的过程与 ETS 子系统相似。阀门调节器模件的子模件构成及功能与快关电磁阀调节器模件也类似。不同之处为：阀门调节器模件的数量总计为 3 个，相互之间独立且不互相冗余，分别执行高压调汽门、中压调汽门以及旋转隔板的阀位控制，且每个模件并不涉及其他冗余方式，因此，由这 3 个阀门调节器模件组成的调汽门控制单元并没有加装“3 选 2”表决器。

4.2.3　ATC 子系统 DCS 配置

ATC 子系统的功能由主控制器模件、I/O 信号处理单元和一个 I/O 信号单元实现。ATC 子系统的顺序控制逻辑下载到主控制器模件的过程和 ETS 子系统以及 BTC 子系统的过程相同，不仅可实现自动控制，还可由操作员站进行人为干预。BTC 子系统主控制器模件的冗余方式及其通信连接方式与 ETS 子系统和 BTC 子系统也相同。不同之处为：主控制器模件通过接收 I/O 信号单元中现场信号以及执行机构反馈并进行相应的组态逻辑运算来判断机组的运行状态在整个汽轮机组控制步序中所处的位置以及下一个步序的启动条件是否满足，进而通过与 BTC 子系统的主控制器模件之间的信号通信来实现顺序控制与基本控制的集成。

4.3 汽轮机控制系统功能与控制逻辑

汽轮机控制系统的功能与控制逻辑主要包含汽轮机危急遮断子系统（ETS）、汽轮机基本控制子系统（BTC）和汽轮机顺序控制子系统（ATC）。

4.3.1 汽轮机危急遮断子系统（ETS）

汽轮机危急遮断子系统一般主要由超速保护装置、数据采集、处理系统及 EH（汽轮机控制对象的执行机构）停机系统等组成。在下面举例说明的汽轮机危急遮断子系统中，取消了传统的机械危急遮断器，由两套电子式的超速保护装置构成。

4.3.1.1 超速保护装置

超速保护装置采用超速保护模块组成三通道转速监测系统。每套超速保护装置包括三个转速模块，三个转速通道独立地测量和显示机组转速；每个转速模块均能接收来自 DEH 的测试指令，以检测卡件内部继电器能否正常动作。测试值有两个：3305r/min 和 3295r/min。两套超速保护装置控制汽轮机进汽阀门油动机快关电磁阀的电源供应。当其中有一套装置动作后，所有油动机的快关电磁阀将失电，阀门在关闭弹簧的作用下快速关闭，使汽轮机组停机。转速模块发出的动作信号通过继电器回路，进行三取二逻辑处理。两套处理系统串联到快关电磁阀的电源供给回路，直接切断电磁阀的电源以快速停机。超速保护装置的动作信号还同时送到保护系统处理器，在软件中再进行二取二的逻辑处理，和其他保护信号一起，通过输出卡件控制油动机的快关电磁阀。

4.3.1.2 数据采集系统与数据处理系统

数据采集处理系统包括输入 / 输出模件、处理器及相关的逻辑处理。汽轮机现场及其他系统来的保护信号提供输入模件给处理器，进行相关的逻辑处理，形成最终的汽轮机保护动作信号。该信号通过输出模件控制相关的停机电磁阀，实现机组快速停机。本机组停机系统不设专用的停机电磁阀。它从 ETS 发出单独的动作信号到每个快关电磁阀，硬件不采用 PLC 形式，而是和 DEH 硬件一体化设计。停机系统由冗余的处理器、输入 / 输出模件、超速保护装置等组成。汽轮机保护系统接受传感器、热电偶等重要的汽轮机保护信号；保护信号通过输入模件送入控制器。冗余的保护信号分配到不同的模件，在控制器中进行三取二处理，最终动作信号通过模件控制油动机快关电磁阀。当保护信号超过预设的报警值时，发出报警。当参数继续变化超过遮断值时，发出遮断信号，使停机电磁阀动作，遮断机组。标准的保护包括三取二组态（除振动）。它们包括数据测量采集设备、信号处理、限制信号产生、遮断信号产生和保护信号输出。汽轮机保护条件通过模拟量测量，使信号不间断地进行监视和比较；但通过数字化自动系统执行信号处理。采用这种设计可精确组成汽轮机组保护回路。汽轮机组的保护条件，由汽轮机组安全运行的需要来确定。每个油动机上配备有两个冗余的快关电磁阀。只要有一个快关电磁阀动作，阀门将快速关闭。这两个电磁阀由保护系统的不同输出信号控制，做到从通道到电磁阀的冗余配置，以确保安全停机。

4.3.1.3 EH 停机系统

本机组的 EH 停机系统中，每个油动机是独立的，可以单独动作；在每个油动机上设置了两个并联的快关电磁阀；只要其中的一个电磁阀动作，该电磁阀就迅速关闭。每个电磁阀分别接受 ETS 发出来的动作信号，将阀门快速关闭；电磁阀采用常带电，失电动作。电源采用 24VDC，通过继电器节点输出。

4.3.1.4 ETS 保护项目

（1）手动停机。本机组在机头设置了 1 个紧急停机按钮。该紧急停机按钮和集控室的紧急停机按钮一起构成了手动停机回路。集控室按钮采用双按钮形式，每个按钮有 4 副 NC 触点；其中 2 副 NC 触点和机头按钮的触点组合进入处理器，进行逻辑与运算后跳机；另外，还有两路信号接到电磁阀供电回路，直接使电磁阀动作。

（2）振动保护。轴瓦振动保护原理如图 4–4 所示，本机组采用 X、Y 方向的两个轴振动探头测量振动信号，并将其送到汽轮机监视系统。待汽轮机监视系统处理后，将模拟信号送到 ETS 系统。X、Y 任一方向的数值超限达到 3s 就会引起跳机；正常情况下，延时 3s。轴瓦振动超限或轴瓦测点故障主要是包含两部分 X 方向和 Y 方向的振动保护。X 方向振动保护分析如下：汽轮机轴瓦超限保护，汽轮机 X 方向轴瓦振动 1 与汽轮机 X 方向轴瓦振动 2 都达到 MAX，视为轴瓦振动超限。汽轮机 X 方向轴瓦振动测点信号 1 故障或汽轮机 X 方向轴瓦振动测点信号 2 故障，视为轴瓦测点故障。瓦振信号坏质量停机，X 方向轴瓦振动信号坏质量，两个测量信号均坏质量，或者其中一个坏质量且令一个小于最小值 MIN，视为 X 方向轴瓦振动信号坏质量，Y 方向的振动保护分析方法同理。

（3）轴向位移。轴向位移保护原理如图 4–5 所示，在汽轮机轴承座处安装有三个轴向位移探头，通过汽轮机监视系统处理后将三个模拟量信号送到 ETS 系统，进行三取二逻辑运算。汽轮机轴向位移保护包含 X、Y 两个方向，使用了六个探头。X 方向轴向位移保护分析如下：汽轮机轴向位移超限保护触发条件如下，汽轮机 X 方向轴向位移达到 MAX，进行三取二逻辑运算。Y 方向分析同理。

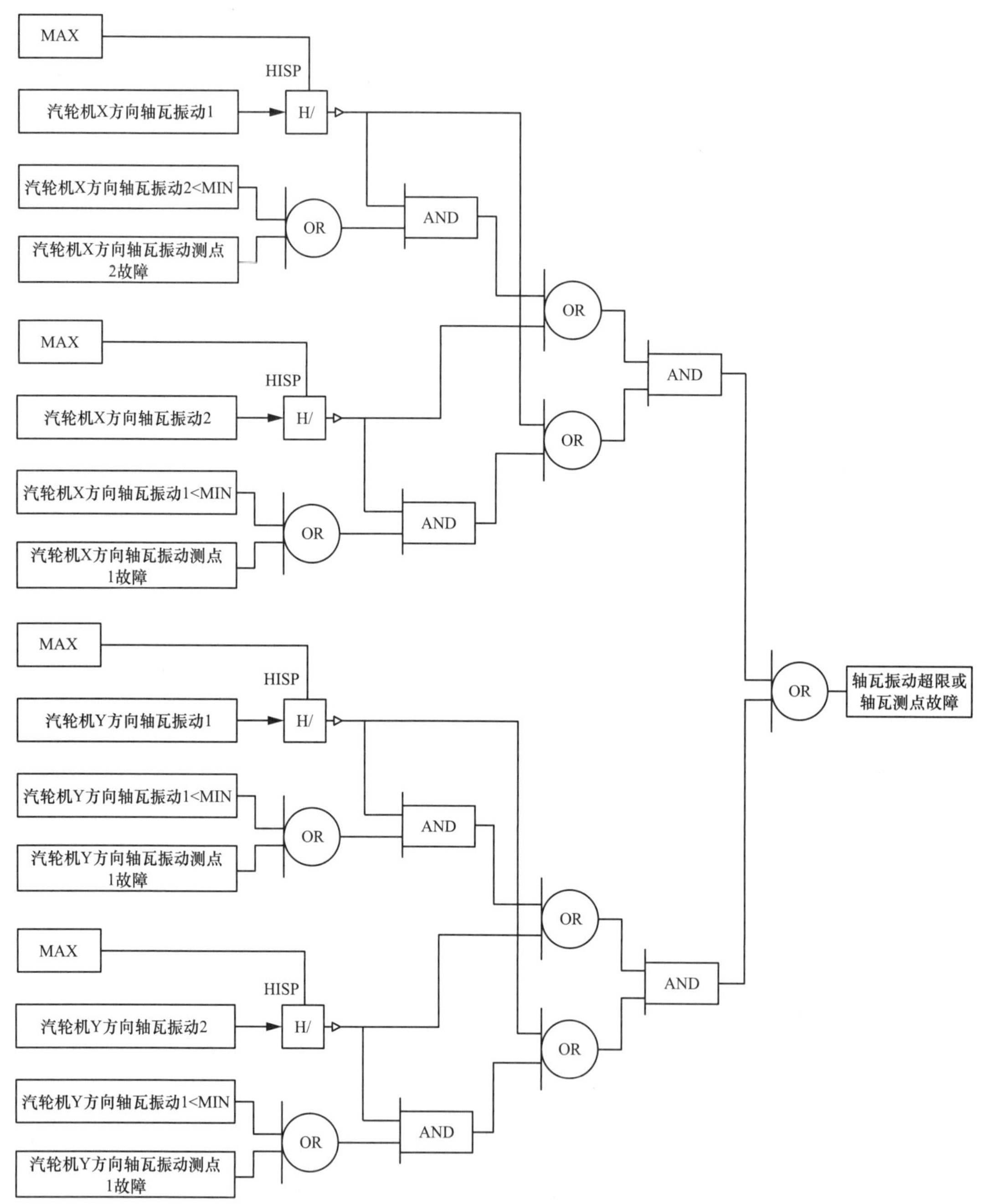

图 4-4　轴瓦振动保护原理图

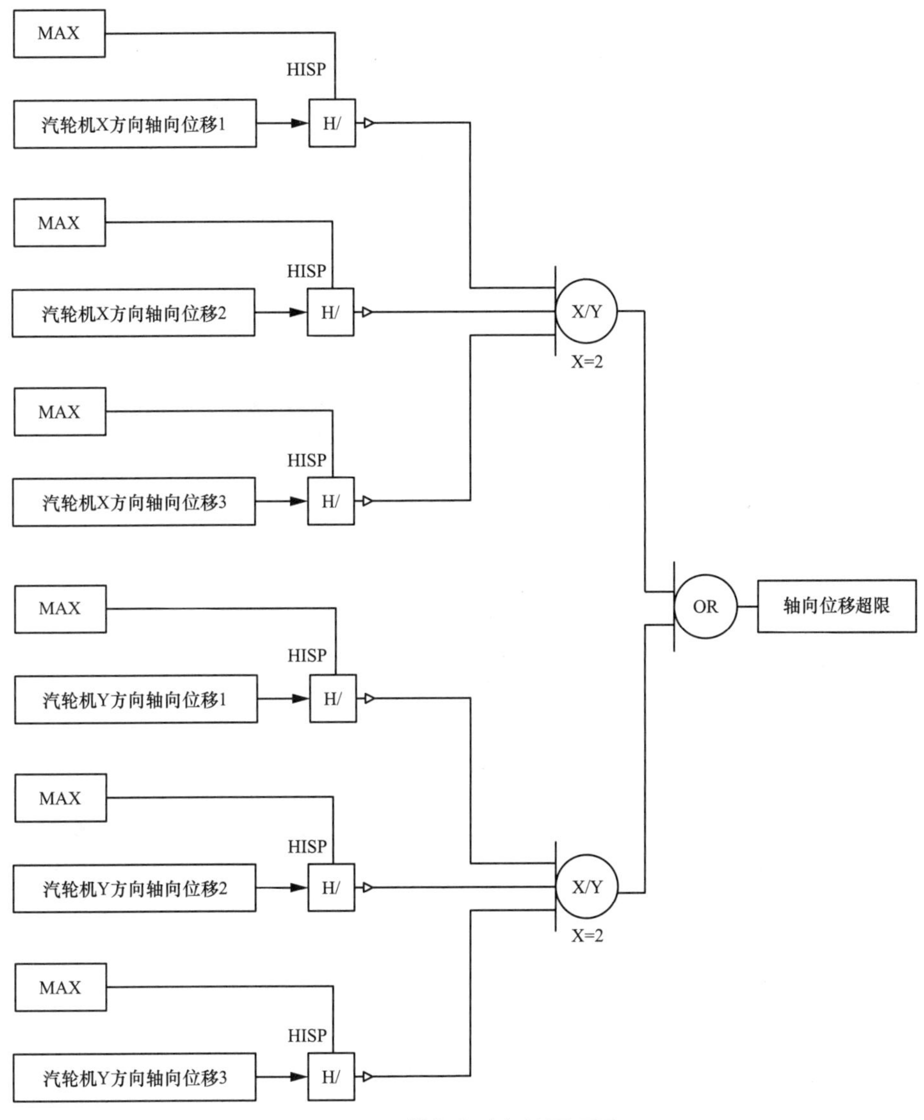

图 4-5　轴向位移保护原理图

（4）轴承温度。轴承温度保护原理如图 4-6 所示，机组在每个轴承上安装有测量轴承金属温度的 6 支热电阻，推力轴承在正负推力面各装有 3 支热电阻。每三个热电阻取信号进入 ETS 系统，在处理器中对每个温度点进行三取二逻辑运算。

汽轮机轴承温度保护分析如下：轴承温度超限，热电阻信号超过 MAX 值后进行三取二逻辑运算后与另外一组信号进行取或处理轴承回温度高保护；热电阻信号超过 MAX 值后进行三取二逻辑运算后与另外一组信号进行取或处理，条件若触发，则发出轴承温度超限信号。

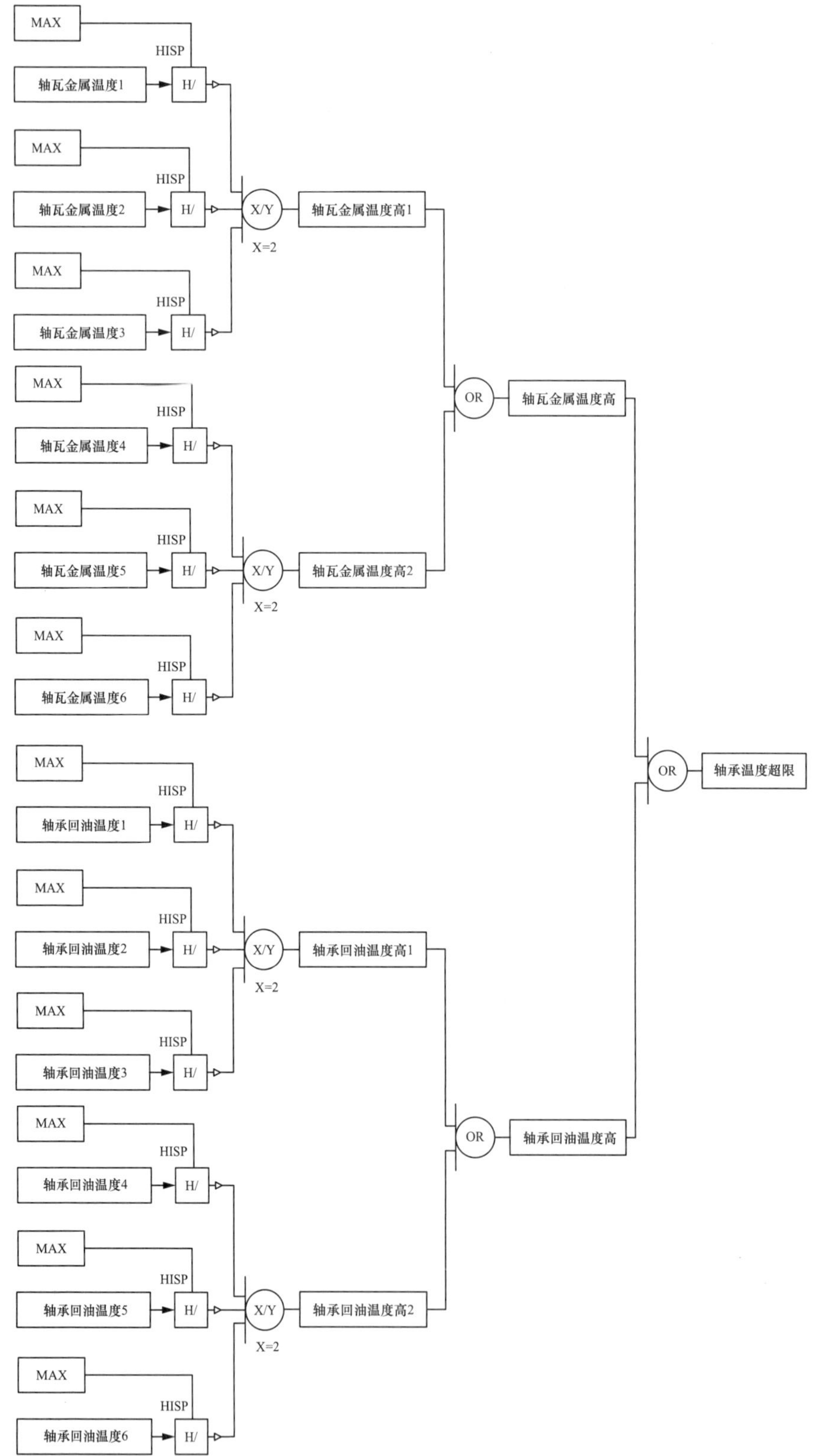

图 4-6　轴承温度保护原理图

（5）润滑油系统。润滑油系统异常原理如图 4–7 所示，润滑油系统的保护有润滑油压和润滑油箱油位。它们都采用三个变送器进行测量，将 4~20mA 信号送入 ETS，进行三取二逻辑运算。润滑油压力低保护主要由汽机润滑油压力低保护和润滑油母管压力低保护两部分组成。所以，润滑油供油压力低于 MIN 和润滑油母管压力低于 MIN 先取或，三组压力进行逻辑运算后取或进行三取二逻辑运算，触发润滑油压力低保护。润滑油箱液位异常保护主要由三个润滑油箱液位异常信号三取二逻辑运算后得出，若信号异常，则发出润滑油箱液位异常信号。

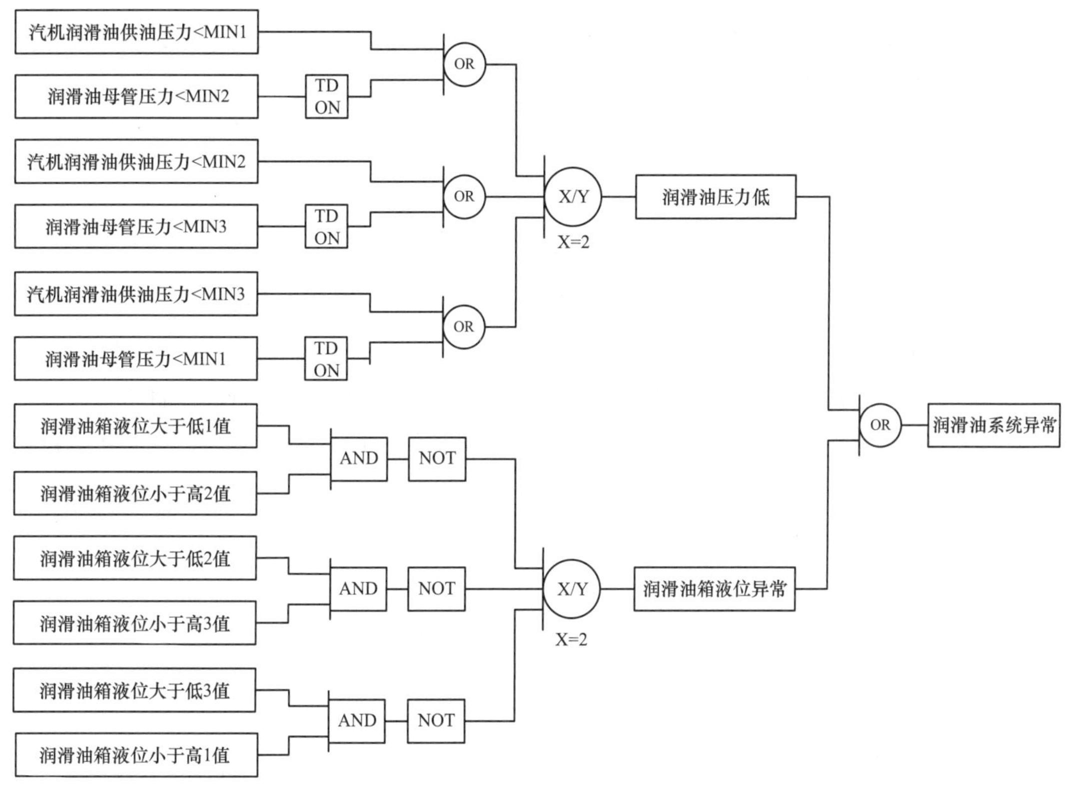

图 4–7　润滑油系统异常原理图

（6）凝汽器真空。为保护汽轮机低压缸末级叶片、防止凝汽器超压，需要对凝汽器真空进行限制，当超限时，保护动作停机。凝汽器低真空保护采用一个固定的设定值和可变的设定值。真空一旦低于固定的设定值（20.3kPa）立即发出保护信号；可变的凝汽器真空设定值和低压缸进汽压力（即连通管压力）相关，当超过动作值后，延时 15min 发出保护信号。凝汽器真空和低压缸进汽压力都采用三个变送器。

（7）EH 油压低保护。EH 油压力保护原理如图 4–8 所示，在 EH 油泵出口和油母管分别设置有 2 个压力变送器。EH 油压低保护主要包含 EH 油泵出口油压力和油母管压力两部分组成，所以先由 EH 油泵出口压力小于最小值 MIN 和油母管压力小于最小值 MIN 进行逻辑或运算，再与另外一组经过处理后的信号进行逻辑或运算，发出 EH 油压低信号。

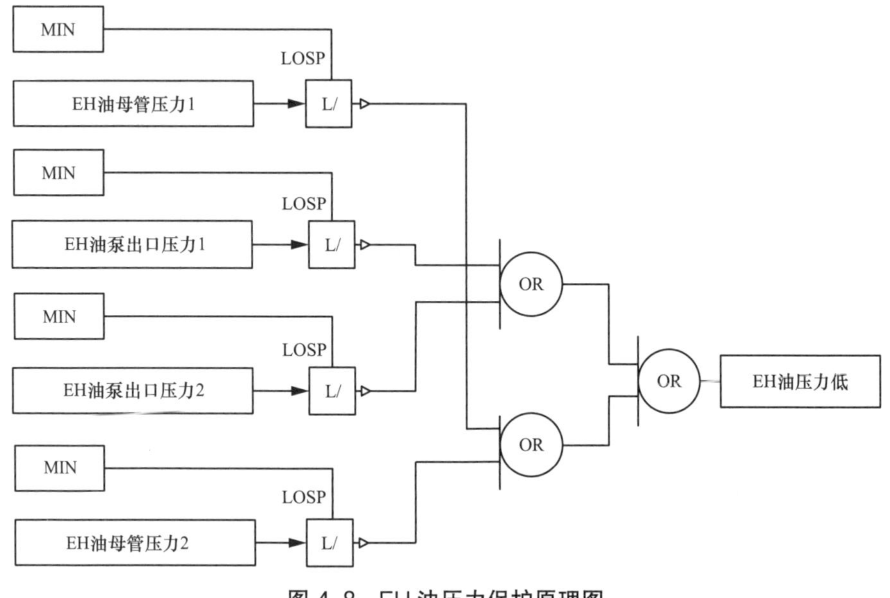

图 4-8　EH 油压力保护原理图

（8）高压缸排汽温度保护。高压缸排汽温度保护原理如图 4–9 所示，高压缸排汽温度保护是为了防止高压缸末级叶片温度过高。此处安装 3 支热电偶，进行三取二逻辑运算。高压缸排汽温度保护主要检测的信号是高压缸末级叶片温度高信号。若高压缸末级叶片温度大于最大限值 MAX，进行三取二逻辑运算，若条件触发则发出高压缸末级叶片温度高信号。

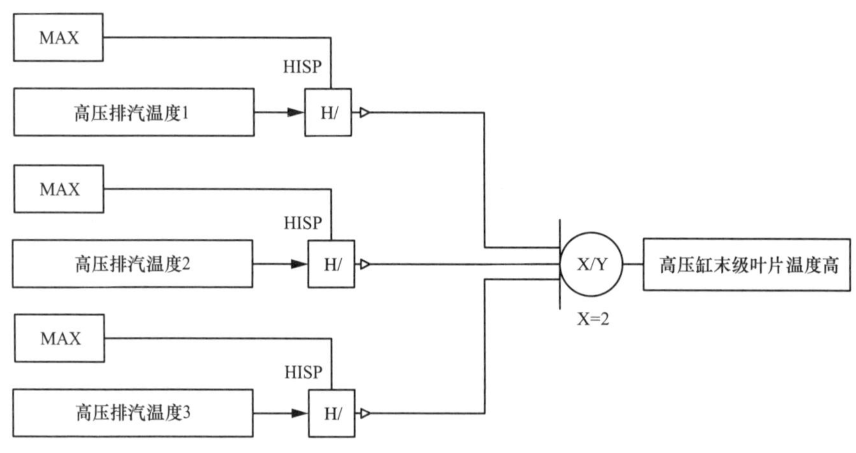

图 4-9　高压缸排汽温度保护原理图

（9）旋转隔板温度及压力保护。旋转隔板温度及压力保护原理如图 4–10 所示，为保护旋转隔板，防止温度过高，在高中压外缸上半部后端安装了 3 支热电偶，监测旋转隔板温度。当温度升高到一定值时，发出报警；若温度继续升高超过限值，则汽轮机保护动作；进行三取二逻辑运算。旋转隔板温度或压力异常保护主要包含旋转隔板温度保护和旋转隔板压力两部分。对于旋转隔板温度保护，当旋转隔板前温度信号大于最大限值 MAX

时，进行三取二逻辑运算，触发旋转隔板温度高保护。对于旋转隔板压力保护，当旋转隔板前压力信号大于最大限值 MAX 时，进行三取二逻辑运算，发出旋转隔板压力异常信号。

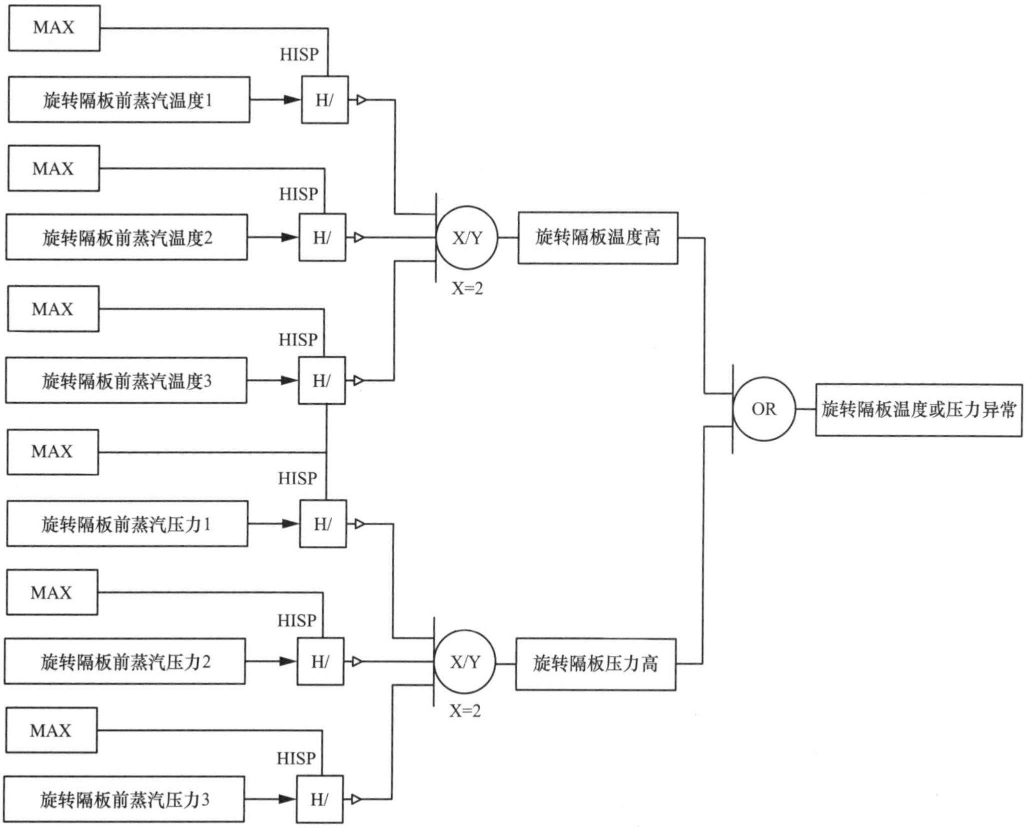

图 4-10　旋转隔板温度及压力保护原理图

（10）低压缸排汽温度保护。低压缸排汽温度保护原理如图 4-11 所示，为了防止末级压叶片温度过热，在低压缸末端安装 3 支热电偶，监测排汽温度，当温度升高到一定值时，打开低压缸喷水降低此处温度，若温度继续升高超过限值，则汽轮机保护动作；进行三取二逻辑运算。低压排汽温度保护主要检测信号是低压缸末级叶片温度高信号。低压缸末级叶片温度大于最大限值 MAX，三取二，发出低压缸末级叶片温度高信号。

（11）主蒸汽和再热蒸汽温度保护。主蒸汽或再热蒸汽温度保护原理如图 4-12 所示，主蒸汽温度保护采用高压转子模拟温度作为参考，并按照固定函数进行处理。蒸汽温度不能超过函数输出值 3℃，否则汽轮机保护动作；进行三取二逻辑运算。定值采取折线函数的方式确定，根据高压转子的仿真温度来确定报警值和跳机值。再热蒸汽温度保护处理方式同主蒸汽。对于主蒸汽温度高保护，当主蒸汽温度大于最大限值 MAX 时，进行三取二逻辑运算，发主蒸汽温度超限信号。再热蒸汽温度保护同理。

MAX
HISP
低压排汽温度1
H/
MAX
HISP
低压排汽温度2
H/
MAX
HISP
低压排汽温度3
H/
X/Y
X=2
低压缸末级叶片温度高

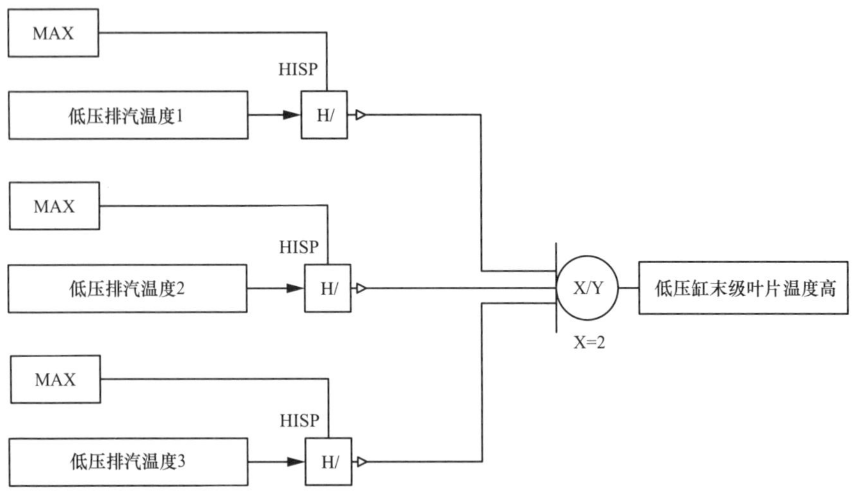

图 4-11　低压缸排汽温度保护原理图

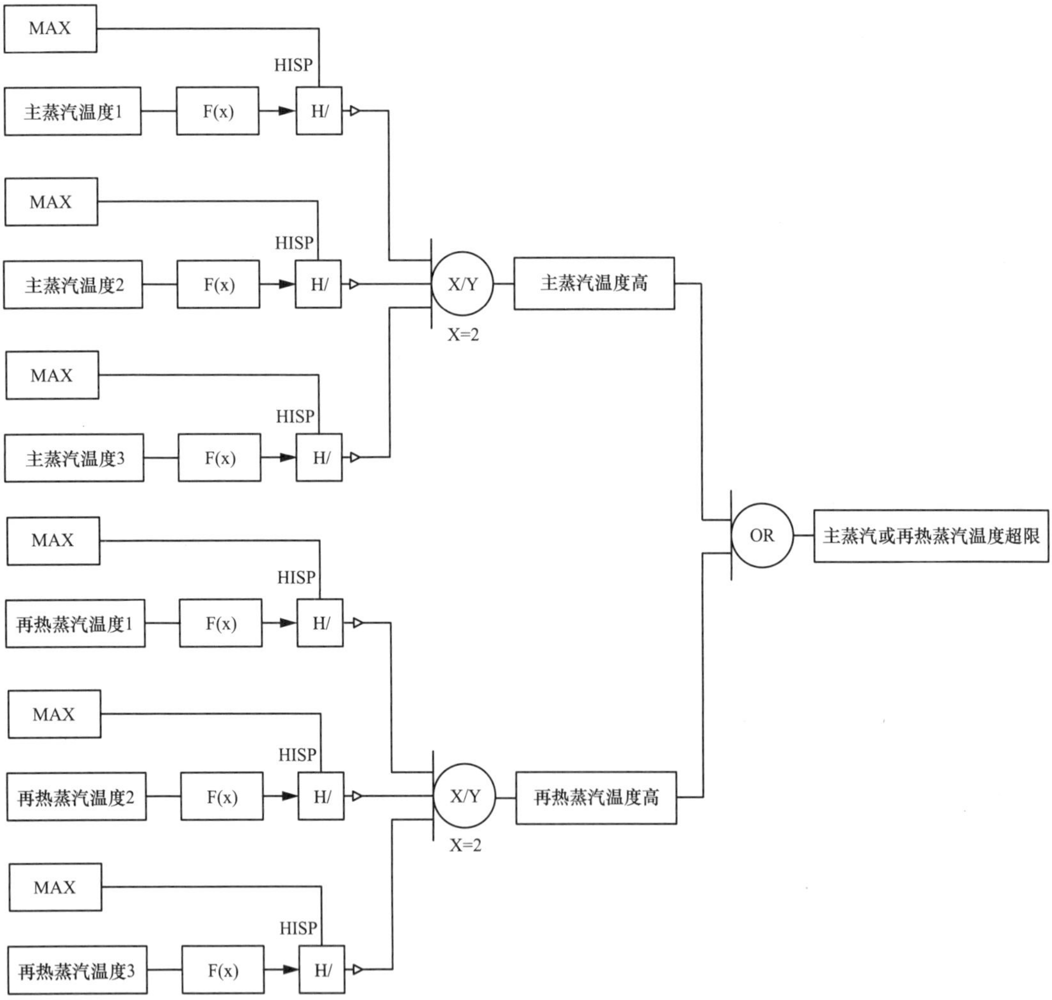

MAX
HISP
主蒸汽温度1
F(x)
H/
MAX
HISP
主蒸汽温度2
F(x)
H/
MAX
HISP
主蒸汽温度3
F(x)
H/
X/Y
X=2
主蒸汽温度高
MAX
HISP
再热蒸汽温度1
F(x)
H/
MAX
HISP
再热蒸汽温度2
F(x)
H/
MAX
HISP
再热蒸汽温度3
F(x)
H/
X/Y
X=2
再热蒸汽温度高
OR
主蒸汽或再热蒸汽温度超限

图 4-12　主蒸汽或再热蒸汽温度保护原理图

（12）高中压缸体变形保护（见图 4-13）。对高中压缸体上半缸 50% 处温度与下半缸 50% 处温度做差值。高中压缸热变形预警主要信号来源有高中压内缸信号和高中压缸外侧信号两部分。各部分又包含高压侧和中压侧两组共六个信号。当高中压内缸温度差高，且高中压内缸高压侧金属温度减去高中压内缸中压侧金属温度的值大于最大限值 MAX 时，三取二，发出高中压缸变形预警信号。高中压外缸温度差高同理。

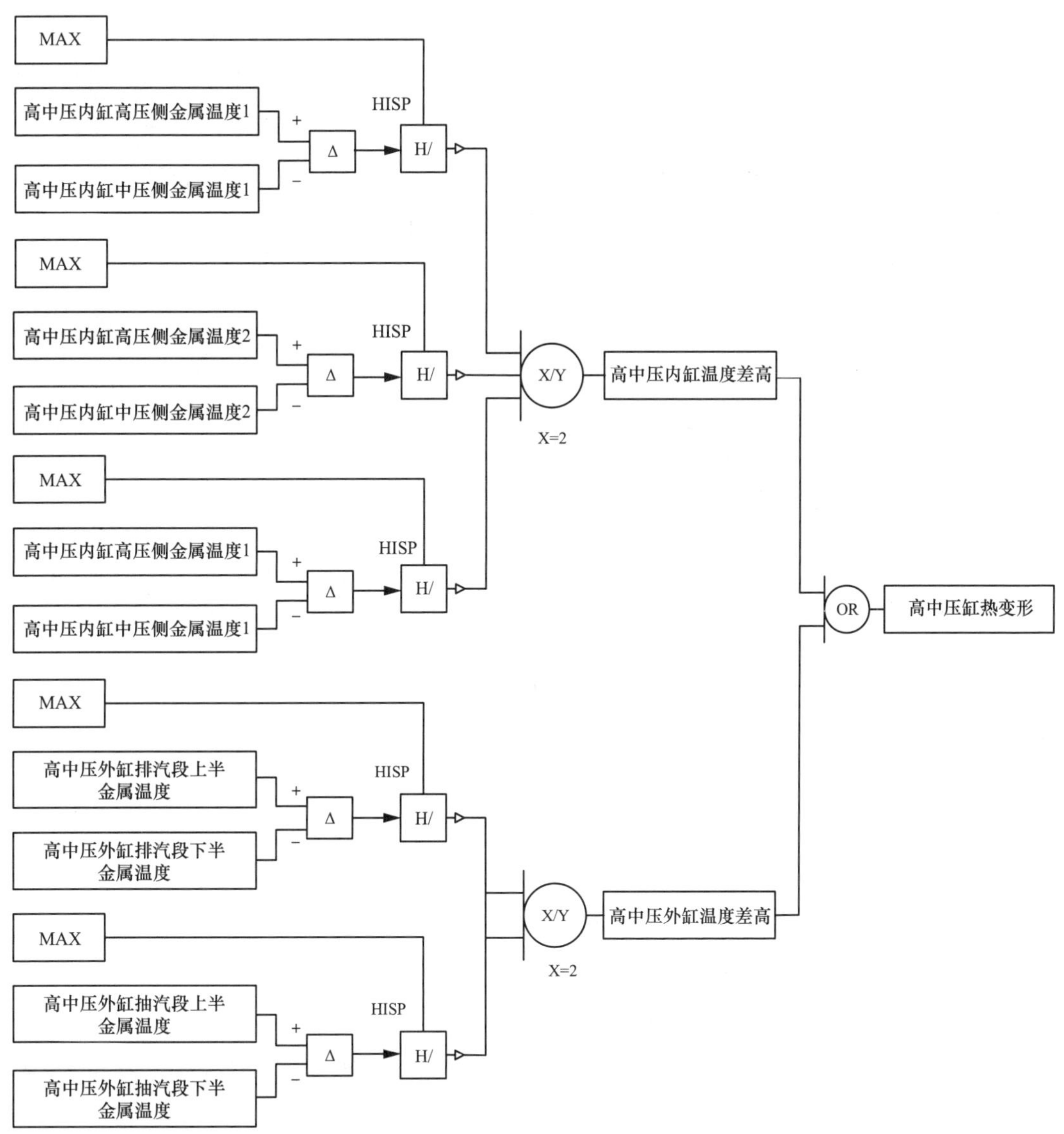

图 4-13　高中压缸体变形保护

除上述保护之外，汽轮机保护还包含中排抽汽保护、低压缸差胀保护、电磁阀断电保护等其他内容，原理与上述保护相似，在此不再赘述。保护系统接受其他系统来的停机信号，包括发电机保护停机和真空破坏开关等保护系统。

4.3.2 汽轮机基本控制子系统（BTC）

汽轮机组的转速和压力是通过改变主汽阀和调节汽阀的开度来控制的。汽轮机基本控制子系统（BTC）将要求的阀位信号送至伺服油动机，并通过伺服油动机控制阀门的开度来改变进汽量。DEH 首先接受来自汽轮机组的反馈信号（转速、主汽压力等）及运行人员的指令进行计算，发出信号至伺服油动机。基本控制（BTC）系统主要由基本控制子系统（BTC）控制柜、操作员接口、伺服油动机等组成。

DEH 通过控制阀控制送入汽轮机的蒸汽流量。根据运行要求，DEH 在不同运行工况下控制转速、主汽压力等参数。DEH 是数字式控制器，转速、主汽压力信号等通过三取二反馈给主控制器，输出的阀位控制信号经放大后送到油动机，电液油动机通过液压控制调节阀，使 DEH 采取最佳的负荷运行方式并且能够保证电网稳定运行。

常规汽轮机控制系统，主要包括转速控制、汽轮机监视系统、压力控制、阀位控制、启动装置、汽轮机热应力评估、汽机自启动等内容。下面对各部分内容进行简要介绍。

（1）转速控制器。如图 4-14 所示，汽轮机组在下列状态时进行转速控制：启动阶段；同步阶段；甩负荷时防止超速；停机，从电网脱开后。

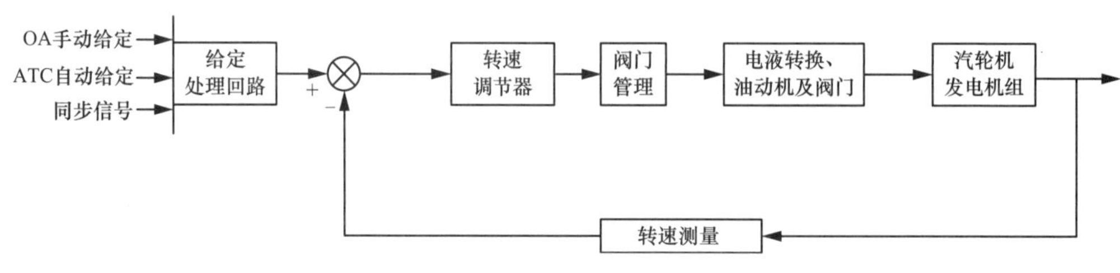

图 4-14 转速控制原理图

（2）汽轮机监视系统。在启动时及带负荷时，为防止汽轮机热负荷超过部件的承受范围，测量汽缸中部、端部，上下半缸温差，以及调汽阀和主汽阀的温度。汽轮机监视系统根据所测的上下半缸温差计算余量，然后作用于控制升速率的设定值。在启动时为转速设定值升速率，在带负荷时为负荷设定值升速率。汽轮机监视系统可在控制过程中进行投入或切除。

1）升速率监视功能。汽轮机启动时，在临界转速区，如果升速率过小，升速率监视会起作用，将转速自动降低到一个较低的数值。

2）同步功能。自动同步器通过比例调节自动将透平转速与电网频率和转速控制器相匹配。

3）改变切换负荷功能。负荷可以由运行人员手动设定，或由外部系统（协调控制器或负荷分配器）自动设定，但设定值受到 TSE 的限制；当机组脱网时，自动转到转速控制。

（3）压力控制器。一般地，压力控制器有以下两种工作方式：

1）压力限制方式。在压力限制方式时，压力控制器作为限制器，在主汽压力降低时支持锅炉压力控制，如果主汽压力低于某个可调限制，如低于正常压力 4bar，汽机调节阀将通过节流防止主汽压力进一步降低，在此方式下，主汽压力会很快恢复。

2）初始压力方式。当从压力限制方式切换到初始压力方式时，负荷保持不变。高压进汽压力设定值没有偏置，根据协调控制系统自动产生或者运行人员手动输入的设定值进行控制。

（4）阀位控制器。每个调节阀都有一个比例控制器，为改善控制特性，阀位控制器接受主控制器的信号。每个控制阀有一个阀门特性校准，此校准将进汽流量要求信号（来自主控制器）转化为阀位指令信号，油动机测得的阀位信号作为反馈送入阀位控制器，阀位控制器控制调节阀的阀位。如果实际阀位信号失效，则相应的控制阀缓慢关闭。阀位限制：阀位设定值限制作用于每个阀位控制器，这样对每个阀门设定值进行限制，此作用可在控制室进行手动设定，也可通过调节阀的活动试验确定。

（5）启动装置。启动装置提供一个模拟量信号作为低选逻辑信号。在起动前，零位信号保持调节阀可靠关闭，也可进行各跳机电磁阀的依次顺序开启。在起动时，启动装置的信号开始升高，这样使转速控制器进行转速控制，当汽机达到正常速度，并且发电机已同步时，启动装置设定在 100% 位置，这样主控制器信号不再受限制。

（6）汽轮机热应力评估器。汽轮机监视系统计算及监视汽机热应力，通过温差来决定相应部件的热应力，并将此温差与允许温差比较来计算允许的温升率。这样，可以在透平材料应力允许的范围内以最大的运行灵活性进行最优化控制。所有测量的温度及计算的温度裕度均进行指示和记录。对下列部件进行应力监视：高压主汽门阀壳，高压调节阀阀壳，高压转子，中压转子。

（7）汽轮机的自启动系统。在自启动系统的作用下，汽轮机可以在合适的时间内，安全可靠地启动；这也符合在较短启动时间内实现较高经济性的要求。汽轮机自启动系统的任务就是实现从停机状态到发电运行状态的可靠转换。自启动程序是一个从汽轮机预暖到并网带负荷运行的顺序控制过程，在启动过程中，程序给出目标转速，并根据计算得出的阀门、汽缸及转子热应力的状态确定转速的变化速率。

4.3.3 汽轮机自启停控制（ATC）

在自启动系统的作用下，汽轮机能够安全快速地启动，满足电厂启动时间短和高可用性的经济要求。汽轮机控制系统的任务就是使汽轮机和所有需要启动的辅助系统达到安全，可靠地从停机状态转换到发电运行状态。

汽轮机主控程序包含以下子模块：

（1）辅助系统的自动启动控制。它主要对下列系统进行自动启动：

1）汽轮机润滑油系统；

2）汽封系统；

3）控制汽轮机蒸汽阀的执行机构。

（2）汽轮发电机组的自动启动控制。辅助系统利用“辅助系统自动启动控制”或手动启动辅助系统，启动并达到稳定状态后，“汽轮发电机自动启动控制”将使汽轮机从盘车状态转换为发电状态。当汽轮机控制器切换到负荷调节时，启动程序完成。否则，自动停机程序将使汽轮发电机组从发电状态进入汽轮机阀门全部关闭的状态。这个过程中，它也将采取措施使汽轮机停机并进入到盘车状态。

4.3.3.1 汽轮机自动启动—启动程序

第一步：开始启动。

检测时间：5s。

第二步：检查阀位，启动抽汽逆止门控制子程序。

指令：启动抽汽逆止门控制子程序；抽汽逆止门控制“投入”。

反馈：抽汽逆止阀动作；高压联合汽门控制动作；中压联合汽门控制动作；补汽阀控制动作；主汽门和冷再热逆止阀关闭；调节阀和冷再热逆止门关闭；所有的抽汽逆止门关闭。

第三步：汽轮机限制控制器动作。

监测时间：5s。

指令：汽轮机限制控制动作；高压叶片级压力限制控制器“投入”。

启动控制器在高压缸逐渐建立压力；高压排汽温度控制器动作。

反馈：高压叶片级压力控制器“投入”；高压排汽温度控制器动作。

第四步：汽轮机疏水动作。

等待时间：5s。

在长期的停机阶段，整个汽轮机系统可能积聚冷凝水。这些冷凝水在启动阶段必须排除。

指令：汽轮机疏水投入。

反馈：汽轮机疏水“投入”。

第五步：打开预暖疏水。

监测时间：100s。

等待时间：90s。

指令：开启高压调门前的疏水阀；开启中压调门前疏水阀；开启补汽阀前的疏水阀。

注意：在汽轮机停机过程中，当温度下降到限制值以下时，调门前的疏水阀开启。出于安全的考虑，隔离阀在“启动”程序开始时又打开，并要检查以确定阀门是开启的。

反馈：高调门前疏水阀已开、中调门前疏水阀已开、补汽阀前疏水阀已开。

第六步：空步。

第七步：空步。

第八步：油泵实验 & 辅助系统检测。

监测时间：10s。

指令：油泵实验。

反馈："启动油泵实验"或汽轮机停机后重新启动。

第九步：空步。

第十步：空步。

第十一步：蒸汽条件满足后开启主汽门，启动"发电机停干燥器"。

在第十一步和第二十步之间循环直到蒸汽品质达标。当蒸汽纯度没有达标时，在第十一步到第二十步间会循环数次。如果蒸汽品质没有达到一个适当的水平，主汽门开启后再关闭。然后保持关闭直到出现蒸汽品质达标的信号为止。主汽门开启信号作为旁通条件。

指令：在操作画面上释放蒸汽品质按钮。

反馈：热态启动—过热蒸汽条件；油泵实验完成无故障；蒸汽品质合格；汽缸无严重变形（汽缸上下温差）；阀位限制器对调门阀位无限制作用；辅助系统在运行；汽轮机控制供油装置；汽轮机疏水；汽轮机供油系统；机组未停止；汽轮机保护动作；控制器系统运行；闭式循环水系统运行；汽封系统运行；主冷凝水系统运行。

注意：在开启调门前，锅炉的蒸汽品质是由运行人员手动确定的。这避免了汽轮机中由于蒸汽污染而产生的杂质和沉淀物的出现。在温态和热态启动过程中，在开启主汽门前应释放蒸汽品质（通常在开启调门前）。这将避免从第二十步跳转回第十一步。

第十二步：打开中压主汽门前疏水阀。

在第十一步到第二十步间循环，循环等待直到达到足够蒸汽纯度。

指令：打开中压主汽门前疏水阀。

注意：只有在主蒸汽和再热蒸汽管路加热完成后，主汽门前的疏水才能关闭。这就可以避免蒸汽管路在启动时由于主汽门打开，自动启动控制动作引起可能的冷却；打开中压主汽门前疏水。

反馈：中压主汽门前疏水"打开"。

第十三步：完成汽轮机的主蒸汽管路和再热管路加热。

在第十一步到第二十步间循环，循环等待直到达到足够蒸汽品质。

反馈：主蒸汽管和再热蒸汽管路预暖；主蒸汽管的蒸汽过热度情况；再热蒸汽管的蒸汽过热度情况；汽轮机处于暖机转速；所有主汽门打开。

第十四步：打开主汽门前疏水阀。

在第十一步到第二十步间循环，直到达到足够蒸汽纯度为止。

指令：打开主汽门前疏水阀。

注意：只有在主蒸汽和再热蒸汽管路加热完成后，主汽门前的疏水才能关闭。这就可以避免蒸汽管路在启动时由于主汽门打开，自动启动控制动作引起可能的冷却；打开高压主汽门和中压主汽门前疏水。

反馈：中压主汽门的疏水阀“打开”。

第十五步：开启主汽门；启动“汽轮机启动限制器”和“通过保护停机步序”。

在第十一步到第二十步间循环，直到达到足够蒸汽纯度为止。

指令：开启主汽门；设置负荷控制器超过15%。

注意：如果是热态启动或温态启动，汽轮机在启动后立即升速到额定转速并带负荷。为了消除汽轮机无负荷或低负荷运行时汽轮机高压缸鼓风的危险，并确保可靠同期，必须在启动前检查确定动作信号是否已经发出了。

反馈：主汽门开启。

第十六步：主汽门开启检查。

注意：在第十一步到第二十步间循环，直到达到足够蒸汽纯度为止，在蒸汽纯度不够或者转速太高的情况下，主汽门又会关闭。

反馈：高排通风阀关闭；所有的主汽门开启。

第十七步：空步。

在第十一步到第二十步间循环，直到达到足够蒸汽纯度为止，在蒸汽纯度不够或者转速太高的情况下，主汽门又会关闭。

第十八步：开启调门前合适的蒸汽流量。

在第十一步到第二十步间循环，直到达到足够蒸汽纯度为止，在蒸汽纯度不够或者转速太高的情况下，关闭主汽门。

反馈：锅炉必须提供足够的蒸汽流量。

第十九步：空步。

注意：在第十一步到第二十步间循环，直到达到足够蒸汽纯度为止，在蒸汽纯度不够或者转速太高的情况下，关闭主汽门。

第二十步：开启调门前，等待蒸汽品质达标，检查蒸汽和系统条件。

注意：在第十一步到第二十步间循环，直到达到足够蒸汽品质为止。运行人员可以通过画面上的操作按钮手动确定蒸汽品质。直到达到满意的蒸汽品质，主汽门才能开启。

反馈：合格的蒸汽品质；汽轮发电机组处于暖机转速；汽轮发电机组处于暖机转速；汽轮机运行达到的冷凝器真空；汽缸无严重变形（汽缸上下温差）；核对主蒸汽和热再热蒸汽条件；核对主蒸汽压力；高压叶片的温度保护未动作；汽轮机润滑油供油系统准备好；汽轮机控制器通过汽轮机启动和提升限制器提升限值；转速不在临界转速区；辅助系统在预备状态；主汽门开或汽轮发电机组处于暖机转速；汽轮发电机组处于暖机速度；蒸

汽品质合格持续 5s；汽轮机控制器提高限制值；所有的主汽门关闭，等待蒸汽品质合格。

注意：直到所有的主汽门关闭，启动程序进行到第 20 步，程序才会进入循环等待。

第二十一步：开启调门—升速到暖机转速。

监测时间：5s。

指令：开启调门；通过增加转速设定值来开启调门；转速控制动作。

注意：转速设定值增加，这将使调门开度增加。除高压缸外汽轮机的所有部件，都在暖机转速加热。TSE 监测预热过程。

反馈：转速控制动作。

第二十二步：切除蒸汽品质确认。

指令：切除蒸汽纯度确认。

反馈：蒸汽品质切除；机组达到暖机转速。

第二十三步：保持暖机转速：增加汽轮机高压缸的暖机程度。

反馈：加速到额定速度；中压转子温度 >200℃；锅炉必须提供足够的蒸汽流量；达到冷凝器低真空停机的限值。

第二十四步：空步。

第二十五步：升速到同步速度。

指令：增加转速设定值到同步速度。

增加转速设定值使汽轮机升速到额定速度以上。发电机能够在这个速度达到同步。汽轮机启动限制器设置的限值来限制阀门开度。

反馈：增加转速设定值到同步速度。

第二十六步：关闭高压和中压缸前疏水。

监测时间：60s。

指令：关闭高压主汽门和调门前疏水；关闭中压主汽门和调门前疏水；关闭补汽阀前疏水。

反馈：关闭高压主汽门和调门前疏水；关闭补汽阀前疏水。

第二十七步：切除额定转速设定。

指令：切除额定转速设定。

反馈：解除转速控制。

第二十八步：调压器动作。

指令：启动调压器。

反馈：调压器已启动。

第二十九步：发电机同期前保持在额定速度。

检查：励磁系统。

第三十步：准备并网。

监测时间：5s。

指令：启动励磁系统，预选电网联系开关。

反馈：励磁系统已启动。

第三十一步：并网。

监测时间：400s。

指令：并网；并列系统动作。

反馈：发电机并网。

第三十二步：通过提高汽轮机启动和提升限制器的设定值开启调门。

监测时间：30s。

指令：解除控制器中启动限制器的作用；增加汽轮机启动限制器的限值。

在发电机并网之后，汽轮机控制器通过限压及汽轮机启动限制器的限值来限制调门的位置。转速控制器在并网之后也不再限制阀门开度。旁路控制器关闭旁路阀门。如果锅炉的压力降到限值以下，限压控制器就会干预，这时调门就关小。

反馈：增加汽轮机启动限制器的限值。

第三十三步：完成汽轮发电机组的启动程序。

反馈：启动程序完成。

第三十四步：检查汽轮机控制器。

反馈：负荷控制器运行。

在并网之后汽轮机控制器中的负荷控制器启动。在旁路关闭之后，汽轮机控制器保持发电运行状态。

第三十五步：启动程序结束。

4.3.3.2 汽轮机自动启动—停机程序

"停机"程序从机组控制级启动。如果汽轮机发生停机或者在停机程序执行过程中出现问题，停机程序也可以通过保护输入来执行。这样会将汽轮发电机组带入确定的状态。

第五十一步：释放冷再热逆止阀。

监测时间：5s。

等待时间：10s。

指令：释放冷再热逆止阀；冷再热调节阀释放；切除高排温度控制。

在汽轮机输出功率降低前，释放冷再热逆止阀。这使高压缸的压力能降低到所需要的值。

反馈：释放冷再热逆止阀，冷再热逆止阀必须在10s内从开启位置移动。

第五十二步：通过负荷设定值关闭汽轮发电机组。

指令：关闭调门；降低负荷设定值，汽轮机通过关闭调门来减少它的功率输出；切除下降的温度裕度对减负荷速率的影响。

经验证明在停机时，不需要最小温度裕度确定的负荷率限制，因为事实上即使在最大的负荷率下下降的温度裕度仍大于零。因为在这种情况下较低的热应力限值相对于高的转子平均温度来说限制很大，这将限制减负荷率。该指令设定了一个固定值作为最小的低热应力下降裕度。因此，最大的减负荷率就不受汽轮机热应力评估限制。

反馈：指令—“降低”负荷设定值。

该反馈由以下条件逻辑或判断：

1）转速控制器投入；

2）下降的温度裕度达到要求；

3）高压排汽温度达到要求；

4）汽轮机停机系统已遮断；

5）发电机未并网。

第五十三步：阀门泄漏试验 / 等待电网联系开关断开。

反馈由以下条件逻辑或判断：

1）转速控制器投入；

2）下降的温度裕度达到要求；

3）高压排汽温度达到要求；

4）汽轮机停机系统已遮断；

5）发电机未并网。

第五十四步：关闭主汽门。

指令：关闭主汽门；开始汽轮机停机；解除励磁系统；复置电网联系开关预选。

反馈：汽轮机停机；汽轮机停机系统已遮断；汽轮机启动限制器等于给定值；所有主汽门关闭；励磁系统已切除；发电机未并网。

第五十五步：汽轮机疏水投入。

指令：开启疏水；汽轮机疏水“投入”。

反馈：汽轮机疏水“投入”。

步骤五十六：顶轴油泵准备。

反馈：顶轴油泵准备，油泵测试工作开始前顶轴油泵必须为运行做好准备，汽轮发电机组必须处于盘车状态；顶轴油泵的控制投入；汽轮机发电机速率位于指定限值范围内。

第五十七步：启动油泵实验。

指令：启动油泵试验。

反馈：启动油泵试验。

第五十八步：油泵测试无故障完成。

反馈：油泵测试无故障完成。

第五十九步：等待高压调门冷却。

反馈：在高压调门的壳体温度降到低于200℃后，暖管疏水阀打开；高压调门壳体的平均温度小于指定值。

第六十步：开启暖管疏水阀。

监测时间：60s。

指令：开启高压和中压调门前疏水。

反馈：高调门前疏水已开启；中调门前疏水已开启；补汽阀前疏水已开启。

第六十一步：停机程序结束。

4.4 小结

本章首先介绍了汽轮机控制系统的控制原理及其构成，然后从硬件的角度详细分析了汽轮机控制系统的DCS组成，以及各部分相应的模件配置和功能实现，其次介绍了汽轮机控制系统具体功能及控制逻辑，着重分析了汽轮机危机遮断系统的保护项目以及汽轮机自启停顺序控制系统，为开展汽轮机控制系统可靠性分析奠定了基础。

5 余热锅炉控制系统

燃气轮机透平做功后排出的高温烟气流量大、温度高，利用这部分气体的热能可以提高整个装置的热效率。通常使用此热量加热水，使水变成蒸汽。蒸汽可以用来推动蒸汽轮机－发电机。利用燃气轮机排气中的热量来产出蒸汽的设备，称为“热回收蒸汽发生器”，又可称为余热锅炉。余热锅炉控制系统是燃气－蒸汽联合循环机组控制系统的重要组成部分，实现对余热锅炉的控制功能，包括控制一系列相关阀门实现汽包水位、过热蒸汽温度等关键部分的自动控制和保护，这些功能同样由编译在控制器模件中的逻辑实现。第5.2节详细介绍了余热锅炉控制系统所使用的硬件配置。为便于梳理，将余热锅炉控制系统划分为保护系统、开关量控制系统、顺序控制系统、模拟量控制系统四个主要的子系统，于第5.3～5.6节中分别介绍。

5.1 概述

余热锅炉控制系统的主要功能是通过控制一系列相关阀门实现汽包水位、过热蒸汽温度等关键部分的自动控制和保护。将余热锅炉控制系统按照保护系统、开关量控制系统、顺序控制系统和模拟量控制系统进行划分。保护系统的作用是保证余热锅炉生产安全，保护系统接收各类跳机信号，并进行逻辑判断，第5.3节中详细介绍保护系统中的跳机判断条件。对于开关量控制系统，第5.4节中着重介绍阀门的手/自动开关切换条件。对于顺序控制系统，第5.5节中侧重介绍汽包给水的控制逻辑。对于模拟量控制系统5.6节中侧重介绍汽包水位的单/三冲量控制逻辑。

5.2 余热锅炉控制系统硬件配置

余热锅炉控制系统与燃气轮机控制系统、汽轮机控制系统类似，大多数控制信号基于经过相应组态逻辑处理和运算产生的现场信号。这些现场信号涵盖了多个子系统，除核心的汽包水位控制系统外，还包括疏水系统、旁路系统及过热汽温控制系统等。燃气－蒸汽循环机组运行时，每个子系统都会产生控制动作，例如汽包水位控制系统的给水泵阀门开度控制或者过热汽温控制系统的减温水调节阀开度控制。每个子系统主控制器单元的通信连接方式及通信单元都相同，并且两个子系统主控制器单元之间采用子系统外部通信网络来实现组态逻辑互通，使得整个组态逻辑处理与运算的过程得以完整，而不是分裂或独立为两个。在子系统主控制器单元接收现场信号并且进行相应的组态逻辑处理与运算之后，会产生相应的控制信号。与现场信号接收以及组态逻辑运算过程中的现场信号相比，控制信号要少很多，因此仅需要一个子系统主控制器单元来产生并发送控制信号，控制信号发送过程与现场信号接收及组态逻辑运算过程的硬件通信连接方式相同，通信方向相反。

综上所述，汽包水位控制子系统、过热蒸汽温度控制子系统、过热蒸汽压力控制子系统等锅炉主参数控制子系统分为两种情况如图 5–1 所示，分别为单子系统主控制器单元和双子系统主控制器单元，分别编号为“#1”和“#2”。具体数量依实际电厂而定。需要注意的是图 5–1 中，不同子系统之间，也存在通信网络，该网络为子系统间通信网络。

5.3 余热锅炉保护系统

保护系统的作用是保证余热锅炉生产安全，保护系统接收各类跳机信号，并进行逻辑判断。包括如下跳机信号：高中压外缸高排段温度偏差大保护跳机、轴承温度保护跳机、轴承转子振动保护跳机、高压排汽蒸汽温度保护跳机、轴向位移保护跳机、低压排气蒸汽温度保护跳机、凝汽器真空保护跳机、润滑油压力保护跳机、润滑油主油箱液位保护跳机、液压油泵压力保护跳机、锅炉停机保护跳机、超速保护动作 1 跳机、超速保护动作 2 跳机、汽轮机危急遮断保护跳机、发电机保护跳机。

以上任意一个跳机信号的产生，都会导致余热锅炉保护系统产生跳机信号，最终导致锅炉侧跳机。

5.3.1 高中压外缸高排段温度偏差大保护跳机

高中压外缸高排段温度偏差大保护跳机条件为：在高中压外缸高排段温度信号正常情况下，高中压外缸高排段上半金属温度减去高中压外缸高排段下半金属温度绝对值大于或等于 56℃，如图 5–2 所示。

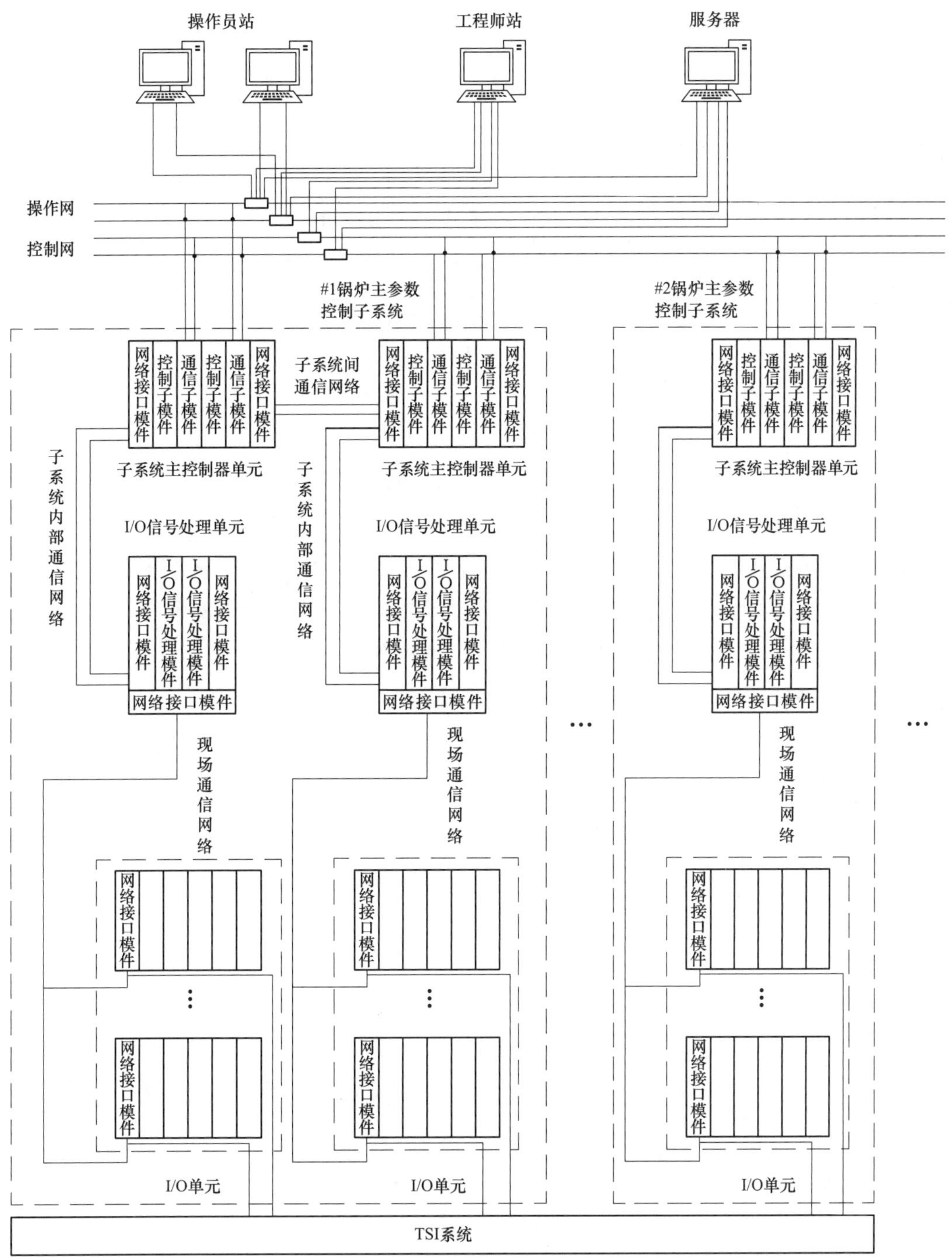

图 5-1 余热锅炉控制系统硬件配置图

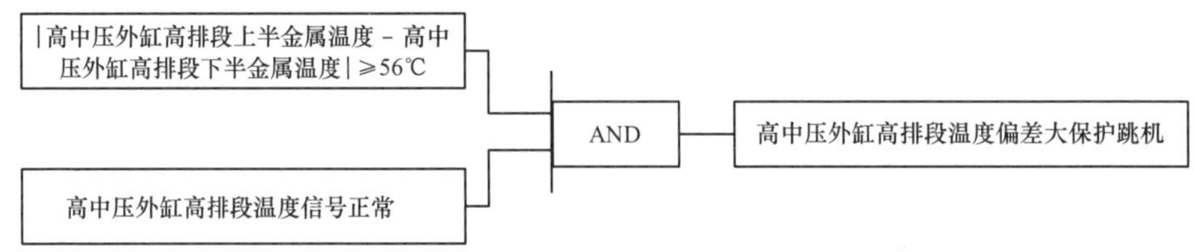

图 5-2 高中压外缸高排段温度偏差大保护跳机逻辑

5.3.2 轴承温度保护跳机

轴承温度跳机信号是否产生，由以下条件进行“逻辑或”：

（1）高中压缸（high & intermediate pressure cylinder，HIP）轴承径向轴瓦金属温度超限，只要 HIP 前轴承径向轴瓦金属温度超限信号或者 HIP 后轴承径向轴瓦金属温度超限信号中任意一个触发，即可触发 HIP 轴承径向轴瓦金属温度超限。至于 HIP 前轴承径向轴瓦金属温度超限和 HIP 后轴承径向轴瓦金属温度超限的触发都采用逻辑与的方式，以 HIP 前轴承径向轴瓦金属温度超限为例，需满足 HIP 前轴承径向轴瓦金属温度 1 不小于 115℃且 HIP 前轴承径向轴瓦金属温度 2 不小于 115℃。

（2）低压缸（low pressure cylinder，LP）轴承径向轴瓦金属温度超限，同理 LP 前轴承径向轴瓦金属温度超限或者 LP 后轴承径向轴瓦金属温度超限均可以导致该信号产生。而且，LP 前轴承径向轴瓦金属温度超限和 LP 后轴承径向轴瓦金属温度超限信号同样采用逻辑与的方式触发，以 LP 前轴承径向轴瓦金属温度超限为例，需满足 LP 前轴承径向轴瓦金属温 1 不小于 115℃且 LP 前轴承径向轴瓦金属温 2 不小于 115℃。

（3）径向推力联合轴承推力轴瓦金属温度超限，该信号由径向推力联合轴承推力轴瓦金属温度超限 1 或径向推力联合轴承推力轴瓦金属温度超限 2 产生。二者均采用逻辑与的方式触发，以径向推力联合轴承推力轴瓦金属温度超限 1 为例，需满足径向推力联合轴承推力轴瓦金属温度 1 不小于 110℃且径向推力联合轴承推力轴瓦金属温度 2 不小于 110℃。

（4）径向推力联合轴承推力轴瓦金属温度（背面）超限，该信号的触发过程与径向推力联合轴承推力轴瓦金属温度超限相似，区别仅在于“背面”与“正面”，故不再赘述。

（5）径向推力联合轴承径向轴瓦金属温度超限，该信号的触发需满足径向推力联合轴承径向轴瓦金属温度 1 不小于 115℃且径向推力联合轴承径向轴瓦金属温度 2 不小于 115℃。

（6）发电机轴瓦温度超限。发电机汽端轴瓦温度超限或者发电机励端轴瓦温度超限均可触发发电机轴瓦温度超限。至于二者的触发，均采用逻辑与的方式触发，以发电机汽端轴瓦温度超限为例，需同时满足：发电机汽端轴瓦温度 #1A 不小于 107℃；发电机汽端轴瓦温度 #1B 不小于 107℃；发电机汽端轴瓦温度 #2A 不小于 107℃。

轴承温度保护跳机逻辑如图 5-3 所示。

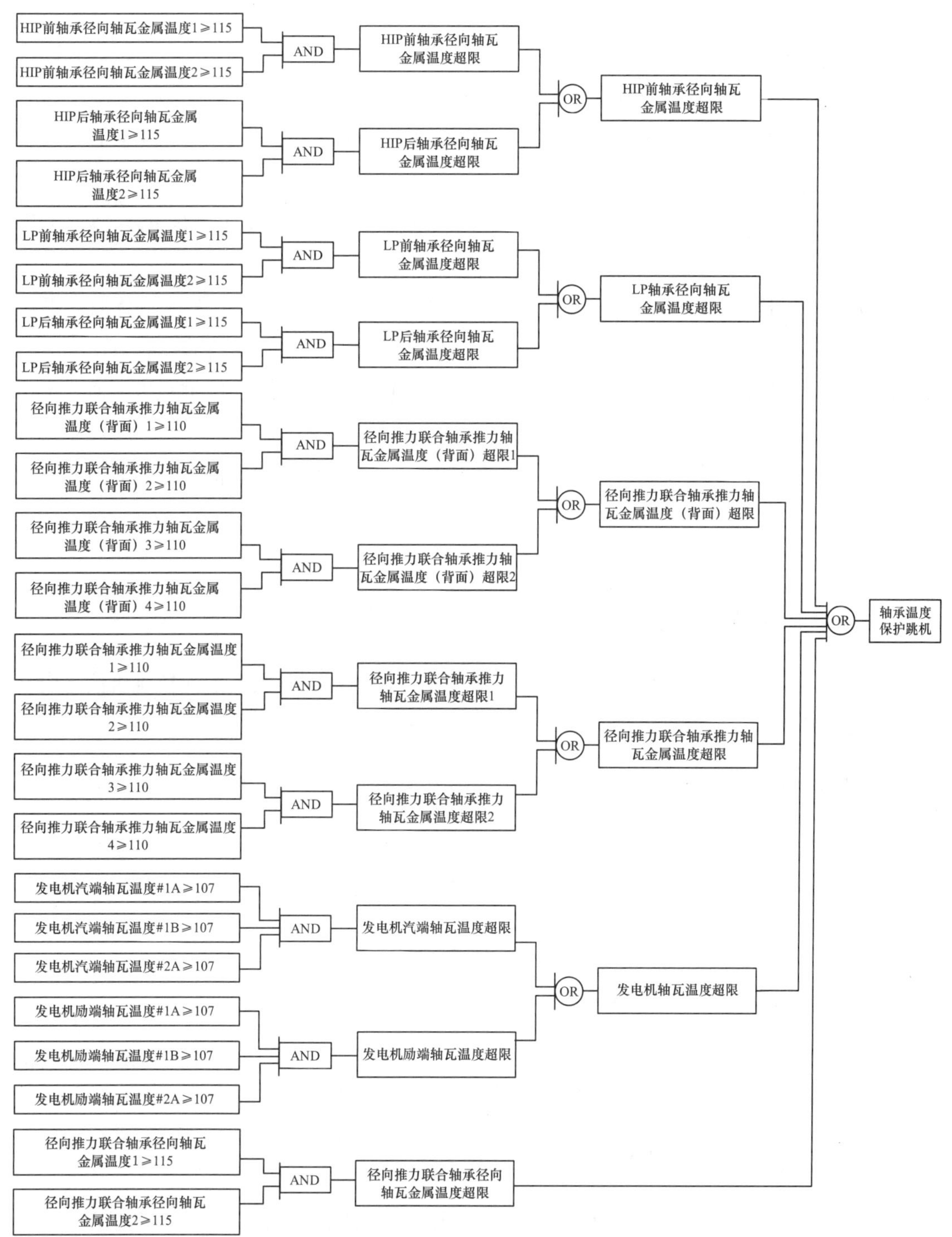

图 5-3 轴承温度保护跳机逻辑

5.3.3 轴承转子振动保护跳机

轴承转子振动保护跳机信号是否产生，由以下条件“逻辑或”判断：

（1）HIP 前轴承转子振动保护跳机。该信号由 HIP 前轴承转子振动（X）≥ 254μm 且信号正常或 HIP 前轴承转子振动（Y）≥ 254μm 且信号正常得到。

（2）HIP 后轴承转子振动保护跳机。条件与 HIP 前轴转子振动保护跳机类似，不再赘述。

（3）LP 前轴承转子振动保护跳机。条件与 HIP 前轴转子振动保护跳机类似，不再赘述。

（4）LP 后轴承转子振动保护跳机。条件与 HIP 前轴转子振动保护跳机类似，不再赘述。

（5）发电机后轴承转子振动保护跳机。条件与 HIP 前轴转子振动保护跳机类似，不再赘述。

（6）励磁机后轴承转子振动保护跳机。条件与 HIP 前轴转子振动保护跳机类似，不再赘述。

轴承转子振动保护跳机逻辑如图 5-4 所示。

5.3.4 高压排汽蒸汽温度保护跳机

高压排汽蒸汽温度保护跳机逻辑如图 5-5 所示，高压排汽蒸汽温度保护跳机信号由高压排汽蒸汽温度（三个测点）大于等于 450℃进行三取二逻辑运算得到。

5.3.5 轴向位移保护跳机

轴向位移保护跳机逻辑如图 5-6 所示，轴向位移保护跳机信号由轴向位移 1 不小于 1mm、轴向位移 2 不小于 1mm、轴向位移 3 不小于 1mm 三个信号进行三取二逻辑运算得到。

5.3.6 低压排汽蒸汽温度保护跳机

低压排汽蒸汽温度保护跳机逻辑如图 5-7 所示，低压排汽蒸汽温度保护跳机信号由低压排汽蒸汽温度（三个测点）大于等于 120℃进行三取二逻辑运算得到。

5.3.7 凝汽器真空保护跳机

凝汽器真空保护跳机逻辑如图 5-8 所示，凝汽器真空保护跳机信号由凝汽器真空跳机开关（三个测点）已打开，进行三取二逻辑运算得到。

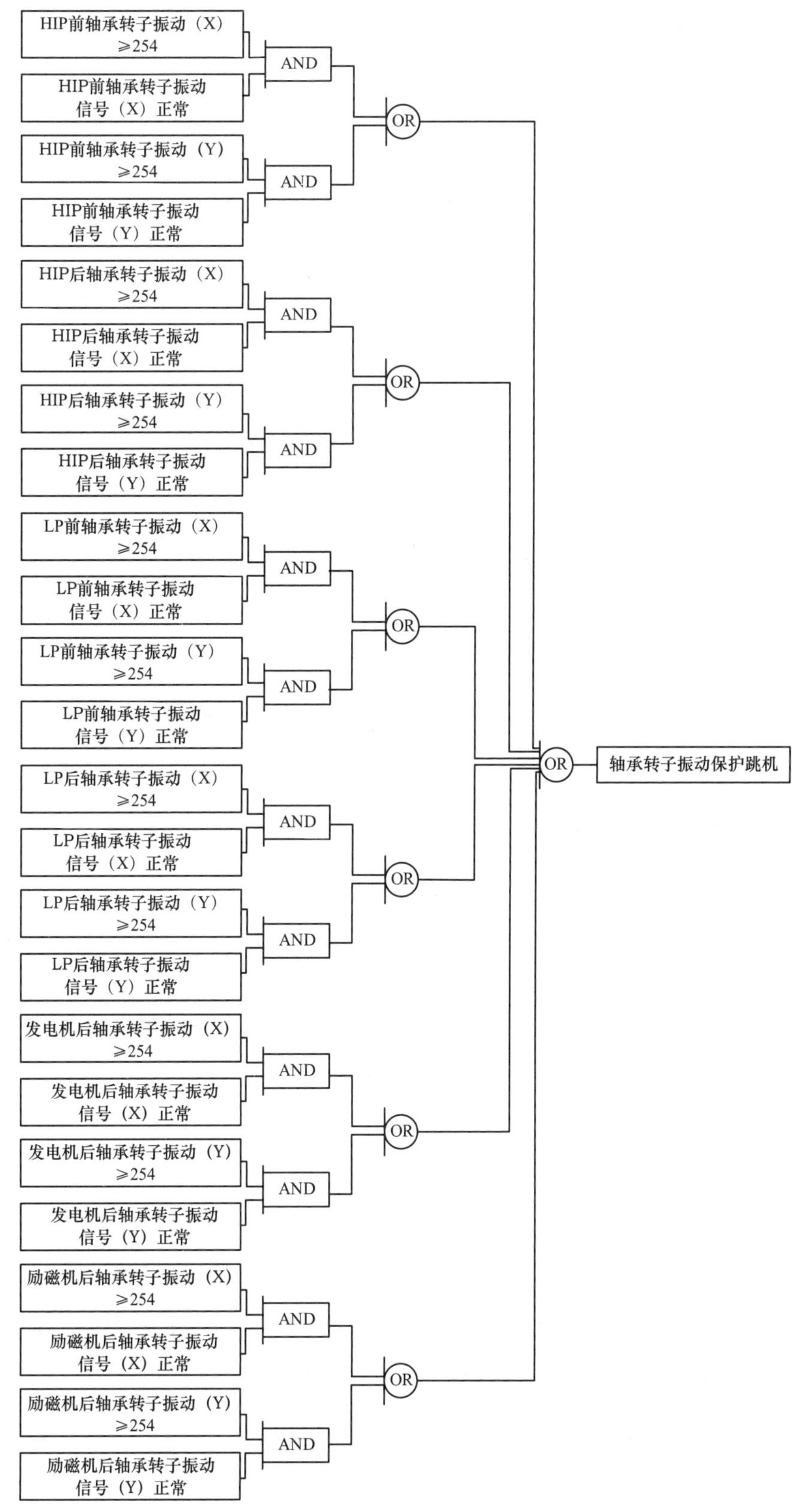

图 5-4　轴承转子振动保护跳机逻辑

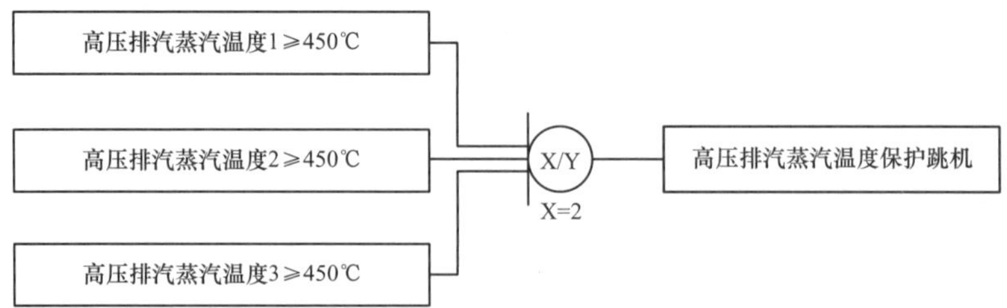

图 5-5　高压排汽蒸汽温度保护跳机逻辑

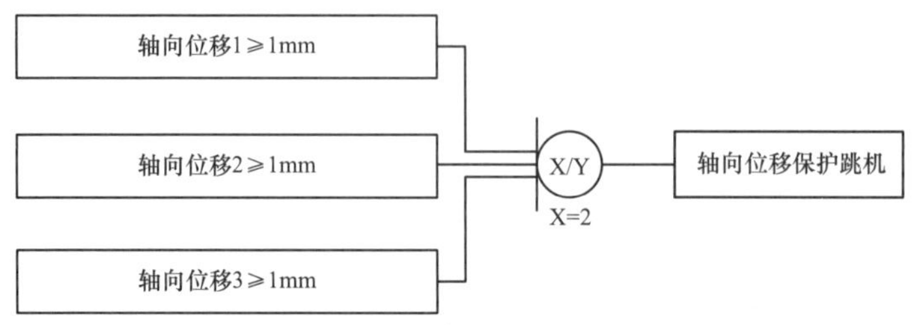

图 5-6　轴向位移保护跳机逻辑

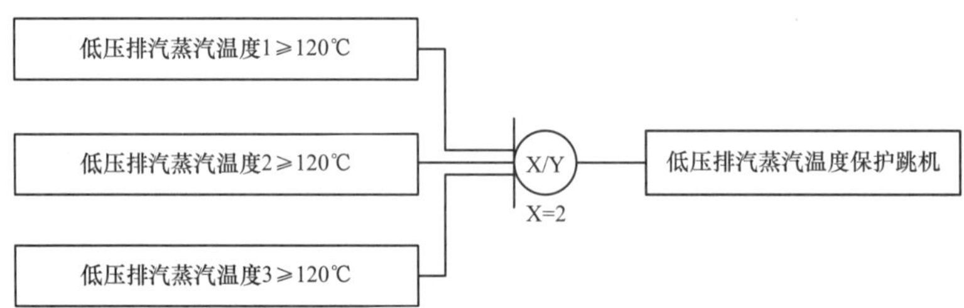

图 5-7　低压排汽蒸汽温度保护跳机逻辑

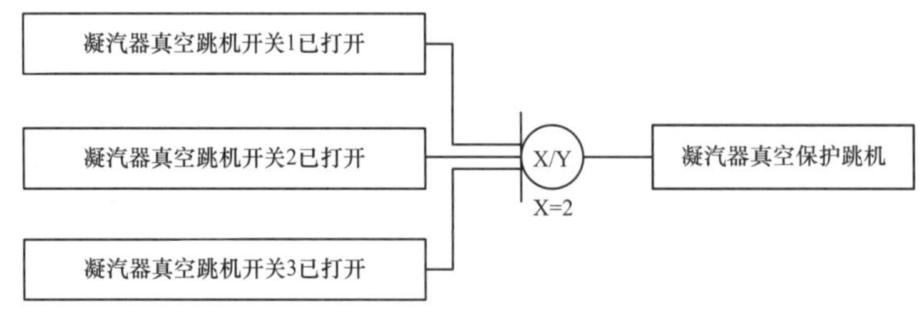

图 5-8　凝汽器真空保护跳机逻辑

5.3.8　润滑油压力保护跳机

润滑油压力保护跳机逻辑如图 5-9 所示，润滑油压力保护跳机信号由润滑油过滤器出口压力（三个测点）小于 0.23MPa 进行三取二逻辑运算得到。

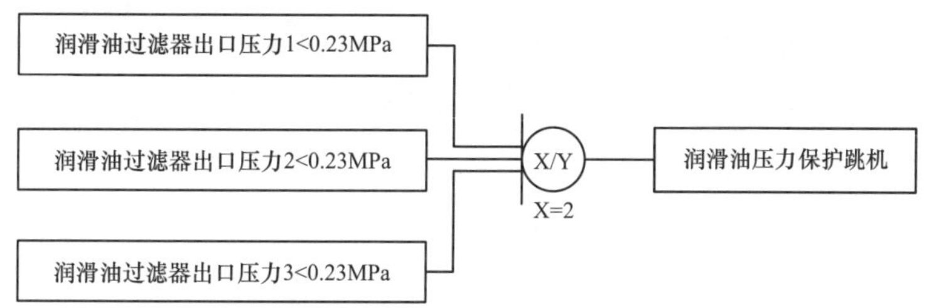

图 5-9 润滑油压力保护跳机逻辑

5.3.9 润滑油主油箱液位保护跳机

润滑油主油箱液位保护跳机逻辑如图 5-10 所示，润滑油主油箱液位保护跳机信号由润滑油主油箱液位（三个测点）大于等于 1300mm 进行三取二逻辑运算得到。

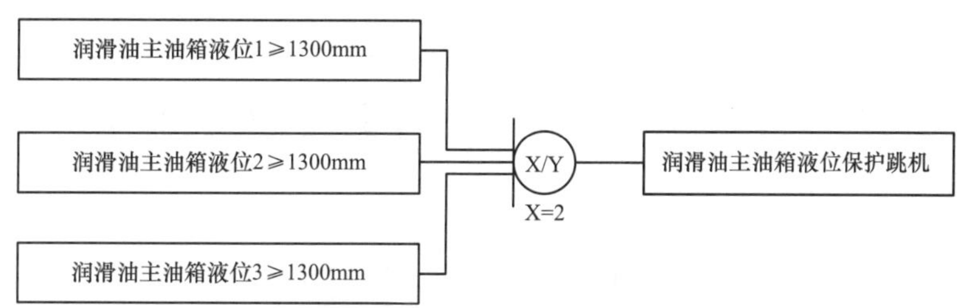

图 5-10 润滑油主油箱液位保护跳机逻辑

5.3.10 液压油泵压力保护跳机

液压油泵压力保护跳机逻辑如图 5-11 所示，液压油泵压力保护跳机信号由液压油泵出口压力（三个测点）小于 10.5MPa 进行三取二逻辑运算得到。

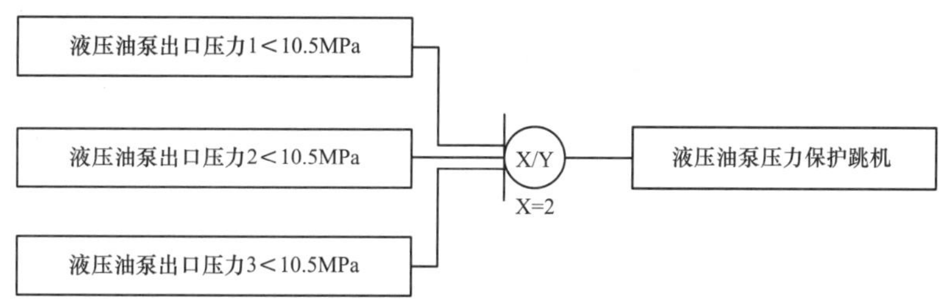

图 5-11 液压油泵压力保护跳机逻辑

5.3.11 锅炉停机保护跳机

锅炉停机保护跳机逻辑如图 5-12 所示，锅炉停机保护跳机信号由锅炉停机（三个测点）进行三取二逻辑运算得到。

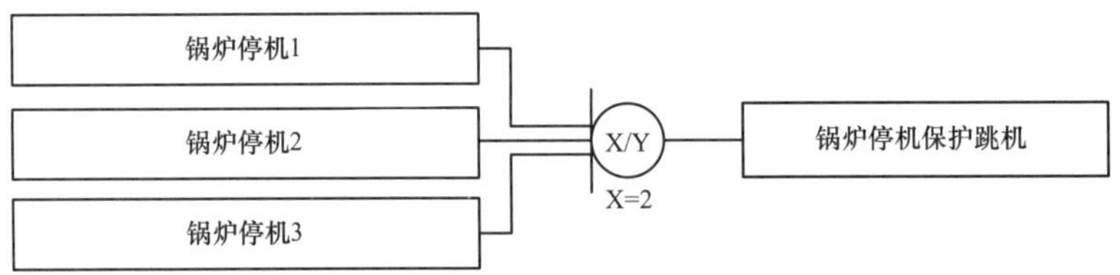

图 5-12　锅炉停机跳机逻辑

5.3.12　超速保护动作 1 跳机

超速保护动作 1 跳机逻辑如图 5-13 所示。超速保护动作有 12 个测点，两两一组分为六组，前三组之间进行三取二逻辑运算，得到超速保护动作 1 跳机信号。

5.3.13　超速保护动作 2 跳机

超速保护动作 2 跳机逻辑如图 5-14 所示。超速保护动作有 12 个测点，两两一组分为六组，前三组之间进行三取二逻辑运算，得到超速保护动作 2 跳机信号。

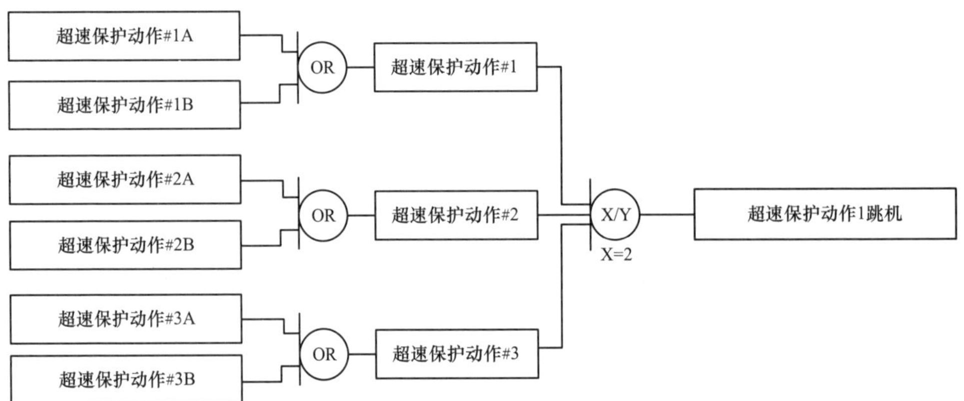

图 5-13　超速保护动作 1 跳机逻辑

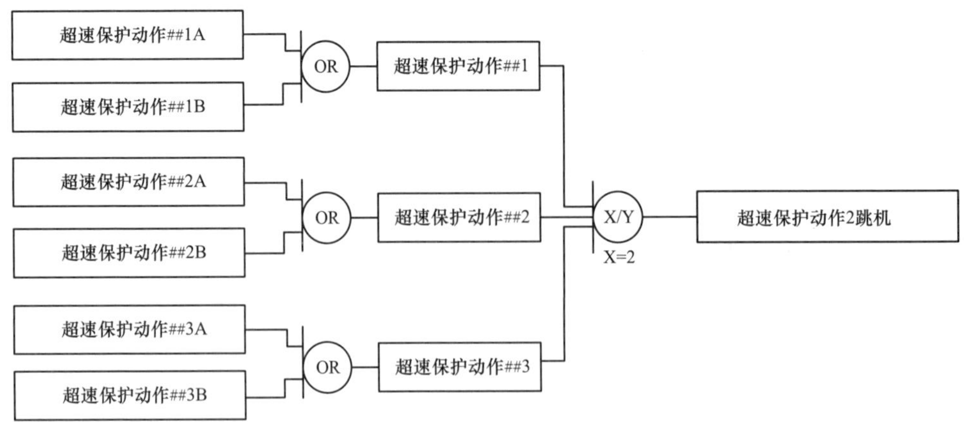

图 5-14　超速保护动作 2 跳机逻辑

5.3.14　汽轮机危急遮断保护跳机

汽轮机遮断保护跳机逻辑如图 5-15 所示，汽轮机危急遮断保护跳机信号由汽轮机危急遮断（三个测点）进行三取二逻辑运算得到。

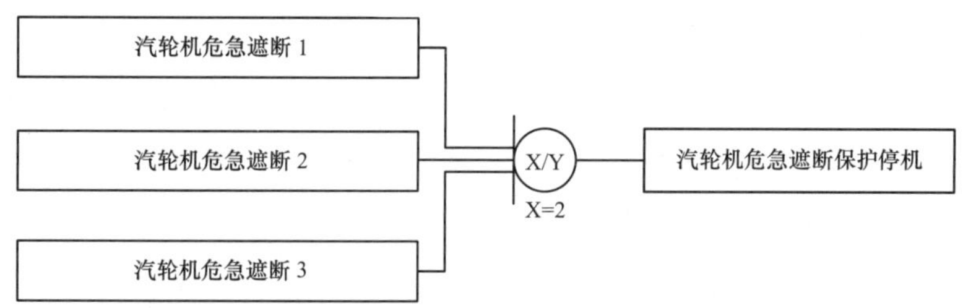

图 5-15　汽轮机遮断保护跳机逻辑

5.3.15　发电机保护跳机

发电机保护跳机逻辑如图 5-16 所示，发电机保护跳机信号由发电机侧控制逻辑判断并送入余热锅炉控制系统，由冗余的三个信号进行三取二逻辑运算得到。

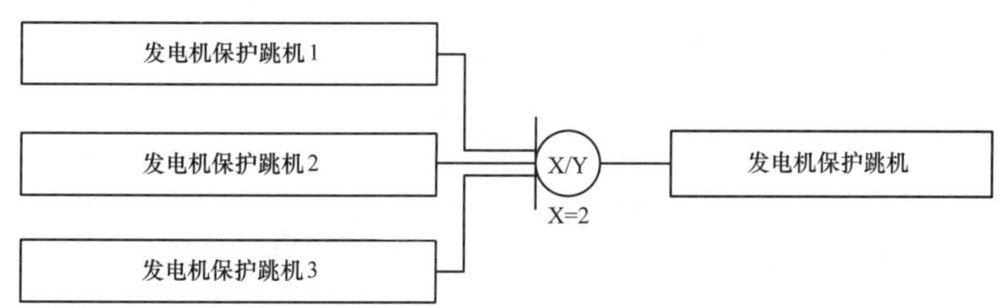

图 5-16　发电机保护跳机逻辑

5.4　余热锅炉开关量控制系统

开关量控制系统结构复杂，为便于梳理其控制逻辑，将开关量控制系统按照余热锅炉主启动系统、高压系统、中压系统、低压系统、再热系统和烟气系统的顺序介绍。

5.4.1　余热锅炉主启动系统

余热锅炉主启动系统的作用是检测与控制余热锅炉启动状态的作用。该系统按功能可划分为余热锅炉在运行判断、余热锅炉启动允许、余热锅炉启动状态判断等。

5.4.1.1　余热锅炉在运行信号

“余热锅炉在运行”信号（HRSG ON）会连接到燃气轮机控制系统与汽轮机控制系统中。鉴于余热锅炉在联合循环机组中的作用和位置布置，若燃气轮机运行且烟囱挡板未全关，就可以判定余热锅炉在运行。

烟囱挡板全关信号由下述信号三取二逻辑运算获得：

（1）烟囱挡板全开信号为“0”；

（2）烟囱挡板全关信号为“1”；

（3）烟囱挡板开度模拟量的反馈值小于 5%。

5.4.1.2 余热锅炉启动允许信号

余热锅炉启动允许信号（HRSG OK）是指，为了满足燃气轮机启动的允许条件，余热锅炉控制系统应发出的信号是联合循环即将启动的必要条件。当以下条件均满足，余热锅炉的启动允许信号将出现，并允许燃气轮机启动：

（1）无余热锅炉保护跳闸条件。

（2）余热锅炉烟囱挡板开启。

（3）高压汽包允许启动信号：高压给水电动阀没有关闭、高压汽包水位在 –300~–250mm 之间（见表 5–1）、高压给水泵在运行且高压给水母管压力不小于 1MPa。

（4）中压汽包允许启动信号：中压给水电动阀没有关闭、中压汽包水位在 –250~–200mm 之间、中压给水泵在运行且中压给水母管压力不小于 0.5MPa。

（5）低压汽包允许启动信号：低压给水电动阀没有关闭、低压汽包水位在 +250~+350mm 之间、凝结水泵运行且凝结水母管压力达标。

某机组余热锅炉高中低压汽包控制范围如表 5–1 所示。

表 5–1　　热锅炉高中低压汽包控制范围

汽包中心线	启动水位	正常水位	正常水位调节范围
高压汽包	–300~–250mm	–50mm	0~–100mm
中压汽包	–250~–200mm	–50mm	0~–100mm
低压汽包	+250~+350mm	+300mm	+250~+350mm

5.4.1.3 余热锅炉启动状态判断

余热锅炉的启动方式根据启动时高、中、低压汽包的压力以及该压力对应下的饱和温度不同，分为冷态启动、温态启动及热态启动，具体划分方式如表 5–2 所示。

表 5–2　　余热锅炉启动方式

系统	汽包饱和温度	启动方式
高压系统	高压汽包饱和温度 ≥ 280℃	热态启动
	100℃ < 高压汽包饱和温度 <280℃	温态启动
	高压汽包饱和温度 ≤ 100℃	冷态启动

续表

系统	汽包饱和温度	启动方式
中压系统	中压汽包饱和温度≥ 190℃	热态启动
	100℃< 中压汽包饱和温度 <190℃	温态启动
	中压汽包饱和温度≤ 100℃	冷态启动
低压系统	中压汽包饱和温度≥ 120℃	热态启动
	100℃< 中压汽包饱和温度 <120℃	温态启动
	中压汽包饱和温度≤ 100℃	冷态启动

5.4.2 高压系统

高压控制系统的控制逻辑包括：高压给水控制逻辑、高压过热器控制逻辑、高压省煤器控制逻辑、高压排污控制逻辑等。

5.4.2.1 高压给水控制逻辑

高压给水控制逻辑包括高压给水泵的启动控制逻辑以及相关控制逻辑。

高压给水泵一般两个为一组，命名为高压给水泵 A、B，以高压给水泵 A 为例，需要同时满足以下条件才允许启动：

（1）高压给水泵 A 本体无异常状态报警；

（2）高压给水泵 A 入口压力正常；

（3）高压给水泵 A 油站供油口压力正常；

（4）低压汽包水位正常；

（5）高压给水泵 A 出口电动阀全关；

（6）高压给水泵 A 润滑油泵已投入运行；

（7）高压给水泵 A 无跳闸条件存在。

此外，与高压给水泵配套的控制逻辑包括高压给水泵出口电动门、润滑油泵、稀油站润滑油加热器、高压给水泵电加热器、高压给水泵变频器等，具体如下：

（1）高压给水泵出口电动门的控制逻辑：以高压给水泵 A 出口电动门为例，只要高压给水泵 A 为备用投入且运行数秒，则高压给水泵 A 出口电动门将会自动打开；只要高压给水泵停止运行数秒后，则高压给水泵 A 出口电动门将会自动关闭。

（2）润滑油泵的启动允许条件：稀油站油箱液位不低于设定值、稀油站的就地 / 远方控制挡位处在远方、润滑油泵备妥。

（3）稀油站润滑油加热器的控制逻辑：油箱温度低延时 30s，稀油站润滑油加热器自动打开；油箱温度高延时 30s，稀油站润滑油加热器自动关闭。

（4）高压给水泵A电加热器与高压给水泵B电加热器的自动启动为联锁投入，自动关闭的条件为高压给水泵A电机任意一个绕组温度大于40℃或者高压给水泵A停止运行。

（5）高压给水泵变频器的控制逻辑：只要高压给水泵A（或B）已选择变频方式且变频器无故障报警时，则允许启动。

除此之外，给水控制逻辑中还包括高压给水电动阀的控制逻辑，当同时满足以下条件时，高压给水电动阀自动打开：燃气轮机点火3s后、烟囱挡板在打开位置、高压汽包水位未到高一值。

5.4.2.2 高压过热器控制逻辑

高压过热器控制逻辑主要包括以下阀门的控制逻辑：高压过热器出口启动排汽门、高压二级过热器入口疏水门、高压二级过热器出口放空阀与高压三级过热器入口疏水门。

（1）高压过热器出口启动排汽门自动打开，需要阀门置于自动位且满足下列任意一个条件：

1）过热器蒸汽压力不大于0.18MPa且火检通道检测到火；

2）过热器蒸汽压力不小于15.12MPa且锅炉运行。

注意：火检通道检测到火信号由两组点火探头信号进行二取一逻辑运算得到。

（2）高压过热器出口启动排汽门自动关闭，需要阀门置于自动位且满足下列任意一个条件：

1）过热器蒸汽压力不小于0.2MPa且锅炉运行；

2）高压旁路压力调节阀阀位反馈值不小于5%。

（3）高压二级过热器入口疏水门自动打开，需要阀门置于自动位且满足下列任任意一个条件：

1）锅炉吹扫开始；

2）火检通道检测到火且锅炉运行。

（4）高压二级过热器入口疏水门自动关闭，需要阀门置于自动位且满足下列任意一个条件：

1）锅炉吹扫开始信号延时180s，

2）火检通道未检测到火；

3）锅炉运行且高压过热器出口蒸汽压力A高Ⅱ值信号延时2s。

（5）高压二级过热器出口放空阀自动打开，需要阀门置于自动位且同时满足下列条件：

1）火检通道检测到火；

2）高压过热器出口蒸汽压力不大于0.18MPa。

（6）高压二级过热器出口放空阀自动关闭，需要阀门置于自动位且同时满足下列条件：

1）高压二级过热器出口放空阀已关；

2）高压过热器出口蒸汽压力 A 不小于 0.2MPa。

（7）高压三级过热器入口疏水门自动打开，需要阀门置于自动位且满足下列任意一个条件：

1）锅炉吹扫开始；

2）火检通道检测到火且锅炉运行。

（8）高压三级过热器入口疏水门自动关闭，需要阀门置于自动位且满足下列任意一个条件：

1）锅炉吹扫开始延时 180s；

2）火检通道未检测到火；

3）锅炉运行且高压过热器出口蒸汽压力 A 高Ⅱ值。

5.4.2.3 高压省煤器控制逻辑

高压省煤器控制逻辑主要包括以下阀门的控制逻辑：高压省煤器疏水电动门、高压省煤器放空排气电动门。着重介绍它们的自动打开与自动关闭逻辑。

（1）高压省煤器疏水电动门无自动开条件，自动关闭条件需要阀门置于自动位且满足下列任一个条件：

1）锅炉吹扫开始延时 180s；

2）火检通道未检测到火延时 3s；

3）高压汽包上水系统顺控第一步传来信号。

（2）高压省煤器放空排气电动门自动开条件，需要阀门置于自动位且同时满足下列条件：

1）高压汽包上水顺控第四步；

2）火检通道未检测到火。

（3）高压省煤器放空排气电动门自动关条件，需要阀门置于自动位且满足下列任意一个条件：

1）火检通道检测到火；

2）高压省煤器出口压力不大于 0.05MPa。

5.4.2.4 高压排污控制逻辑

高压排污控制逻辑包括高压汽包连续排污电动阀、高压蒸发器定期排污门等。

（1）高压汽包连续排污电动阀自动开条件，需要阀门置于自动位且满足条件：燃气轮机未跳机（一般由燃气轮机跳机信号取反）。

（2）高压汽包连续排污电动阀自动关条件，需要阀门置于自动位且满足下列任意一个条件：

1）燃气轮机跳机持续 30s；

2）锅炉运行且连续排污扩容器液位不小于 600mm；

3）高压汽包上水顺控第一步；

4）余热锅炉停止上水顺控第八步。

（3）高压蒸发器定期排污门无自动开条件、手动开条件，需要高压蒸发器定期排污门置于远方档位，且以下条件任一发生：

1）燃气轮机跳机；

2）高压汽包液位低 I 值条件不满足。

（4）高压蒸发器定期排污门自动关条件需要阀门置于自动位且满足下列任意一个条件：

1）高压蒸发器定期排污门已开延时 30s；

2）高压汽包上水顺控第一步；

3）锅炉运行且高压汽包液位低 I 值信号延时 10s。

5.4.2.5 其他阀门

上述分析已经把高压控制系统涉及的主要阀门包括在内，一些次要阀门并没有提及，包括：高压汽包事故放水阀、高压饱和蒸汽放空阀等，在此对上述分析过程中未提及的阀门进行简要介绍。

高压汽包事故放水阀在高压汽包液位高 I 值时自动开启，在液位低 I 值时自动关闭，或者受顺序控制系统直接控制。

高压饱和蒸汽放空阀的开启，需要阀门置于自动位且满足下列任意一个条件：

（1）高压汽包上水顺控第四步；

（2）高压汽包压力未达到高 I 值且火检通道检测到火。

5.4.3 中压系统

中压控制系统的控制逻辑包括：中压给水控制逻辑、中压过热器控制逻辑、中压省煤器控制逻辑、中压汽包控制逻辑等，此外还有中压汽包事故放水阀控制逻辑等。

5.4.3.1 中压给水控制逻辑

中压给水控制逻辑的核心是中压给水泵的启动逻辑，中压给水泵同样两个为一组，命名为中压给水泵 A、B，以中压给水泵 A 为例，需要同时满足以下条件才允许启动：

（1）中压给水泵 A 本体无异常状态报警，该条件包括：中压 A 泵绕组温度允许、中压 A 泵轴承温度允许、中压 A 泵冷却水温度允许、中压 A 泵入口过滤器差压正常、中压 A 泵振动正常等；

（2）中压给水泵 A 入口压力不小于 0.25MPa；

（3）低压汽包水位不小于 50mm；

（4）中压给水泵 A 出口电动阀全关；

（5）中压给水泵 A 润滑油泵已投入运行；

（6）中压给水泵 A 无跳闸条件存在。

此外，与中压给水泵配套的控制逻辑包括中压给水泵出口电动门控制逻辑、中压给水泵电加热器控制逻辑、中压给水泵变频器控制逻辑等。

（1）中压给水泵出口电动门的控制逻辑为：以中压给水泵 A 出口电动门为例，只要中压给水泵 A 为备用投入且运行数秒，则中压给水泵 A 出口电动门将会自动打开；只要中压给水泵 A 停止运行数秒后，则中压给水泵 A 出口电动门将会自动关闭。

（2）中压给水泵 A 电加热器与中压给水泵 B 电加热器的自动启动为联锁投入，自动关闭的条件为中压给水泵 A 电机任意一个绕组温度大于 40℃或者中压给水泵 A 停止运行。

（3）中压给水泵变频器的控制逻辑为：只要中压给水泵 A（或 B）已选择变频方式且变频器无故障报警则允许启动。

除此之外，给水控制逻辑中，还包括中压给水去凝结水入口电动门，当阀门置于自动位且中压给水泵至凝结水加热器循环管路调节阀开度大于 5%，则中压给水电动阀自动打开。

5.4.3.2 中压过热器控制逻辑

中压过热器控制逻辑主要包括：中压过热器出口启动排汽门、中压过热器出口管路疏水电动门、中压过热器出口电动门的控制逻辑。

（1）中压过热器出口启动排汽门自动打开，需要阀门置于自动位且满足下列任意一个条件：

1）中压蒸汽压力不大于 0.18MPa 且火检通道有火；

2）中压蒸汽压力不小于 3.74MPa 且锅炉运行。

注：火检通道有火信号由两组探头信号进行二取一逻辑运算得到。

（2）中压过热器出口启动排汽门自动关闭，需要阀门置于自动位且满足下列任意一个条件：

1）中压蒸汽压力不小于 0.2MPa 且锅炉运行；

2）中压旁路压力调节阀阀位反馈值不小于 5%。

（3）中压过热器出口管路疏水电动门自动打开，需要阀门置于自动位且满足下列任意一个条件：

1）锅炉吹扫开始；

2）火检通道有火且锅炉运行。

（4）中压过热器出口管路疏水电动门自动关闭，需要阀门置于自动位且满足下列任意一个条件：

1）锅炉吹扫开始延时 180s；

2）火检通道无火；

3）锅炉运行且中压汽包压力高Ⅰ值条件满足。

（5）中压过热器出口电动门手动打开允许条件，需要阀门置于远方挡位且同时满足一级再热器入口压力与中压蒸汽压力之差不大于0.15MPa。

（6）中压过热器出口电动门手动关闭允许条件，需要阀门置于远方挡位且满足下列任意一个条件：

1）燃气轮机转速不大于600r/min；

2）燃气轮机跳闸。

5.4.3.3 中压省煤器控制逻辑

中压省煤器控制逻辑包括中压省煤器入口疏水电动门分为自动打开与自动关闭逻辑。

中压省煤器疏水电动门无自动开条件，自动关闭条件需要阀门置于自动位且满足下列任意一个条件：

（1）锅炉吹扫开始延时180s；

（2）火检通道无火延时3s；

（3）中压汽包上水系统顺控第一步传来中压省煤器疏水电动门自动关闭命令。

5.4.3.4 中压排污控制逻辑

中压排污控制逻辑包括中压汽包连续排污电动阀、中压蒸发器定期排污门等。

（1）中压汽包连续排污电动阀自动开条件，需要阀门置于自动位且满足条件：燃气轮机未跳机（一般由燃气轮机跳机信号取反）。

（2）中压汽包连续排污电动阀自动关条件，需要阀门置于自动位且满足下列任意一个条件：

1）燃气轮机跳机持续30s；

2）锅炉运行且连续排污扩容器液位不小于600mm；

3）中压汽包上水顺控第一步；

4）余热锅炉停止上水顺控第三步。

（3）中压蒸发器定期排污门无自动开条件，而手动开条件需要中压蒸发器定期排污门置于远方挡位，且以下条件任意一个发生：

1）燃气轮机跳机；

2）中压汽包液位低Ⅰ值条件不满足。

（4）中压蒸发器定期排污门自动关条件需要阀门置于自动位且满足下列任意一个条件：

1）中压蒸发器定期排污门已开延时30s；

2）中压汽包上水顺控第一步；

3）锅炉运行且中压汽包液位低Ⅰ值信号延时10s；

4）余热锅炉停止上水顺控第三步。

5.4.3.5 其他阀门

同高压控制系统分析过程，上述分析过程并未提及一些次要阀门，包括：中压汽包事故放水阀、中压饱和蒸汽放空阀等，故在此对其进行简要的补充说明。

（1）中压汽包事故放水阀在中压汽包液位高 I 值时自动开启，在液位低一值时关闭，或者受顺控控制。

（2）中压蒸发器辅助加热管路电动门只要阀门置于远方控制档位，就允许手动开关，以及自动打开，但是自动关闭还需得到中压汽包上水系统顺控来的信号。

（3）高中压旁路油站，无自动控制档位，全程手动控制。

（4）中压旁路阀前气动疏水门，自动开条件为收到中压疏水组来的指令信号或者 APS 控制来的指令信号。

（5）中压旁路阀前气动疏水门的自动关条件：中压疏水组来的指令信号或者汽机轴封抽真空系统的指令信号。

（6）中压旁路减温水隔离阀自动开，需要满足中压旁路温度调节阀开度不小于 3.0% 或接收到从 APS 系统来的指令信号。

（7）中压旁路减温水隔离阀自动关，需要满足中压旁路温度调节阀开度不大于 2.0% 或者接收到从 APS 系统来的指令信号。

5.4.4 低压系统

低压系统包括：凝结水控制逻辑、除氧器控制逻辑、低压排污控制逻辑、低压蒸发器控制逻辑、低压过热器控制逻辑等。

5.4.4.1 凝结水控制逻辑

凝结水控制逻辑涉及的阀门包括凝结水加热器疏水电动阀、凝结水加热器放空电动阀、凝结水再循环流量调节阀前电动门、凝结水再循环旁路电动真空门、凝结水至中压旁路三级减温水门、凝结水至疏水扩容器减温水门、凝结水再循环流量调节阀、热网加热器疏水至凝结水电动门等。

（1）凝结水加热器疏水电动阀无自动开条件，自动关条件需要阀门置于自动位且满足下列任意一个条件：

1）锅炉吹扫开始延时 30s；

2）火检通道检测无火；

3）凝结水系统启动顺序控制第五步；

4）低压汽包上水顺序控制第一步。

（2）凝结水加热器放空电动阀自动开条件需要阀门置于自动位且同时满足下列条件：

1）凝结水系统启动顺序控制第四步；

2）燃气轮机未点火。

（3）凝结水加热器放空电动阀自动关条件需要阀门置于自动位且满足下列任意一个条件：

1）燃气轮机点火；

2）凝结水加热器出口压力不小于 0.05MPa。

（4）凝结水再循环流量调节阀前电动门无自动关条件。而自动开条件需要阀门置于自动位且同时满足下列条件：

1）凝结水系统启动程序顺控第四步，开凝结水母管再循环调节阀前电动门；

2）开凝结水再循环流量调节阀前电动阀；

3）凝结水再循环流量调节阀阀位反馈高报警信号。

凝结水再循环旁路电动真空门无自动开条件，自动关由顺序控制系统控制。

凝结水至中压旁路三级减温水门自动开条件为中压旁路压力调节阀阀位反馈不小于 5%。

（5）凝结水至中压旁路三级减温水门自动关条件，需要满足以下条件：

1）凝结水系统启动程序顺控第七步；

2）机组打闸顺控第六步；

3）中压旁路压力调节阀阀位反馈不大于 3%。

凝结水至疏水扩容器减温水门自动开条件为凝汽器疏水扩容器开度不小于 75%，自动关条件为凝汽器疏水扩容器开度不大于 50%。

热网加热器疏水至凝结水电动门由手动控制，无自动控制方式。

5.4.4.2 除氧器控制逻辑

除氧器控制逻辑包括除氧器放空关断阀控制逻辑、除氧器辅助蒸汽关断阀控制逻辑等。

（1）除氧器放空关断阀无自动关条件，而自动开条件需要阀门置于自动位且同时满足下列条件：

1）除氧器压力不小于 0.62MPa；

2）低压汽包上水顺控第二步。

（2）除氧器辅助蒸汽关断阀自动开条件需要阀门置于自动位且同时满足下列任意一个条件：

1）除氧器辅助蒸汽气动调节阀反馈信号不小于 5%；

2）低压汽包上水顺控第六步。

（3）除氧器辅助蒸汽关断阀自动关条件需要阀门置于自动位且同时满足下列任意一个条件：

1）低压系统启动及升温升压顺控第四步；

2）低压汽包上水顺控第一步；

3）除氧器辅助蒸汽调节阀反馈信号不大于3%。

5.4.4.3 低压排污控制逻辑

低压排污控制逻辑包括低压汽包连续排污电动阀、低压蒸发器定期排污门等。

（1）低压蒸发器定期排污门无自动开，而自动关条件需要阀门置于自动位且满足下列任意一个条件：

1）锅炉运行且低压汽包液位小于 –200mm；

2）低压蒸发器定期排污门已开；

3）低压汽包上水顺控第一步；

4）余热锅炉停止上水顺控第九步。

（2）低压汽包连续排污电动阀只要燃气轮机未跳机即可投入自动开，而自动关条件需要低压汽包连续排污电动阀置于远方挡位，且以下条件任一发生：

1）燃气轮机跳机；

2）低压汽包上水程控顺控第一步；

3）余热锅炉停止上水顺控第十一步。

5.4.5 再热系统

由于余热锅炉采用三级再热器布置，因此余热锅炉再热逻辑的控制系统也有对应的三级再热器的控制逻辑。此处按照功能划分为疏水逻辑、排汽逻辑和减温水控制逻辑。

5.4.5.1 疏水逻辑

疏水逻辑主要包括：一级再热器进口疏水电动门、二级再热器进口疏水电动门、三级再热器进口疏水电动门的自动打开和自动关闭逻辑。

（1）一级再热器进口疏水电动门自动打开，需要阀门置于自动位且满足下列任意一个条件：

1）锅炉吹扫开始或锅炉运行下燃气轮机点火；

2）燃气轮机点火且锅炉运行；

3）燃气轮机点火且一级再热器入口疏水温度与一级再热饱和蒸汽温度差值≤ 14℃。

（2）一级再热器进口疏水电动门自动关闭，需要阀门置于自动位且满足下列任意一个条件：

1）锅炉吹扫完毕；

2）燃气轮机未点火；

3）锅炉运行且再热器出口蒸汽压力三取二高Ⅱ值；

4）收到余热锅炉排气系统顺控第三步发来的指令信号。

（3）二级再热器进口疏水电动门自动打开，需要阀门置于自动位且满足下列任意一个条件：

1）锅炉吹扫开始；

2）燃气轮机点火且锅炉运行。

（4）二级再热器进口疏水电动门自动关闭，需要阀门置于自动位且满足下列任意一个条件：

1）锅炉吹扫完毕；

2）燃气轮机未点火；

3）锅炉运行且再热器出口蒸汽压力三取二高Ⅱ值；

4）收到余热锅炉排气系统顺控第三步发来的指令信号。

（5）三级再热器进口疏水电动门自动打开，需要阀门置于自动位且满足下列任意一个条件：

1）锅炉吹扫开始；

2）燃气轮机点火且锅炉运行。

（6）三级再热器进口疏水电动门自动关闭，需要阀门置于自动位且满足下列任意一个条件：

1）锅炉吹扫完毕；

2）燃气轮机未点火；

3）锅炉运行且再热器出口蒸汽压力三取二不小于 1.0MPa；

4）收到余热锅炉排气系统顺控第三步发来的指令信号。

5.4.5.2 排汽逻辑

排汽逻辑主要包括三个阀门的控制逻辑：一级再热器进口放空电动门、二级再热器进口启动排汽门、再热蒸汽出口启动排汽管道电动门，都有自动打开和自动关闭逻辑。

（1）一级再热器进口放空电动门自动打开，需要阀门置于自动位且同时满足下列条件：

1）燃气轮机点火；

2）再热器出口蒸汽压力小于 0.2MPa。

（2）一级再热器进口放空电动门自动关闭，需要阀门置于自动位且满足下列任意一个条件：

1）再热器出口蒸汽压力不小于 0.2MPa；

2）接收到余热锅炉排气系统顺控第三步发来的指令信号。

（3）二级再热器进口启动排汽门自动打开，需要阀门置于自动位且同时满足下列条件：

1）燃气轮机点火；

2）再热器出口蒸汽压力小于 0.2MPa。

（4）二级再热器进口启动排汽门自动关闭，需要阀门置于自动位且满足下列任意一个

条件：

1）再热器出口蒸汽压力不小于 0.2MPa；

2）收到余热锅炉排气系统顺控第三步发来的指令信号。

（5）再热蒸汽出口启动排汽管道电动门自动打开，需要阀门置于自动位且同时满足下列条件：

1）燃气轮机点火；

2）再热器出口蒸汽压力小于 0.2MPa。

（6）再热蒸汽出口启动排汽管道电动门自动关闭，需要阀门置于自动位且满足下列任意一个条件：

1）再热器出口蒸汽压力不小于 0.2MPa；

2）接收到余热锅炉排气系统顺控第三步发来的指令信号。

5.4.5.3 减温水控制逻辑

减温水控制逻辑主要包括两个阀门的控制逻辑：再热减温水循环管路电动门和再热蒸汽减温水管路减温水电动门。

（1）再热减温水循环管路电动门自动打开，需要阀门置于自动位且同时满足下列条件：

1）再热器一级减温水调节阀开度不大于 3.0%；

2）再热器二级减温水调节阀开度不大于 3.0%。

（2）再热减温水循环管路电动门自动关闭，需要阀门置于自动位且满足下列任意一个条件：

1）再热器一级减温水气动调节阀开度大于 3.0%；

2）再热器二级减温水气动调节阀开度大于 3.0%。

（3）再热蒸汽减温水管路减温水电动门自动打开，需要阀门置于自动位且同时满足下列条件：

1）再热器一级减温水调节阀反馈信号不小于 5.0%；

2）再热器二级减温水调节阀反馈信号不小于 5.0%。

（4）再热蒸汽出口启动排汽管道电动门自动关闭，需要阀门置于自动位且满足下列任意一个条件：

1）收到机组打闸顺控第六步发来的指令信号；

2）锅炉存在跳闸条件；

3）中压蒸汽流量不大于 20%（12.4t/h）；

4）三级再热蒸汽温度与三级再热饱和蒸汽温度差值不大于 13.9MPa；

5）再热器二级减温水调节阀开度不大于 3% 且再热器一级减温水调节阀开度不大于 3%。

5.4.6 烟气控制系统

烟气控制系统控制逻辑包括烟囱挡板控制逻辑和热风保养系统控制逻辑。

5.4.6.1 烟囱挡板控制逻辑

（1）烟囱挡板的控制逻辑始终允许手动打开，但手动关闭需要满足以下任意一个条件：

1）燃气轮机跳闸；

2）燃气轮机转速不大于 3000r/min 并持续 10min。

（2）烟囱挡板的自动开逻辑判断只要满足以下任意一个条件即可：

1）机组启动顺控第一步开始；

2）燃气轮机点火；

3）锅炉运行。

烟囱挡板始终不允许自动关闭。

5.4.6.2 热风保养系统控制逻辑

热风保养系统的控制逻辑，包括热风保养系统风机和热风保养系统电加热器，均只允许手动控制，无自动控制。

5.5 余热锅炉顺序控制系统

余热锅炉顺序控制系统包括高压给水泵启动顺控、高压给水泵停止顺控、中压给水泵启动顺控、中压给水泵停止顺控、汽包上水系统顺控、高中压系统启动及升温升压顺控、余热锅炉停止上水顺控。

5.5.1 高压给水泵启动顺控（以高压给水泵 A 为例）

启动允许条件 – 逻辑与：

（1）高压给水泵 A 在运行状态；

（2）低压汽包水位不小于 50mm；

（3）以下条件逻辑或：

1）#1 油泵运行；

2）#2 油泵运行。

启动顺控步骤：

第一步：

指令：关高压给水泵 A 出口电动门。

反馈：高压给水泵 A 出口电动门已关。

第二步：

指令：合闸高压给水泵 A 电源柜断路器。

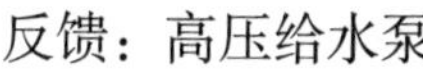

反馈：高压给水泵 A 电源柜断路器合位。

第三步：

指令：启动高压给水泵 A 变频器。

反馈：高压给水泵 A 变频器运行。

第四步：

指令：开高压给水泵 A 出口电动门。

反馈：高压给水泵 A 出口电动门已开。

5.5.2 高压给水泵停止顺控（以高压给水泵 A 为例）

停止允许条件：高压给水泵 A 在运行状态。

停止顺控步骤：

第一步：

指令：停高压给水泵 A 变频器。

反馈：高压给水泵 A 变频器未运行。

第二步：

指令：分闸高压给水泵 A 断路器。

反馈：高压给水泵电源柜 A 断路器分位。

第三步：

指令：关高压给水泵 A 出口电动门。

反馈：高压给水泵 A 出口电动门已关。

5.5.3 中压给水泵启动顺控（以中压给水泵 A 为例）

中压给水泵允许启动需要同时满足下列条件：

（1）中压给水泵 A 本体无异常状态报警，该条件包括：中压给水泵 A 绕组温度允许、中压给水泵 A 轴承温度允许、中压给水泵 A 冷却水温度允许、中压给水泵 A 入口过滤器差压正常、中压给水泵 A 振动正常等；

（2）中压给水泵 A 入口压力不小于 0.25MPa；

（3）低压汽包水位不小于 50mm；

（4）中压给水泵 A 出口电动阀全关；

（5）中压给水泵 A 润滑油泵已投入运行；

（6）中压给水泵 A 无跳闸条件存在。

第一步：

指令：关中压给水泵 A 出口电动门；

反馈：中压给水泵 A 出口电动门已关。

第二步：

指令：合闸中压给水泵 A 电源柜断路器；

反馈：中压给水泵 A 电源柜断路器合位。

第三步：

指令：启动中压给水泵 A 变频器；

反馈：中压给水泵 A 变频器运行。

第四步：

指令：开中压给水泵 A 出口电动门；

反馈：中压给水泵 A 出口电动门已开。

5.5.4 中压给水泵停止顺控（以中压给水泵 A 为例）

只要中压给水泵 A 运行，就允许停止。

第一步：

指令：停中压给水泵 A 变频器。

反馈：中压给水泵 A 变频器运行取反。

第二步：

指令：分闸中压给水泵 A 断路器。

反馈：中压给水泵电源柜 A 断路器分位。

第三步：

指令：关中压给水泵 A 出口电动门。

反馈：中压给水泵 A 出口电动门已关。

5.5.5 中压汽包上水系统顺控

中压汽包上水系统顺控与低压汽包上水系统顺控启动允许条件，需要同时满足下列条件：

（1）低压汽包水位不小于 -800mm；

（2）中压给水泵（此处指 A 与 B）皆不在运行状态；

（3）中压汽包压力信号三取二不大于 0.07MPa（即低 I 值）；

（4）中压汽包壁温差不大于 40℃；

（5）燃气轮机未点火；

（6）中压给水泵顺控启动允许（见第 5.5.3 节）。

步序如下：

第一步：

指令：关中压给水去凝结水入口电动门、关中压省煤器入口疏水电动门、关中压汽包连续排污电动阀、关中压汽包事故放水电动门、关中压蒸发器定期排污门、关中压蒸发器辅助加热管道电动阀。

反馈：中压给水去凝结水入口电动门已关、中压省煤器入口疏水电动门已关、中压汽包连续排污电动阀已关、中压汽包事故放水电动门已关、中压蒸发器定期排污门已关、中压蒸发器辅助加热管道电动阀已关。

第二步：

指令：启动预选中压给水泵顺控（预选 A 泵则启动 A 泵顺控，预选 B 泵则启动 B 泵顺控）。

反馈：被预选的中压给水泵已运行。

第三步：

指令：置变频器频率 50Hz，中压给水调阀投自动，设定水位 –200mm。

反馈：中压给水泵变频方式运行。

第四步：

指令：打开中压饱和蒸汽放空电动门，开中压给水调节阀 10%。

反馈：中压饱和蒸汽放空电动门已开。

第五步：

指令：在中压汽包水位不小于 –250mm 后，关闭中压饱和蒸汽放空电动门。

反馈：中压汽包水位不小于 –150mm 且中压给水调节阀全开。

第六步：

指令：开中压蒸发器定期排污阀，延时 60s。

反馈：以下条件逻辑与。

（1）预选中压汽包水位不大于 –200mm 持续 120s；

（2）中压给水调阀自动挡下预选中压汽包水位不小于 –200mm 持续 120s。

第七步：

指令：无指令。

反馈：中压省煤器出口压力不小于 2.0MPa。

第八步：

指令：投入中压给水泵备用，顺控结束。

反馈：顺控结束指令。

5.5.6 高中压系统启动及升温升压顺控

启动允许条件：以下条件逻辑与。

（1）中压汽包水位不小于 –200mm；

（2）高压汽包水位不小于 –250mm；

（3）燃机发电机未在网；

（4）燃气轮机点火；

（5）中压给水泵出口电动门未全关且中压给水泵运行；

（6）高压给水泵出口电动门未全关且高压给水泵运行。

顺控步序：

第一步：空步。

第二步：

指令：投入中压给水泵变频自动，投入中压给水泵变频自动。

反馈：以下条件逻辑与。

（1）高压给水泵变频自动状态；

（2）中压给水泵变频自动状态。

第三步：

指令：设定汽包水位。

反馈：以下条件逻辑与。

（1）高压汽包为冷态（冷态定义见章节 5.4.1.3）且高压汽包水位在 –250~–150mm；

（2）中压汽包为冷态且中压汽包水位在 –150~–50mm；

（3）中压汽包为热态且中压汽包水位在 –50~50mm；

（4）高压汽包为热态且高压汽包水位在 –50~50mm。

第四步：空步。

第五步：空步。

第六步：空步。

第七步：

指令：高压旁路压力调节阀切手动置零，中压旁路压力调节阀切手动置零，高压旁路温度调节阀切手动置零，中压旁路温度调节阀切手动置零。

反馈：以下条件逻辑与。

（1）高压旁路压力调节阀阀位开度不大于 3%；

（2）高压旁路温度调节阀阀位开度不大于 3%；

（3）中压旁路压力调节阀阀位开度不大于 3%；

（4）中压旁路温度调节阀阀位开度不大于 3%。

第八步：

指令：开启高压旁路减温水隔离阀，开启中压旁路减温水隔离阀。

反馈：以下条件逻辑与。

（1）高压旁路减温水隔离阀已开；

（2）中压旁路减温水隔离阀已开。

第九步：无指令。

反馈：以下条件逻辑与。

（1）高压汽包压力不小于 0.2MPa；

（2）中压汽包压力不小于 0.2MPa。

第十步：

指令：高压主蒸汽出口关断电动门自动开，中压过热器出口电动门自动开。

反馈：以下条件逻辑与。

（1）高压主蒸汽压力不小于 0.5MPa；

（2）再热蒸汽压力不小于 0.3MPa；

（3）高压主蒸汽出口关断电动门已开；

（4）中压主蒸汽出口关断电动门已开。

第十一步：

指令：高压旁路压力调节阀投自动，中压旁路压力调节阀投自动，高压旁路温度调节阀投自动，中压旁路温度调节阀投自动，凝结水至水幕喷水气动门投自动开。

反馈：以下条件逻辑与。

（1）高压旁路压力调节阀自动状态；

（2）高压旁路温度调节阀自动状态；

（3）中压旁路压力调节阀自动状态；

（4）中压旁路温度调节阀自动状态；

（5）凝结水至水幕喷水气动门已开。

第十二步：空步。

第十三步：

指令：高 / 中压疏水组开，即开高旁阀前气动疏水阀、电动主汽阀前气动疏水阀、主汽阀前气动疏水阀、高排逆止阀前疏水罐气动疏水门、高排逆止阀后疏水罐气动疏水门、#1 机高排通风阀前气动疏水门、主调门前气动疏水门、主调门后气动疏水门、中压旁路阀前气动疏水门、再热主汽阀前气动疏水阀、再热热段堵阀前气动疏水阀、再热主汽门前气动疏水门、再热主汽门后气动疏水门、再热主汽门气动疏水门。

反馈：高 / 中压疏水组阀门均已开。

（1）高旁阀前气动疏水阀已开；

（2）电动主汽阀前气动疏水阀已开；

（3）主汽阀前气动疏水阀已开；

（4）高排逆止阀前疏水罐气动疏水门已开；

（5）高排逆止阀后疏水罐气动疏水门已开；

（6）#1 机高排通风阀前气动疏水门已开；

（7）主调门前气动疏水门已开；

（8）主调门后气动疏水门已开；

（9）中压旁路阀前气动疏水门已开；

（10）再热主汽阀前气动疏水阀已开；

（11）再热热段堵阀前气动疏水阀已开；

（12）再热主汽门前气动疏水门已开；

（13）再热主汽门后气动疏水门已开；

（14）再热主汽门气动疏水门已开。

第十四步：空步。

第十五步：

指令：再热器一级减温水调节阀自动切手动且置零、再热器二级减温水调节阀自动切手动且置零、高压过热器一级减温水调节阀自动切手动且置零、高压过热器二级减温水调节阀自动切手动且置零。

反馈：以下条件逻辑与。

（1）再热器一级减温水调节阀开度≤ 3%；

（2）再热器二级减温水调节阀开度≤ 3%；

（3）高压过热器一级减温水调节阀开度≤ 3%；

（4）高压过热器二级减温水调节阀开度≤ 3%。

第十六步：空步。

第十七步：

指令：中压汽包水位设定、高压汽包水位设定。

反馈：以下条件逻辑与。

（1）预选中压汽包水位在 -10~10mm 之间持续 5s；

（2）预选高压汽包水位在 -10~10mm 之间持续 5s。

第十八步：空步。

第十九步：

指令：程控结束。

反馈：程控结束指令。

5.5.7 余热锅炉停止上水顺控

顺控允许条件：以下条件逻辑与。

（1）燃气轮机未点火；

（2）任一凝泵运行；

（3）凝结水母管压力不小于 2.0MPa；

（4）中压汽包水位不过低；

（5）中压给水泵运行；

（6）高压给水泵运行。

顺控步序：

第一步：

指令：低压给水调节阀投自动。

反馈：预选中压汽包水位在 –160~140mm 之间。

第二步：

指令：中压给水调节阀自动切手动，中压给水泵变频速度给定自动切手动。

反馈：以下条件逻辑与。

（1）中压汽包水位调节阀手动状态；

（2）中压给水泵变频自动；

（3）预选中压汽包水位不小于 –200mm，延时 10s；

（4）中压给水调节阀反馈在 25%~35% 之间。

第三步：

指令：中压给水调节阀切手动，中压蒸发器定期排污门自动关，中压汽包连续排污电动阀自动关。

反馈：以下条件逻辑与：

（1）中压蒸发器定期排污门已全关；

（2）中压汽包连续排污电动阀已全关；

（3）中压汽包水位调节阀反馈不大于 1%。

第四步：

指令：停止中压给水泵 A 备用投入状态，停止中压给水泵 B 备用投入状态。

反馈：以下条件逻辑与：

（1）中压给水泵 A 备用未投入状态；

（2）中压给水泵 B 备用未投入状态。

第五步：

指令：启动中压给水泵 A 停泵顺控，启动中压给水泵 B 停泵顺控

反馈：以下条件逻辑与：

（1）中压给水泵 A 未运行且出口电动门已关；

（2）中压给水泵 B 未运行且出口电动门已关。

第六步：

指令：高压给水泵变频速度给定切手动，高压省煤器进口调节阀切手动。

反馈：以下条件逻辑与：

（1）高压汽包水位调节阀已切自动；

（2）高压给水泵变频自动；

（3）高压省煤器进口调节阀反馈信号在 25%~35% 之间。

第七步：

指令：无。

反馈：高压汽包电接点液位不小于 –150mm。

第八步：

指令：高压给水电动门自动关，高压汽包连续排污电动阀自动关，高压省煤器进口调节阀自动关，高压汽包事故放水阀自动关。

反馈：以下条件逻辑与：

（1）高压给水电动门已关；

（2）高压汽包连续排污电动阀已全关；

（3）高压汽包水位调节阀阀位不大于 3%；

（4）高压汽包事故放水阀已全关。

第九步：

指令：中压给水泵 A 备用投入，中压给水泵 B 备用投入。

反馈：以下条件逻辑与：

（1）中压给水泵 A 备用已投入；

（2）中压给水泵 B 备用已投入。

第十步：

指令：启动中压给水泵 A 停泵顺控，启动中压给水泵 B 停泵顺控。

反馈：以下条件逻辑与：

（1）中压给水泵 A 未运行且出口电动门已关；

（2）中压给水泵 B 未运行且出口电动门已关。

第十一步：

指令：低压蒸发器定期排污阀自动关、低压连续排污电动阀自动关。

反馈：以下条件逻辑与：

（1）低压蒸发器定期排污阀已关闭；

（2）低压连续排污电动阀已关闭。

第十二步：

指令：低压给水调节阀自动关。

反馈：低压给水调节阀阀位不大于 5%。

第十三步：

指令：程控结束。

反馈：程控结束指令。

5.6 余热锅炉模拟量控制系统

余热锅炉模拟量控制系统以汽包水位控制为例，它的任务是维持汽包水位稳定在设定值。由于汽包水位可以间接地表示锅炉负荷和给水的平衡关系，因此维持汽包水位是保证机炉安全运行的重要条件。锅炉汽包水位过高，会影响汽包内汽水分离装置的正常工作，造成出口蒸汽水分含量过多，导致过热器管壁结垢而被烧坏，同时还会使过热汽温急剧变化，直接影响机组的安全稳定运行；汽包水位过低，则可能影响锅炉水循环，造成水冷壁管供水不足而烧坏。

单冲量控制系统不能消除虚假水位带来的影响，对负荷变化的反应滞后，对给水流量的干扰不能及时克服。故在此基础上三冲量控制系统引入蒸汽流量，作为前馈信号，可以纠正“虚假水位”引起的误动作，并引入给水流量信号形成副回路调节，由此可消除内扰，使控制品质有了较大的提高。

以高压汽包为例，汽包水位三冲量控制系统方框图如图 5-17 所示。

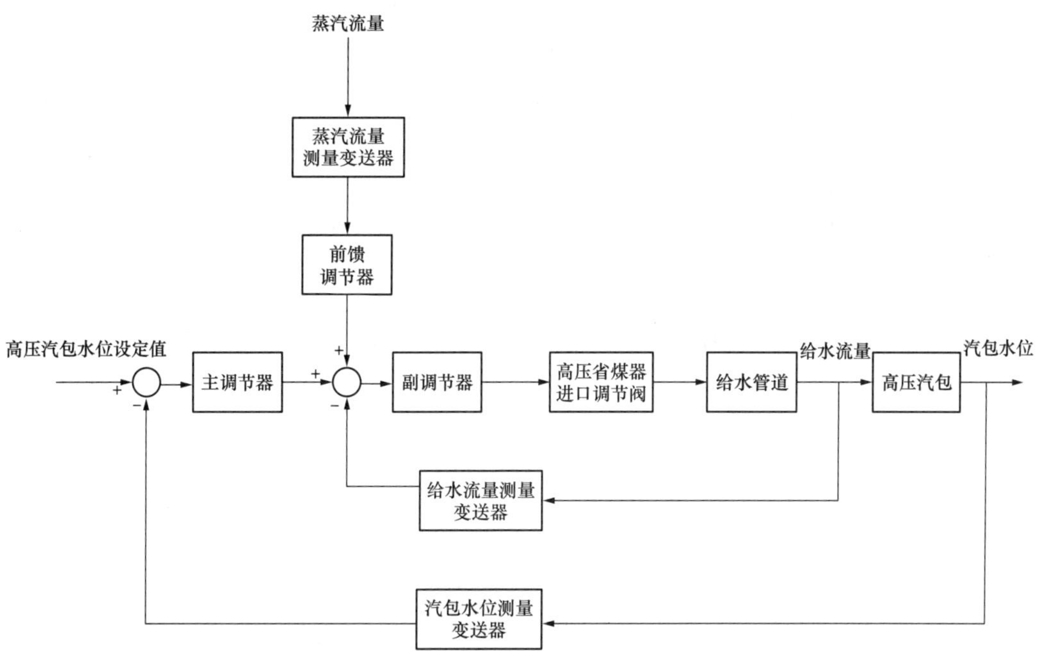

图 5-17 高压汽包水位三冲量控制系统框图

以下是对汽包水位单冲量控制与三冲量控制切换方式与切换条件的详细介绍。

5.6.1 高压汽包水位控制

由于高低负荷下水位特性不同，在负荷升高时，需要从单冲量控制无扰切换至三冲量控制，高压汽包水位单 / 三冲量控制及切换方式如图 5-18 所示。

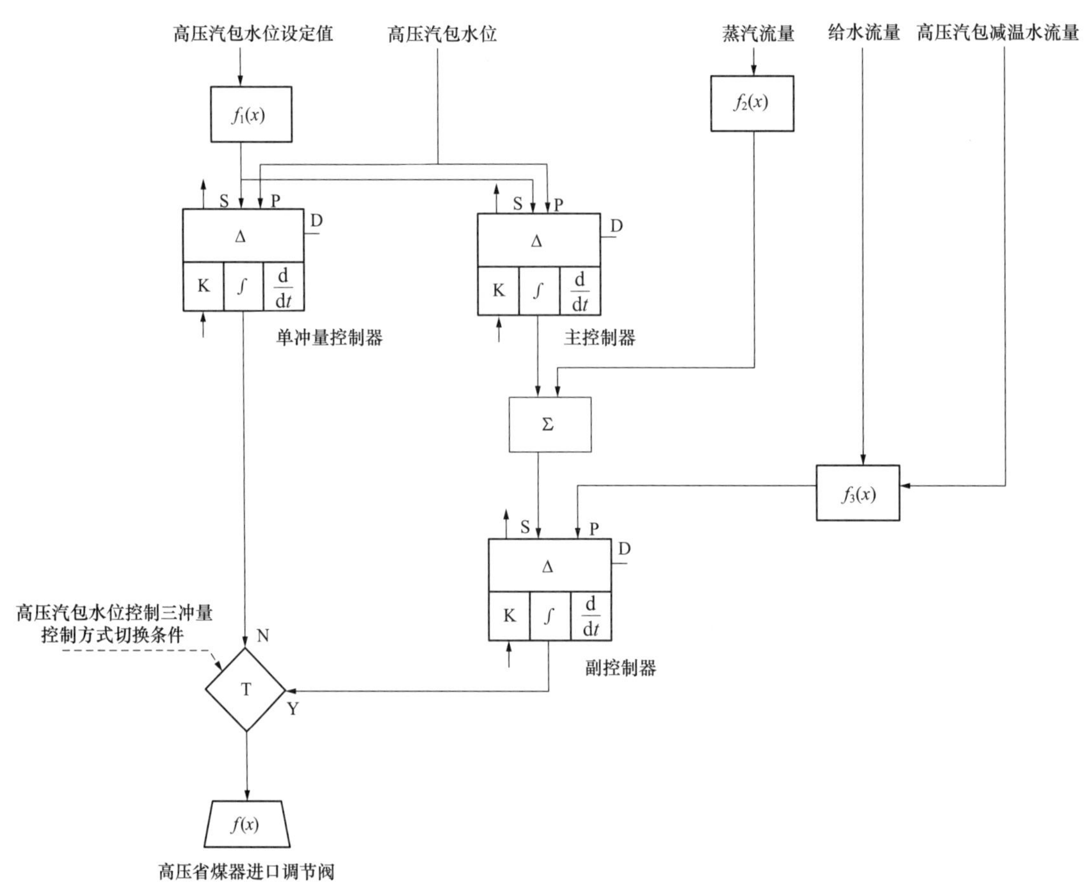

图 5-18　高压汽包水位单冲量 / 三冲量控制及切换方式示意图

5.6.1.1　高压汽包水位单冲量控制

切换为单冲量控制方式前提条件：高压省煤器进口调节阀（高压给水调节阀）自动运行状态。

指令：高压省煤器进口调节阀指令。

5.6.1.2　高压汽包水位三冲量控制

单冲量控制切换为三冲量控制条件（以下条件逻辑与）：

（1）高压蒸汽流量（三取中）信号不小于 120t/h；

（2）高压蒸汽流量信号（三取一）好质量；

（3）高压给水流量信号（三取一）好质量；

（4）高压省煤器进口调节阀自动运行状态；

（5）高压蒸发器定期排污门已关，并延时 300s。

高压汽包水位三冲量控制切换条件如图 5-19 所示。

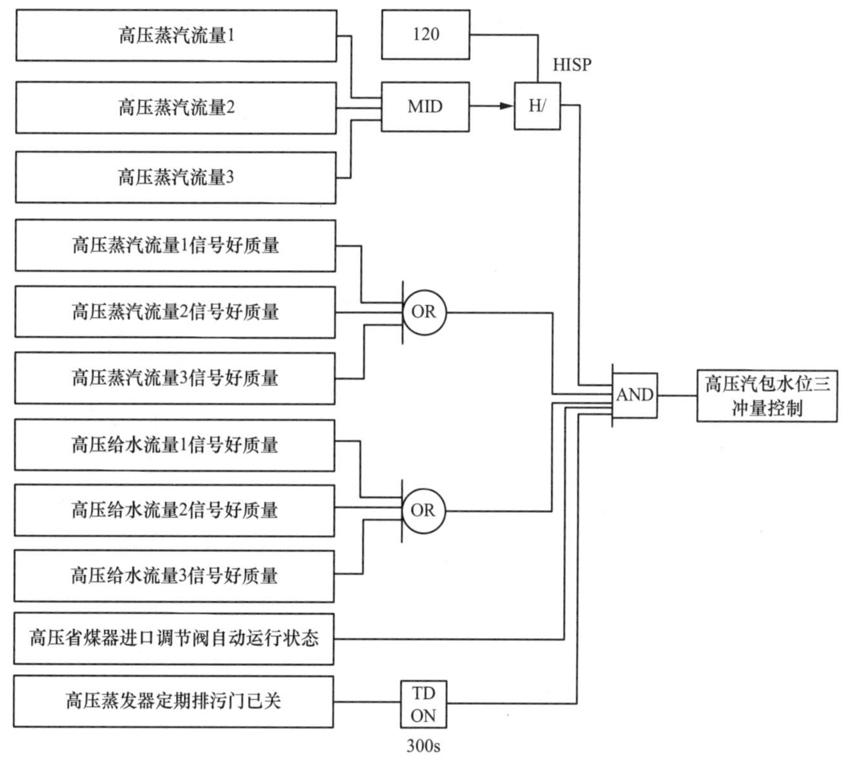

图 5-19 高压汽包水位三冲量控制切换条件

5.6.2 中压汽包水位控制

中压汽包水位单冲量 / 三冲量控制及切换方式如图 5-20 所示。

5.6.2.1 中压汽包水位单冲量控制

切换为单冲量控制方式前提条件：中压给水调节阀自动运行状态。

控制指令：中压给水调节阀指令。

5.6.2.2 中压汽包水位三冲量控制

单冲量控制切换为三冲量控制条件（以下条件逻辑与）：

（1）中压蒸汽流量（三取中）信号不小于 350t/h；

（2）中压蒸汽流量信号（三取一）好质量；

（3）中压给水流量信号（三取一）好质量；

（4）中压给水调节阀自动运行状态；

（5）中压蒸发器定期排污门已关，并延时 300s。

中压汽包水位三冲量控制切换条件如图 5-21 所示。

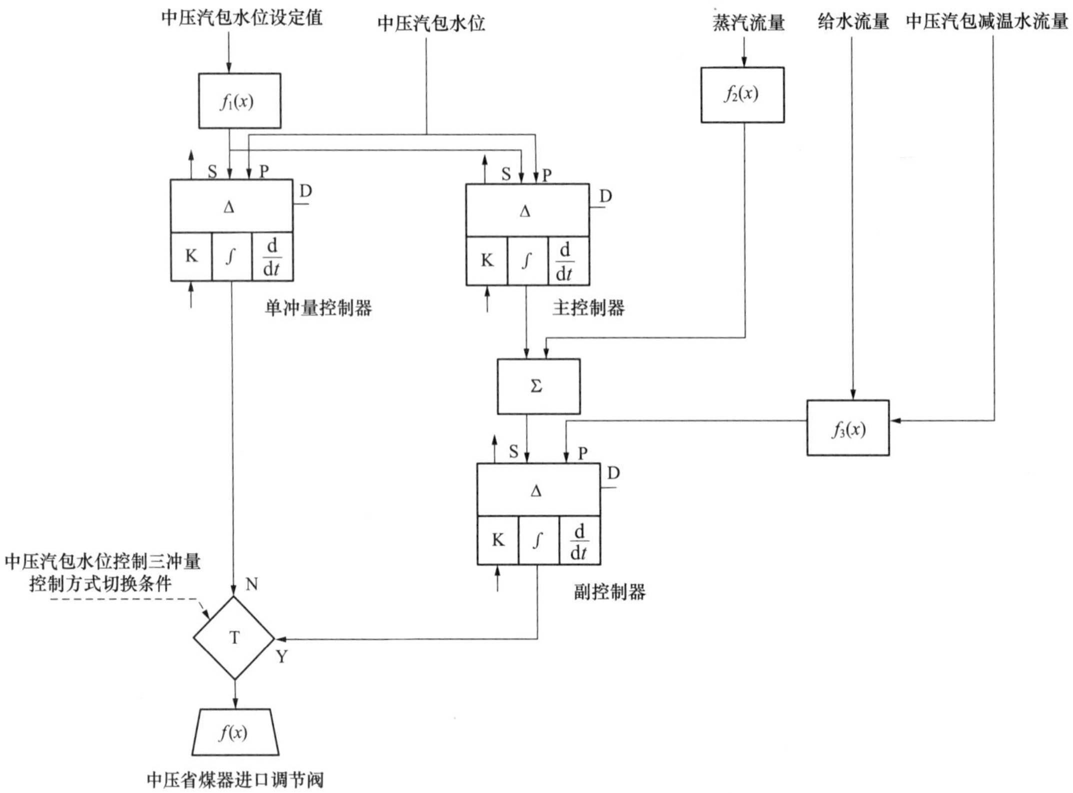

中压汽包水位设定值
中压汽包水位
蒸汽流量
给水流量
中压汽包减温水流量
$f_1(x)$
$f_2(x)$
$f_3(x)$
S
P
D
Δ
K
∫
d/dt
单冲量控制器
主控制器
Σ
副控制器
中压汽包水位控制三冲量
控制方式切换条件
N
T
Y
$f(x)$
中压省煤器进口调节阀

图 5-20　中压汽包水位单冲量 / 三冲量控制及切换方式示意图

中压蒸汽流量1
中压蒸汽流量2
中压蒸汽流量3
350
MID
H/
HISP
中压蒸汽流量1信号好质量
中压蒸汽流量2信号好质量
中压蒸汽流量3信号好质量
OR
中压给水流量1信号好质量
中压给水流量2信号好质量
中压给水流量3信号好质量
OR
AND
中压汽包水位三
冲量控制
中压给水调节阀自动运行状态
中压蒸发器定期排污门已关
TD
ON
300s

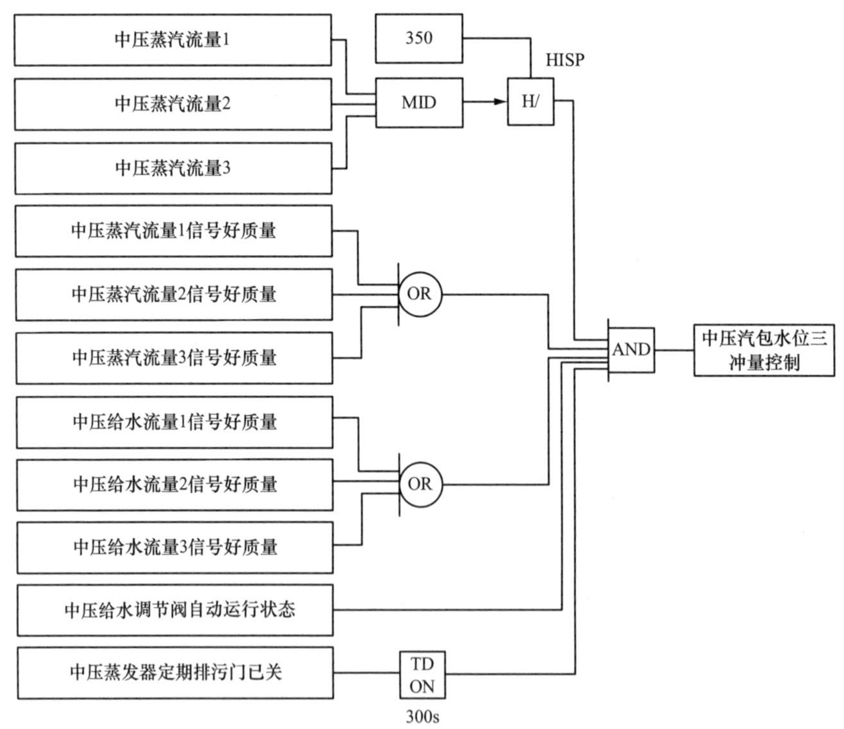

图 5-21　中压汽包水位三冲量控制切换条件

5.6.3　低压汽包水位控制

低压汽包水位单冲量 / 三冲量控制的切换方式如图 5-22 所示。

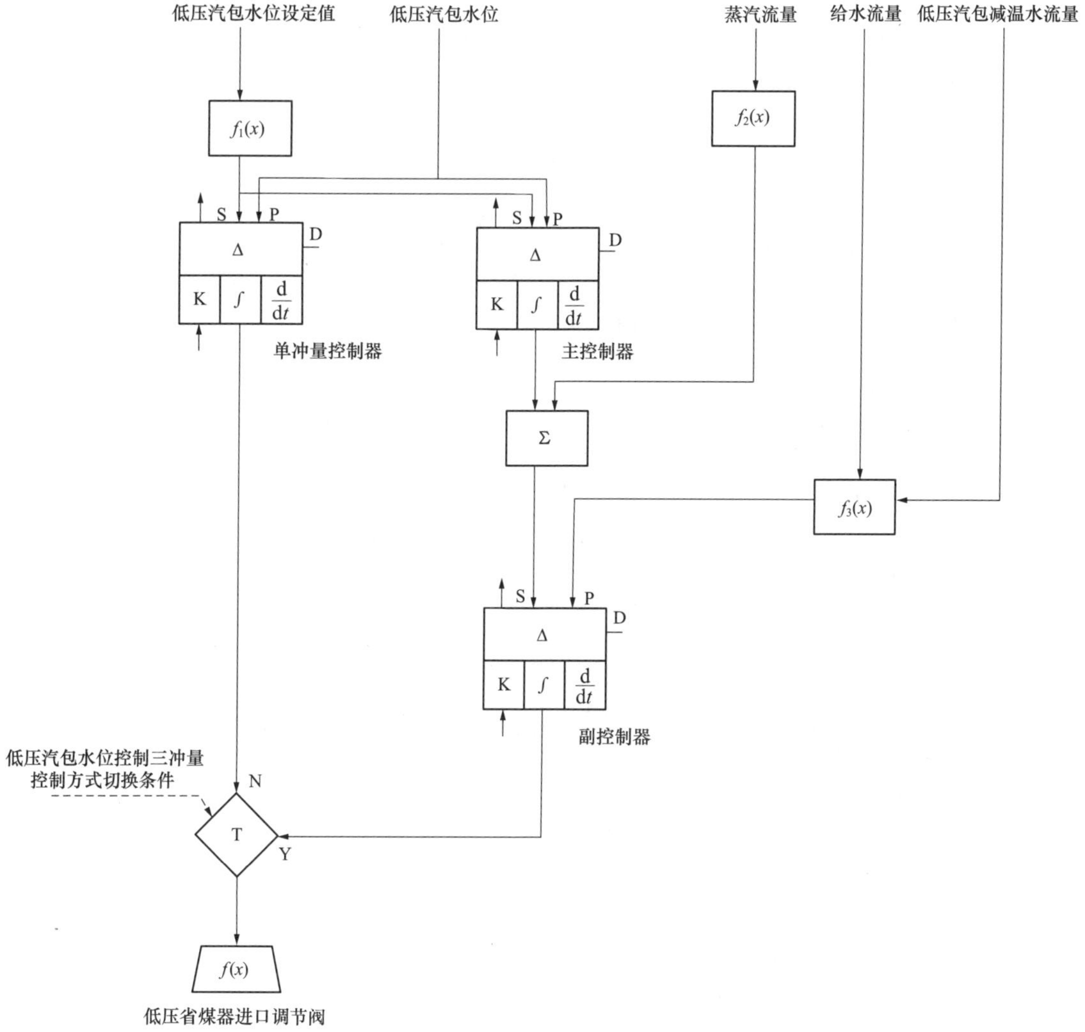

图 5-22　低压汽包水位单 / 三冲量控制及切换方式图

5.6.3.1　低压汽包水位单冲量控制

低压汽包水位控制切换为单冲量控制方式的条件：低压蒸汽流量三取中信号不大于 200t/h。

控制指令：低压给水调节阀指令。

5.6.3.2　低压汽包水位三冲量控制

单冲量控制切换为三冲量控制条件（以下条件逻辑与）：

（1）低压蒸汽流量（三取中）信号不小于 350t/h；

（2）低压蒸汽流量信号（三取一）好质量；

（3）低压给水流量信号（三取一）好质量；

（4）低压给水调节阀自动运行状态；

（5）低压蒸发器定期排污门已关，并延时 300s。

如图 5-23 所示。

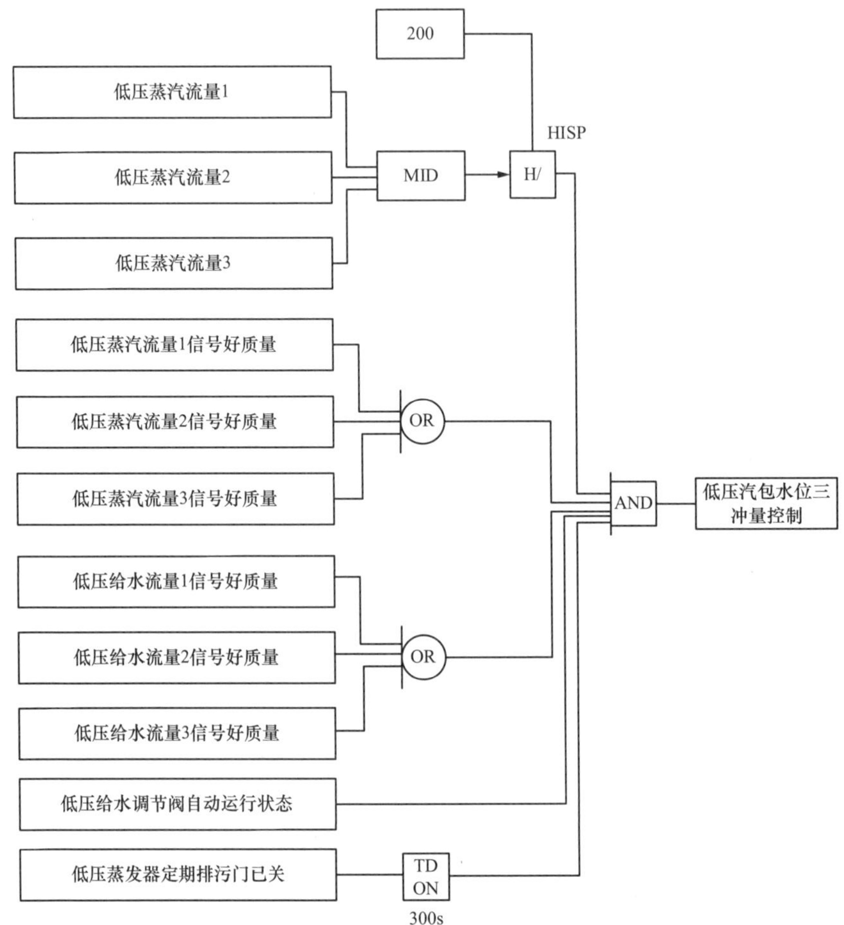

图 5-23　低压汽包水位三冲量控制切换条件

5.7　小结

本章首先简要介绍了余热锅炉控制系统的基本组成，然后从硬件的角度详细分析了余热锅炉控制系统的 DCS 组成，以及每一部分相应的模件配置，其次详细介绍余热锅炉控制系统中的保护系统以及开关量控制系统的功能，继而详细介绍余热锅炉控制系统中的顺序控制系统的功能，最后详细介绍汽包水位控制策略的基础上介绍模拟量控制系统的功能。

6 控制系统可靠性分析方法

前述章节详细介绍了燃气–蒸汽联合循环发电机组各控制系统的基本原理，本章将在此基础上对其进行可靠性分析。

首先将阐述可靠性研究的发展及其在工业领域中的重要性，然后给出可靠性相关的指标，接着介绍 FMEA 法、可靠性框图法及故障树法。最后，将对燃气–蒸汽联合循环发电机组控制系统所使用的模件进行可靠性分析。

6.1 概述

根据 GJB 451A（国家军用标准）的定义：可靠性指产品在规定的条件下和规定的时间内，完成规定功能的能力。其中，规定条件包括使用时的环境条件、使用条件和维修条件，规定时间指产品规定的任务时间。由于随着产品任务时间的增加，产品出现故障的概率将增加，而产品的可靠性将是下降的，因此讨论产品的可靠性离不开规定的任务时间。规定功能是指产品规定的必须具备的功能及其技术指标。这里所指的完成规定功能是指完成所有功能。所要求产品功能的多少和其技术指标的高低直接影响到产品可靠性指标的高低。

因此，对于不同产品，在不同条件和不同时间的可靠性分析也会有所差别。对于控制系统可靠性分析而言，早在 19 世纪 60 年代，就已经出现数种模型用于控制系统的可靠性分析。下面将对可靠性分析的定性方法和定量方法进行概括，包括针对每种模型在控制系统中应用的可行性研究。

20 世纪六十年代始，可靠性就已经被看作评价性能的指标。Von Braun 提出了最早的用于复杂的 Vengeance Weapon 2（V–2）导弹系统失效的可靠性模型。之后，Pieruschka 对该模型进行了改进，并且证明在特定的预设条件下，系统可靠性可以通过组件的可靠性来评估。这被认为是现代第一个可靠性预估模型。此后，不断有其他研究人员对此项研究进行拓展和深化，并且发展了大量的可靠性模型。随着控制系统的复杂度和对控制系统的依赖度增加，对细化后的系统的可靠性研究需求也在增加。因此出现了用来将系统分化为子系统的观念与方法。

控制系统的可靠性也可以理解为一个模件 / 子系统 / 系统在规定的运行环境和特定连续时间下成功执行其所要求功能的概率，由此产生相关的可靠性指标，包括失效率、平均故障时间（mean time to failure，MTTF）、平均维修时间（mean time to repair，MTTR）、平均故障间隔时间（mean time between failure，MTBF）等。

产品规定功能的丧失称为失效，对于可修复产品来说，这种失效称为故障。失效率在规划用于可靠性分析的数学模型过程中起到至关重要的作用。产品的失效率定义为单位时间内失效产品的数量。一般，失效的发生源于设计过程中未发现的瑕疵、产品的瑕疵或者组装错误、误操作、振动、不寻常的承受压力经常导致使用寿命衰减，我们无法完全消除此类现象造成的影响，甚至最好的设计和安全技术也无法做到。起初，硬件失效率被假定为一个常数，后来出现了经典浴盆曲线来表征失效率随时间的变化趋势，某些产品刚投入的时候有可能立即产生故障，部分产品此时没有出现故障，但仍会在一定时期以后陆续出现故障。

目前，针对硬件系统有多种可靠性分析方法。从根本上说，硬件可靠性建立在对硬件失效的检测方式的基础上，取决于它的客观环境（功能概述、人为操作、运行界面和温度）。组件物理失效是硬件元件可靠性分析过程中的重要因素。

而软件可靠性没有显示出类似硬件可靠性的相同的特征。在软件可靠性案例中，在运行期间由于连续的缺陷识别和除错过程使得失效率不是一个常数。而且，软件没有磨损和裂纹，也因此软件失效率在运行期间之外并不会存在硬件失效率所存在的上升现象。

国际标准化组织以及国内外针对可靠性的相关部门针对可靠性和安全性领域颁发了不同的标准，这些标准被人们所广泛熟知，包括：① MIL-STD-721，该标准规定：基于指定条件和指定测量周期，失效率为产品群体内失败产品的数量以及该产品群体的生命周期（总体运行时间），在整个特定情况下的特定测量期间；② IEC 61709，该标准全部关于失效率的使用方法并且强调用于电子元件的可靠性预测的模型转换方法。然而，该标准不能提供具体的失效率估计算法；③ NASA-STD-8719.13 安全标准在软件获取和改进控制系统方面提供了指引；并且提供了必要的数据、不同软件活动和详细的文件。当我们分析控制系统可靠性到达底部元件时，上述标准是我们分析工作的重要参考。

以下为可靠性预测与控制系统可靠性分析的主要内容：①寻找满足可靠性需求的可行性方案；②判断指定的设计是否满足目标可靠性需求；③常用来比较不同拓扑结构、控制策略和元件；④帮助规划系统运行与维修策略；⑤常用来预测保修成本和维修时间来满足需求；⑥潜在的风险评估；⑦为安全性分析提供输入；⑧为后勤维修提供参考。目前，针对上述内容有许多有效的分析方法，但是每种方法都不能保证涵盖以上所有内容。

6.2　可靠性指标

上述提到的可靠性指标，都可以从数学角度推导得出。

可靠性函数 $R(t)$、失效函数 $F(t)$ 和失效率或者风险率 $\lambda(t)$ 可以用式（6–1）来表示，即

$$\begin{aligned}\lambda(t) &= \lim_{\tau \to 0} \frac{1}{\tau}\left\{\frac{R(t)-R(t-\tau)}{R(t)}\right\} \\ &= \frac{1}{R(t)}\frac{\mathrm{d}R(t)}{\mathrm{d}t} \\ &= -\frac{\mathrm{d}}{\mathrm{d}t}\left[\ln R(t)\right]\end{aligned} \tag{6-1}$$

式中：t 为时间，在 t 时刻之前没有失效发生；τ 为一个短时间周期，并且 $\tau>0$。

式（6–1）中的可靠性函数 $R(t)$ 计算式为

$$R(t) = \exp\left[-\int_0^1 \lambda(t)\mathrm{d}t\right] \tag{6-2}$$

为便于分析，许多可靠性模型假定失效率为常数与时间独立，$\lambda(t)=\lambda$。因此式（6–2）可以写为

$$R(t) = \exp(-\lambda t) \tag{6-3}$$

该指标在可靠性工程的应用中相当重要，以便于对控制系统中的关键元件进行替代和维修。

在燃气 – 蒸汽联合循环机组控制系统可靠性分析中，还存在三个非常重要的指标：*MTTF*、*MTTR*、*MTBF*。

MTTF 表征的是产品的平均寿命，即一个控制系统在该时间范围内能够持续运行的期望时间。*MTTF* 可用于判断重新设计的控制系统是否优于先前的系统。需要注意的是，*MTTF* 基于一个假设，即失效的系统不能被修复（或说修复时间无限大）。这项指标可以指示系统的寿命分布，但是不能提供关于系统失效的分布信息。有助于策划预防性措施来避免控制系统误操作。

MTTF 和可靠性函数 $R(t)$ 的关系可以用式（6–4）表示，即

$$MTTF = \int_0^{\infty} R(t)\,\mathrm{d}t \tag{6-4}$$

如果将失效率作为一个常数，即 $\lambda(t)=\lambda$，则式（6–4）变为

$$MTTF = \frac{1}{\lambda} \tag{6-5}$$

MTTR 是另一个常用的指标，指系统从发生故障到维修结束之间的时间段的平均值。需要注意的是，它不但包括确认失效发生所必需的时间，还包括维护所需要的时间。与 *MTTF* 的不同之处在于，它用于表征可以被修复的产品，数学上，*MTTR* 表示为

$$MTTR=\frac{\text{确认失效总时间}+\text{维护所需总时间}}{\text{维修数量}} \tag{6-6}$$

MTBF 指系统两次故障发生时间之间的时间段的平均值，也被称为平均故障间隔，从数量角度看，*MTBF* 是 *MTTR* 与 *MTTF* 的和。它仅适用于可维修的产品，同时也规定产品在总的使用阶段累计工作时间与故障次数的比值，可用于评估产品的可维修性和可靠度。

由 *MTBF*、*MTTF*、*MTTR* 三者的关系，提出有效性这一指标。有效性是衡量系统在未来能够在指定时间内运行的可能性。平均有效性预示在平均时刻下的系统均处于在指定时间框架下的运行状态。对于一个可维修系统，如果无论何时系统失效之后都可以被修复为“焕然一新”，平均有效性可以表示为

$$A_{avg}=\frac{MTTF}{MTBF}=\frac{MTTF}{MTTF+MTTR} \tag{6-7}$$

因此，可以通过提高 *MTTF* 并降低 *MTTR* 来提升有效性。平均有效性不能显示失效的频率或维修需要。出于这个原因，该指标仅用于分析可维修系统，它的意义是，可以将有效性作为可靠性的对照。

该指标对于类似核电厂的停机系统一样必须满足要求的控制系统非常重要，比如必须具备隔离功能来避免辐射向公共区域泄漏等。

除了上述非常典型的指标外，还有一些重要的指标：

（1）需求失效概率：该指标可以用来特指需求来临时系统失效的概率。该指标对于在需要的时候陈旧却相对频繁使用的系统非常有用。该类指标对于运行需求稀少但是如果系统失效会造成严重威胁的关键控制系统比较合适。

（2）失效率：同样表示的是系统发生失效的概率，可以通过系统执行的次数或者一定时间周期来实现对该指标的监测。

（3）指定输出的失效概率：该指标是基于软件失效的系统指定输出的概率。

在介绍一些可靠性相关指标后，下面对可靠性分析的经典方法进行阐述。

6.3 失效模式和影响分析

6.3.1 概述

失效模式和影响分析 FMEA 是用于发现问题的一种系统化的技术。它是一种“自底向上”的方法，由系统内所有部件的一个详细的列表开始，一次一个部件地分析整个系统。系统也可以分层次地划分为一些子系统和模件，层次结构中的每一个部分均可以进行 FMEA 分析。

6.3.2 步骤

FMEA 过程至少包含以下环节：①列出所有的部件。②对每一个部件列出其全部失效模式。③对每一个部件或失效模式，列出它在更高一个层次中的影响。④对每一个部件或失效模式，列出影响的严重性。

进行系统的 FMEA 的一般步骤如图 6-1 所示。

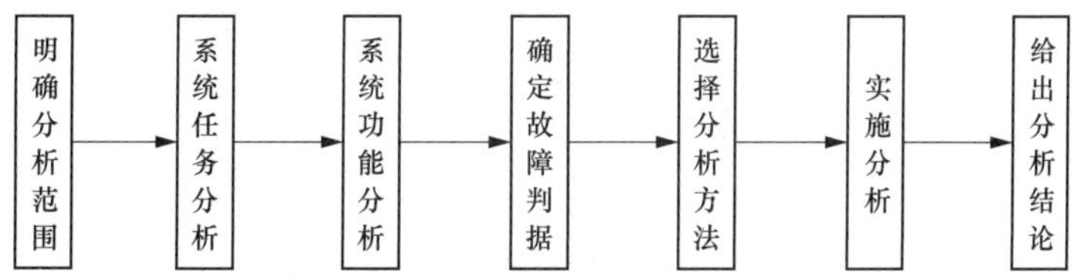

图 6-1 FMEA 步骤

（1）明确分析范围。根据系统的复杂程度、重要程度、技术成熟性、分析工作的进度和费用约束等，确定系统中进行 FMEA 的产品范围。

（2）系统任务分析。描述系统的任务要求及系统在完成各种任务时所处的环境条件。系统的任务分析结果一般用任务剖面来描述。

（3）系统功能分析。分析明确系统中的产品在完成不同的任务时所应具备的功能、工作方式及工作时间等。

（4）确定故障判据。制定与分析判断系统及系统中的产品正常与故障的准则。

（5）选择 FMEA 方法。根据分析的目的和系统的研制阶段，选择相应的 FMEA 方法，制定 FMEA 的实施步骤及实施规范。

（6）实施 FMEA 分析。FMEA 包括故障模式分析、故障原因分析、故障影响分析、故障检测方法分析与补偿措施分析等步骤。故障模式分析是找出每一个故障模式产生的原因。故障影响分析是找出系统中的每一产品（或功能、生产要素、工艺流程、生产设备等）每一可能的故障模式所产生的影响，并按这些影响的严重程度进行分类。故障检测方法分析是分析每一种故障模式是否存在特定的发现该故障模式的检测方法，从而为系统的故障检测与隔离设计提供依据。补偿措施分析是针对故障影响严重的故障模式，提出设计改进和使用补偿的措施。

（7）给出 FMEA 结论。根据故障模式影响分析结果，找出系统中的缺陷和薄弱环节，并制定和实施各种改进与控制措施，以提高可靠性。

FMEA 对于识别系统中的灾难性失效是非常有效的，采用 FMEA 的主要原因之一是它可以指导修改设计，以避免重大事故的发生。因此，进行 FMEA 的最佳时间是项目的设计期间。FMEA 应该在系统设计可变更、但不会影响整个项目进程的阶段进行。在理想情况下，FMEA 之后使系统将不存在重大失效。一切尽在掌握之中。

FMEA 也提供了可靠性和安全性评估所需要的重要文件，同时找出了在更高层次上建模所必需的部件或模件的各种失效模式。

FMEA 方法可以被扩展到包括电路、模件、单元或系统诊断能力的评估。

应用 FMEA 时，应注意以下问题：① FEMA 工作应与产品的设计同步进行，这将有助于及时发现设计中的薄弱环节并为安排改进措施的先后顺序提供依据。②对产品研制的不同阶段，应进行不同程度、不同层次的 FMEA。使 FMEA 随时反映设计、工艺上的变化，并随着研制阶段的展开而不断补充、完善和反复迭代。③ FMEA 分析中应加强规范化工作，以保证产品 FMEA 的分析结果具有可比性。④应对 FMEA 的结果进行跟踪与分析，以验证其正确性和改进措施的有效性。

6.4 可靠性框图法

可靠性框图是预计或估算产品的可靠性所建立的可靠性方框图和数学模型。其与系统原理图、流程图不能混为一谈。

可靠性框图用以估计产品在执行任务过程中完成规定功能的概率，系统中储备单元越多，则其可靠性越高。对系统的构成、原理、功能、接口等各方面深入的分析是建立正确的系统可靠性模型的前提。

可靠性框图模型有串联模型、并联模型、表决模型等。

（1）串联系统可靠性框图模型。一个串联系统定义为这样一个系统，在该系统内的所有部件都必须正常工作，该系统才能工作，如图 6-2 所示，图中用每一个方框表示一个单元或功能发生故障。从不利的方面看，在一个串联系统中，任何一个部件故障就会导致系统故障。

图 6-2　串联系统可靠性框图模型

在串联系统中，求取相关可靠性指标一般来说是很容易的。如果第 i 个方框的可靠度用 $R_i(t)$ 表示，那么整个串联系统的可靠度计算式为

$$R_s(t)=\prod_{i=1}^{n}R_i(t)=\prod_{i=1}^{n}e^{-\int_0^t \lambda_i(t)\mathrm{d}t} \tag{6-8}$$

（2）并联系统可靠性框图模型。如果系统中任何一个部件能够正常工作，该系统就能正常工作。从不利的方面来看，并联系统仅当所有部件均发生故障时，系统才故障。并联系统具有容错功能，这一点是通过冗余来实现的。

考虑有 n 个部件的并联系统。假设部件的故障是独立的，只要其中有一部件正常工作，系统就会正常工作，如图 6-3 所示。

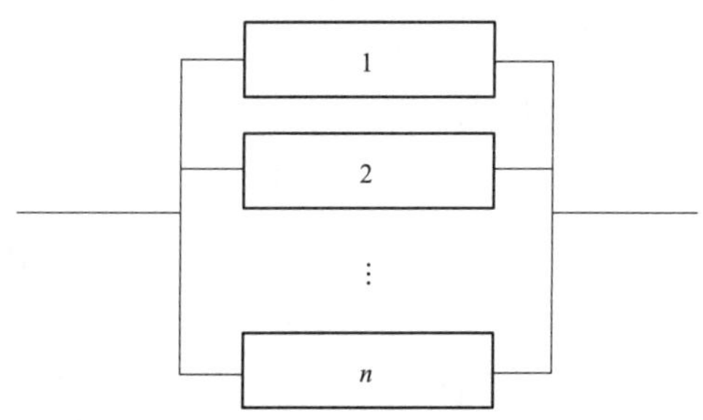

图 6-3　并联系统可靠性框图模型

在并联系统中，如果每个方框的可靠度用 $R_i(t)$ 表示，那么整个串联系统的可靠度计算式为

$$R_s(t) = 1 - \prod_{i=1}^{n}\left[1 - R_i(t)\right] \tag{6-9}$$

（3）表决模型。表决系统用 r/n 表决模型来表示，其中的 n 代表组成系统的单元个数，r（$1 \leqslant r \leqslant n$）代表系统正常时所需的最小正常单元数，即正常的单元数大于或等于 r 时系统就不会故障，表决模型。它是工作贮备模型的一种形式，如图 6-4 所示。

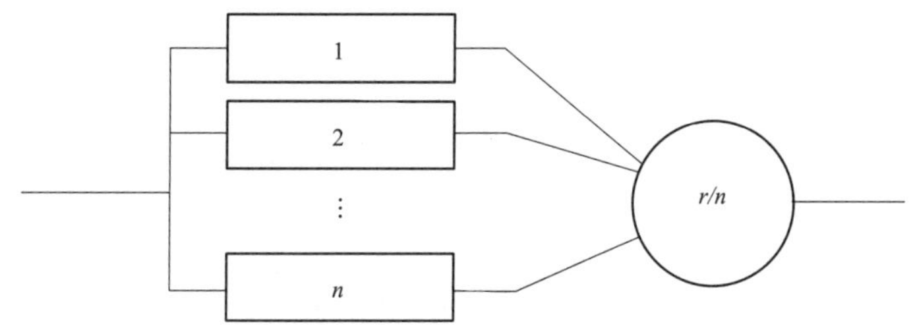

图 6-4　r/n 表决模型

在 r/n 表决系统中，如果各单元相同，可靠度均用 $R(t)$ 表示，表决器的可靠度用 R_m 表示，那么整个表决系统的可靠度如式（6-10）所示。

$$R_s(t) = R_m \sum_{i=r}^{n} C_n^i R(t)^i \left[1 - R(t)\right]^{n-i} \tag{6-10}$$

6.5　故障树法

6.5.1　概述

故障树是一种自顶向下识别系统故障的方法。该方法由贝尔实验室的 H.A.Watson 于 1961 年提出，它帮助人们发现复杂系统中的设计问题，是对 FMEA 方法的很好补充。它注重故障发生的层次和逻辑，需要采用推理方法来找出问题的所在，非常适合找出造成问题的多个故障，且有助于针对性分析一种类型的故障，有助于发现系统的哪一部分与特定的故障相关。

故障树法的目标是使用一张图表明哪些事件的结合可能会导致系统故障，因而指出了系统的薄弱环节。它描述了在各种故障条件下，系统可能会发生的情况，为更详细的可靠性和安全性分析提供了必要的文件。故障树分析主要用于工程设计阶段来发现潜在的设计缺陷，在分析故障或事故原因时，也具有相当大的价值。所有的引发事件和起作用的事件都可以用图形方式形成文件，用以表示事件和事故之间的整体关系。

故障树法是一种将系统故障形成的原因由总体到部分，按树枝状逐级细化的分析方法。它以系统最不希望发生的故障状态作为分析的目标（顶事件），找出直接导致这一故障发生的全部因素（中间事件）；再寻找出造成下一级中间事件发生的全部因素；按此方式一直追查到那些原始的、其故障机理或概率分布都是已知的、无需再深究的因素（底事件）为止。将系统的故障与这些底事件和中间事件之间的逻辑关系用逻辑门联结起来形成树形图，用以表示系统故障与部件故障之间的关系；通过计算找出系统发生故障或不发生故障的各种途径。在此基础上，利用概率论方法计算系统出现故障的概率，评价引发系统故障的各种因素的重要程度。故障树分析方法具有直观形象、灵活多用、多目标、可计算的特点，适用于对复杂系统的可靠性进行评价。

6.5.2 故障树分析常用符号

故障树中的事件用于描述系统和元部件故障的状态。故障树中常用事件的符号见表6–1。

表 6–1　　故障树常用事件符号

序号	符号	名称	说明
1		基本事件（底事件）	它是元部件在设计的运行条件下所发生的随机故障事件，一般来说它的故障分布是已知的。为进一步区分故障性质，又可用实线圈表示部件本身故障，虚线圈表示由人为错误引起的故障
2		未开展事件（底事件）	一般用以表示那些可能发生，但概率值很小，或者对此系统而言不需要再进一步分析的故障事件，它们在定性、定量分析中一般都可以忽略不计
3		顶事件	人们不希望发生的对系统技术性能、经济性、可靠性和安全性有显著影响的故障事件，可由 FMEA 分析确定
		中间事件	故障树中除底事件及顶事件之外的所有事件

故障树中事件之间的逻辑关系是由逻辑门表示的，它们与事件一同构成了故障树。故障树常用的逻辑门是逻辑“与门”和逻辑“或门”，其余逻辑门在某种程度上都可以简化为逻辑“与门”和逻辑“或门”。故障树常用的逻辑门及其符号如表 6–2 所示。

表 6-2 逻辑门及其符号

序号	符号	名称	说明
1	A B_i	与门	设 $B_i\ (i=1,2,\cdots,n)$ 为门的输入事件，A 为门的输出事件。B_i 同时发生时，A 必然发生，这种逻辑关系称为事件交，用逻辑“与门”描述
2	A B_i	或门	当输入事件 B_i 中至少有一个发生时，则输出事件 A 发生，这种关系称为事件并，用逻辑“或门”描述
3	A B_1 B_2	异或门	输入事件 B_1、B_2 中任何一个发生都可引起输出事件 A 发生，但 B_1、B_2 不能同时发生
4	A r/n B_i	表决门	设 $B_i\ (i=1,2,\cdots,n)$ 为门的输入事件，n 个输入中至少有 r 个发生，则输出事件 A 发生；否则输出事件 A 不发生

6.5.3 建立故障树的步骤

建立故障树的步骤如下：

（1）广泛收集并分析系统及其故障的有关资料，包括系统设计资料、实验资料、维护资料、用户信息等。

（2）选择顶事件。顶事件的选取根据分析的目的不同，可分别考虑对系统技术性能、经济性、可靠性和安全性影响显著的故障事件。

（3）建造故障树。对于复杂系统，建树时应按系统层次逐级展开。

（4）简化故障树。在明确定义系统接口和进行合理假设的情况下，可以对所建故障树进行必要的简化。对于复杂庞大的故障树，可采用模块分解法、逻辑简化法和早期不交化方法等进行合理简化。

建立故障树需要注意尽量简化故障树，对于其中的故障事件，特别是顶事件必须严格定义，将对象的抽象描述具体化。建立故障树时，应从上向下逐级建树，不允许门与门直接相连。

6.6 控制系统模件可靠性分析

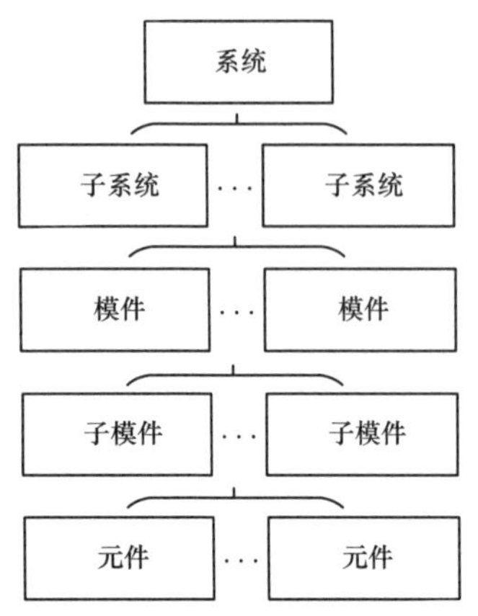

图 6-5 系统层次图

为进行控制系统的可靠性分析，必须仔细考察该系统的所有层次。出于安全性和可靠性的目的，定义了几个层次，“系统”是由一些“子系统”组成的，“子系统”是由“模件”组成的，“模件”是由“子模件”组成的，而“子模件”是由“元件”组成的，如图 6-5 所示。

许多实际的控制系统正是由这种方式构造的。尽管系统结构可以用其他方式进行定义，但这些层次在用来分析安全性和可靠性时是最佳的，对于存在冗余的系统的分析尤其如此。

联合循环发电机组控制系统的各个部分，所使用的模件都是相同或相似的型号。这是因为同一电厂的 DCS 控制系统一般只由一个生产厂家提供，即使性能参数有一定差异，但在系统中所承担的功能也是相似的。正是由于模件的通用性，所以本节分析从模件入手，先分析其内部构造和所承担的功能，再进行可靠性分析。所使用的方法为前面所讲述的 FMEA 法以及可靠性框图法。FMEA 用于发现问题，由系统内所有部件的一个详细的列表开始，一次一个部件地分析整个系统，将每个部分的故障调查详细，一目了然。对于通用部分的 DCS 系统模件来说，更多地关注其各模件的冗余数量以及冗余方式对故障产生的影响。由于其模件的独立性，因此可不考虑部件故障之间的逻辑关系。从模件级开始入手的分析方式并不符合故障树自顶向下的特点。因此，在分析模件可靠性时使用可靠性框图法比故障树法更为合适。

本节完成从元件到子模件与模件级的分析，而从模件级上升到子系统级或系统级分析参考第 7 章、第 8 章和第 9 章的可靠性框图法部分。

典型控制系统模件主要包括主控制器模件、Profibus DP 通信模件、以太网通信接口模件以及 I/O 模件四个部分。下面分别对上述模件进行控制系统可靠性分析。

6.6.1 主控制器模件可靠性分析

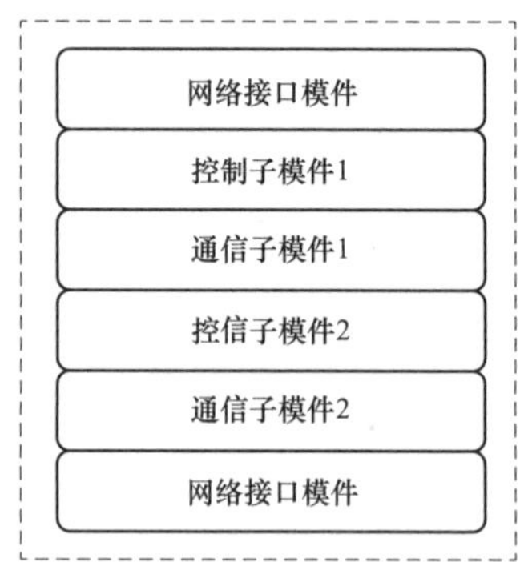

图 6-6 主控制器模件结构

主控制器模件是一个高性能、大容量的过程数据处理和进行过程控制的处理器，用来支持工厂总体的控制需求。主控制器的主要组成部件如图 6-6 所示。

控制子模件执行实际的过程控制和组态管理，通信子模件执行数据传输功能，网络接口模件为通信子模件提供接口以及为整个主控制器模件提供电源。主控制器模件内部各个结构之间的数据传输是通过安装基座直连的，无需布线。

6.6.1.1 控制子模件可靠性分析

控制子模件功能图如图 6–7 所示。

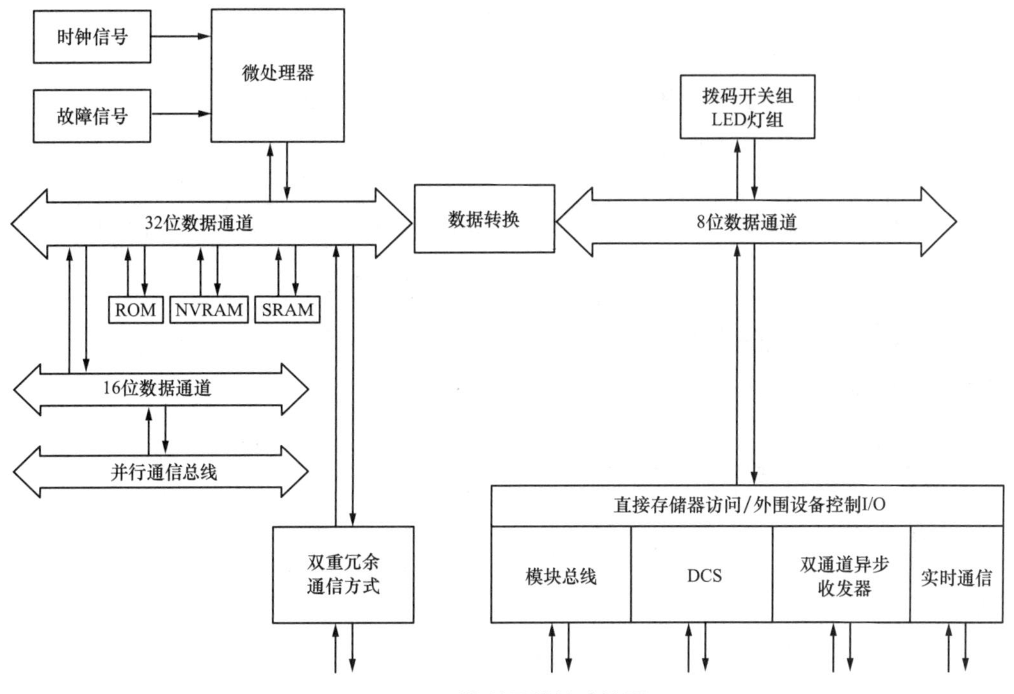

图 6–7 控制子模件功能图

内部细分为以下元件：

（1）微处理器，执行着功能码组态的控制策略，承载着所有的控制责任。

（2）存储器有三个：

1）只读存储器 FLASH ROM，为微处理器保存操作系统指令；

2）动态存储器 DRAM，临时存储和系统组态的拷贝；

3）非易失存储器 NVRAM，存储用户的控制组态。保证当模件断电的时候保留住所存储的信息。

（3）机械故障计时器（MFT）电路。

（4）两个串行接口。

（5）停止 / 复位按钮。

（6）拨码开关：决定操作模式。

（7）LED 灯。

下面分析控制子模件为完成一次控制操作的功能流程：

（1）时钟运行；

（2）机械故障计时器（MFT）电路计时与复位；

（3）微处理器执行运算，输出指令；

（4）只读存储器为微处理器保存操作系统指令；

（5）动态存储器 DRAM 临时存储指令；

（6）拨码开关选择操作方式；

（7）LED 灯根据运行情况亮起。

此外，与外界的信号往来由网络接口与 I/O 侧进行数据交互。

由此，构建控制子模件的可靠性框图如图 6-8 所示。

图 6-8　控制子模件的可靠性框图

6.6.1.2　通信子模件可靠性分析

通信子模件功能图如图 6-9 所示。

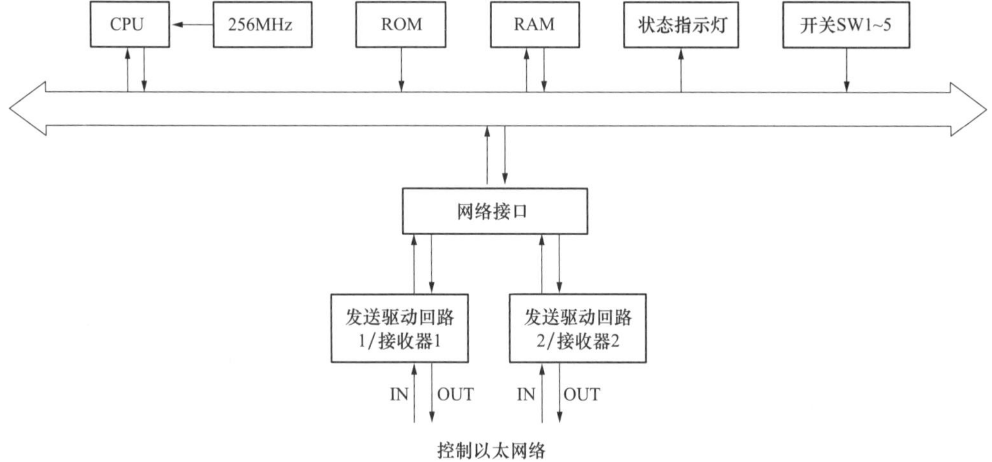

图 6-9　通信子模件功能图

内部细分为以下元件：

（1）微处理器：执行着功能码组态的控制策略，完成控制功能的实现。

（2）存储器有三个：

1）只读存储器 FLASH ROM，为微处理器保存操作系统指令；

2）动态存储器 DRAM，临时存储节点发送的信包，以及 CPU 指令；

3）非易失存储器 NVRAM，存储用户的控制组态。保证当模件断电的时候保留住所存储的信息。

（3）停止 / 复位按钮。

（4）拨码开关（决定操作模式）。

（5）LED 灯。

（6）两个独立的接收通道及独立存储器（使用 DRAM 的一部分）。

（7）一个发送器及两个发送驱动回路。

（8）冗余链：用于与另一个冗余的通信子模件进行数据交互。

分析主控制器模件为了完成一次控制操作，通信子模件的功能流程：

1）接收器接收数据；

2）微处理器输出固件等指令；

3）微处理器对输出数据进行校验；

4）只读存储器为微处理器保存操作系统指令；

5）动态存储器临时存储节点发送的信包，以及 CPU 指令；

6）拨码开关选择操作方式；

7）LED 灯根据运行情况亮起；

8）发送器经过驱动回路输出。

除本身上述功能之外，还需要进行以下功能：

1）冗余链对另一个冗余的通信子模件进行数据交互；

2）对电源进行状态检测。

通信子模件可靠性框图如图 6–10 所示。

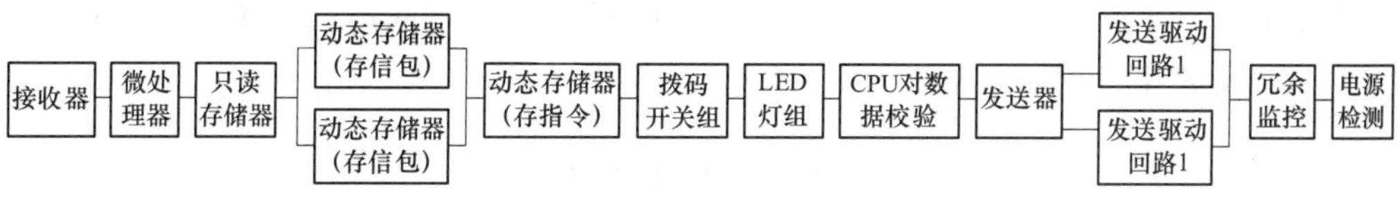

图 6–10　通信子模件可靠性框图

6.6.1.3　主控制器模件整体可靠性分析

网络接口模件的结构和功能如图 6–11 所示。

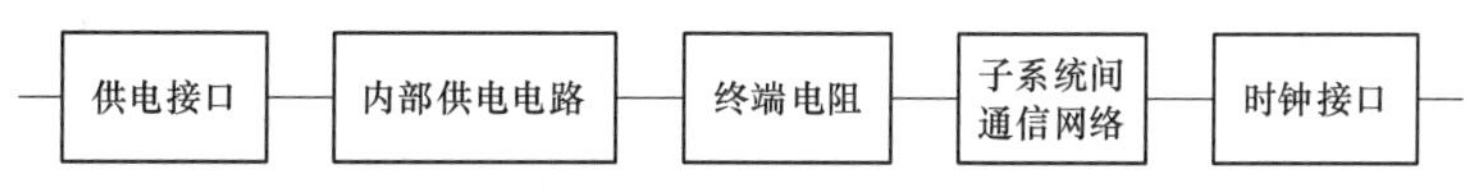

图 6–11　网络接口模件可靠性框图

将各模件的可靠性框图首尾相连，考虑模件数量，主控制器模件的整体可靠性框图如图 6–12 所示。

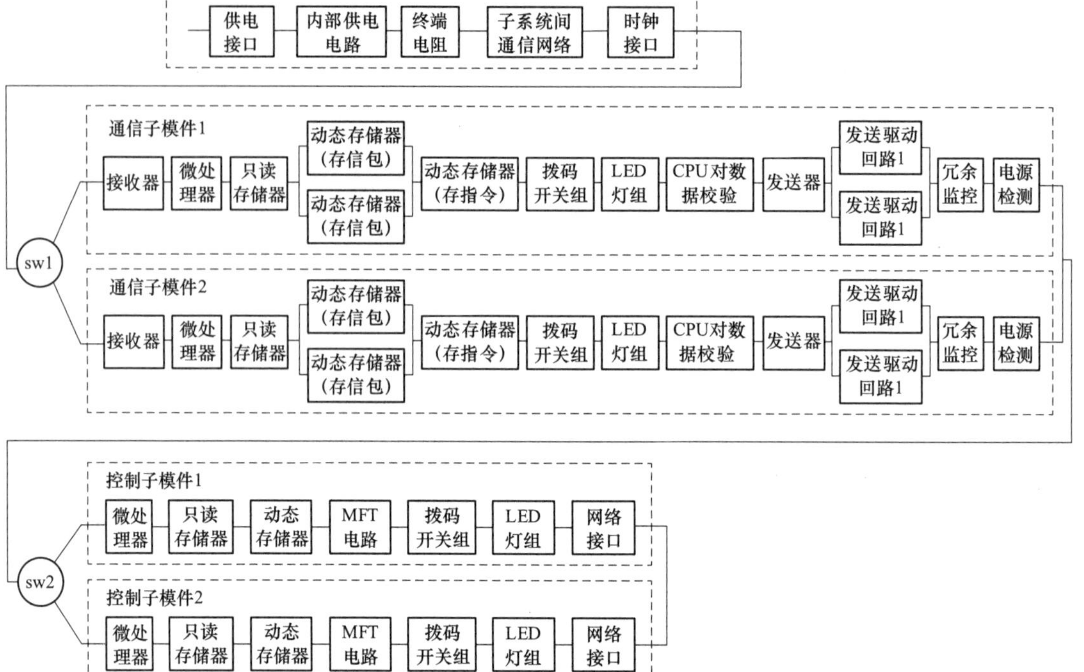

图 6-12　主控制器模件可靠性框图

SW 为冗余选择开关，通信子模件与控制子模件通过 SW 开关来选择使用的模块，通信子模件整体正常不但需要至少一个通信子模件正常，还需要对应的切换开关正常。

主控制器模件的 FMEA 表如表 6-3 所示。

表 6-3　　主控制器模件的 FMEA

名称	功能	模式	原因	影响	重要性
网络接口模件	供电、物理连接、提供对外接口	断电	电源接口损坏	主控制器模件断电	危险
		断路	内部电路烧坏	内部模件传输数据错误	危险
		损坏	物理断裂	内部模件传输数据错误	危险
		工艺	安装不稳	松动掉落	危险
		时钟错误	时钟接口损坏	逻辑判断错误	危险
控制子模件	执行过程控制和组态管理	损坏	物理损坏	无法正常工作	危险
		时钟错误	内部时钟错误	逻辑判断错误	危险
		数据故障	数据错误	逻辑判断错误	危险
		存储故障	数据错误	逻辑判断错误	危险
		LED 灯短路	LED 灯指示功能故障	运行状态指示错误	危险

续表

名称	功能	模式	原因	影响	重要性
通信子模件	执行数据传输功能	损坏	物理损坏	无法正常工作	危险
		时钟错误	内部时钟错误	逻辑判断错误	危险
		数据故障	数据错误	逻辑判断错误	危险
		存储故障	数据错误	逻辑判断错误	危险
		短路	LED 灯指示功能故障	运行状态指示错误	危险
		短路	发送端数据错误	数据输出错误	危险
		断路	发送驱动回路故障，无法发送数据	数据输出错误	危险

6.6.2 现场通信模件可靠性分析

为便于分析，现场通信模件以 PROFIBUS DP 通信模件为例。主控制器和 PROFIBUS DP 通信通道之间的连接通过，使用拨码开关组来选择具体功能的实现，由网络接口模件提供电源与接口。

6.6.2.1 可靠性框图

以某型号 Profibus DP 通信模件为例，可靠性框图如图 6-13 所示。

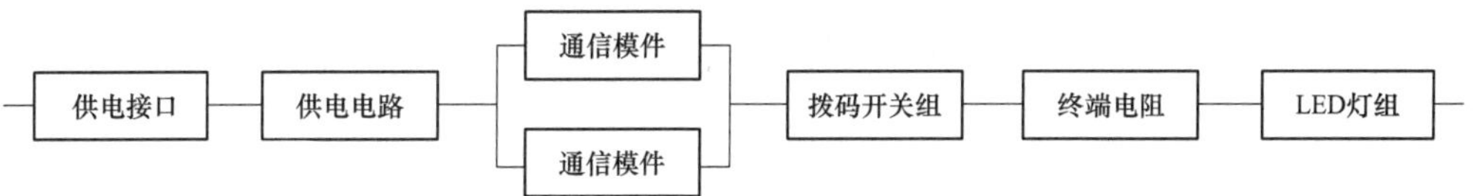

图 6-13 Profibus DP 通信模件可靠性框图

6.6.2.2 FMEA 表

PROFIBUS DP 通信模件 FMEA 表如表 6-4 所示。

表 6-4 PROFIBUS DP 通信模件的 FMEA 表

名称	功能	模式	原因	影响	重要性
网络接口模件	供电、提供端口以及物理连接	断电	电源接口损坏	模件断电	危险
		断路	内部电路烧坏	内部模件传输数据错误	危险
		损坏	物理断裂	内部模件传输数据错误	危险
		工艺	安装不稳	松动掉落	危险

续表

名称	功能	模式	原因	影响	重要性
通信模件	提供了主控制器和现场 PROFIBUS DP 通信通道之间的连接和数据协议转换	时钟错误	机械故障计时器到期	无法继续计时	危险
		存储故障	NVM 存储故障、数据丢失	存储的配置数据丢失	危险
		损坏	物理损坏	存储的配置数据丢失	危险
		损坏	接口故障	总线上传输中的数据丢失	危险
		短路	LED 灯指示错误	运行状态指示错误	危险
		损坏	拨码开关失效	无法切换通信模件主、备用	危险

6.6.3 以太网通信接口模件可靠性分析

以太网通信接口模件只在燃气轮机控制系统中应用，负责主控制器和控制网之间的数据处理，它内部包括以下元件：

（1）存储器，包括 RAM、ROM。

（2）网络接口。

（3）LED 灯组，包括运行指示灯、故障 / 检测指示灯。

（4）重启按钮。

（5）USB 接口。

（6）供电接口。

（7）拨码开关组。

（8）SOE 时钟网络端口。

6.6.3.1 可靠性框图

以太网通信接口模件可靠性框图如图 6-14 所示。

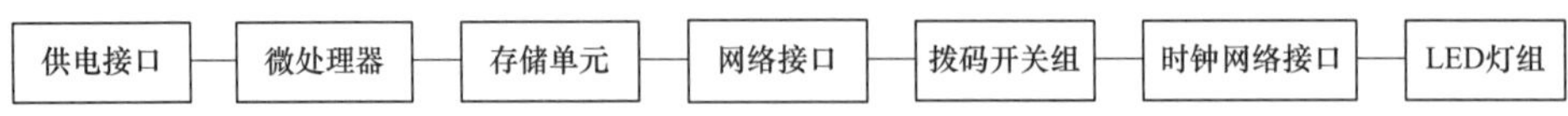

图 6-14 以太网通信接口模件可靠性框图

6.6.3.2 FMEA 表

对该模件进行 FMEA 分析。以太网通信接口模件的 FMEA 表如表 6-5 所示。

表 6-5 以太网通信接口模件的 FMEA

名称	功能	模式	原因	影响	重要性
工厂网络接口	控制器和工程组态工具、人机接口软件或者通用功能接口软件的计算机之间的通信	损坏	物理损坏	无法正常工作	危险
		时钟错误	内部时钟错误	逻辑判断错误	危险
		数据故障	数据错误	逻辑判断错误	危险
		存储故障	数据错误	逻辑判断错误	危险
		短路	LED 灯指示错误	运行状态指示错误	危险
		损坏	重启按钮损坏	无法重启	危险
		损坏	USB 诊断口损坏	无法正常诊断	安全

6.6.4 I/O 模件可靠性分析

I/O 模件是为 DCS 的输入 / 输出信号提供信息通道的专用模件，是 DCS 中种类最多、使用数量最大的一类模件。基本作用是对生产现场的模拟量信号、开关量信号、脉冲量信号进行采样、转化，处理成微处理器能接受的标准数字信号，或将微处理器的运算输出结果（二进制码）转换、还原成模拟量或开关量信号，去控制现场执行机构。

I/O 模件对应连接生产过程不同形式信号，可归纳为模拟量输入模件、模拟量输出模件、开关量输入模件、开关量输出模件等几类主要模件，也就是 AI、AO、DI、DO 四类。I/O 模件与其它模件的连接需要相应的接口单元，由于数量和型号不统一问题，将可靠性框图简化，如图 6-15 所示。

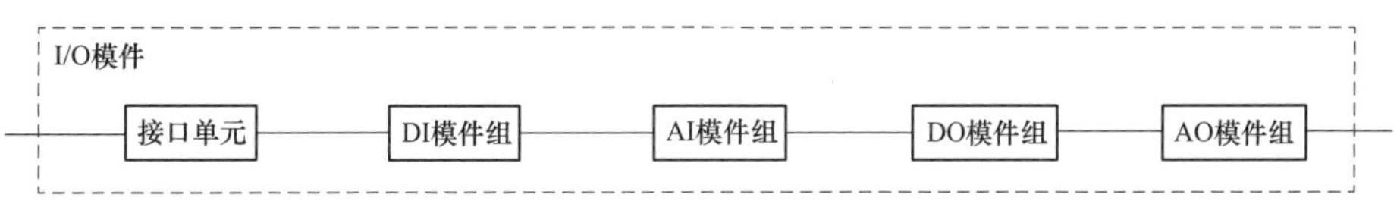

图 6-15 I/O 模件可靠性框图简图

实际上，使用可靠性框图法分析 I/O 模件时，不但要考虑 I/O 模件的数量，还要考虑信号的冗余方式。某一个单独的 I/O 模件所连接的现场信号，对于某一现场信号，可能有 n 个测点通道，n 个测点通道需要进行取大、取小、三取中、三取二等操作才送入系统。例如，某 16 测点 DI 模件连接 ABCD 四个信号，每个信号占据四个测点，每个测点均判断质量好坏后四选一送入系统，这种情况下，可靠性框图如图 6-16 所示。

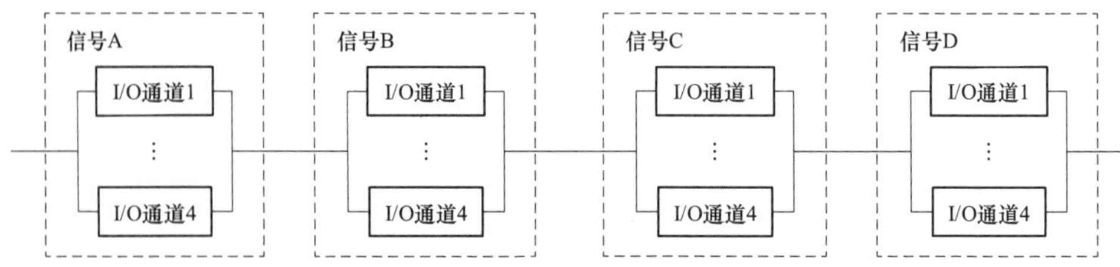

图 6-16　考虑测点冗余的可靠性框图

6.7　小结

本章总结了控制系统可靠性建模的三种方法，详细阐述了每种方法的模型建立步骤与分析步骤。针对燃气－蒸汽联合循环机组所使用的 DCS 硬件部分，使用 FMEA 表与可靠性框图法建立了可靠性模型，进行了可靠性分析。本章的可靠性分析到模件的层次为止，并未分析系统整体，剩下的子系统级与系统级的分析将在接下来的第 7 章、第 8 章、第 9 章中分别进行。

7 燃气轮机控制系统可靠性分析

7.1 概述

基于第 3 章燃气－蒸汽联合循环机组的结构和功能，下面将使用第 6 章所叙述的方法对燃气轮机控制系统进行可靠性分析。本章以第 6.6 节基于可靠性框图法的元件级分析和模件级分析为基础，开展燃气轮机控制系统的子系统级和系统级的可靠性分析。除此之外，虽然可靠性框图能够很好地将各个设备的冗余数量反映到可靠性分析过程中，但其忽视了故障机理和部件故障之间的逻辑关系，因此本章还将使用故障树法从跳机发生的角度进行分析。

7.2 燃气轮机控制系统可靠性框图

燃气轮机控制系统的硬件配置已在前面介绍。下面对燃气轮机控制系统的燃料控制子系统、顺序控制子系统、辅助控制子系统、保护控制子系统等四个子系统分别进行可靠性框图分析。

7.2.1 燃料控制子系统可靠性框图

燃料控制子系统所使用的模件包括三种通用模件，也包括相应的 I/O 模件以及阀门调节器模件。

主控制器模件、现场通信模件以及以太网通信接口模件的可靠性框图已在章节 6.6 中讨论，其 I/O 模件的可靠性框图，因为不同厂家所使用的模件数量和型号差异很大，所以将其简单地描述为：AO 模件组、AI 模件组、DO 模件组、DI 模件组以及 I/O 模件用于安装供电的接口单元。

阀门调节器模件为燃料控制子系统所独有，是一个专门实现阀门远程控制的模件化设备，可以通过控制燃气轮机燃料流量与汽轮机的进汽流量，来实现对燃气轮机与汽轮机相关重要参数特性的控制。

阀门调节器模件的子模件包括：一个公共处理器模件、一个通信子模件、一个继电器输出模件。

阀门调节器模件的全部组成元件包括：微处理器、Probus DP 通信端口、LED 灯组、重启按钮、USB 接口、电源接口、拨码开关组。因此，其可靠性框图如图 7–1 所示。

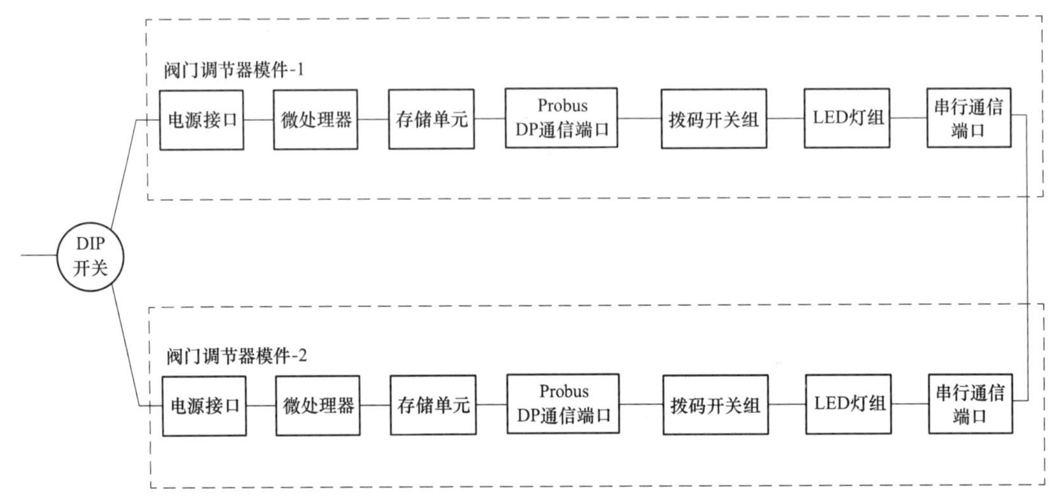

图 7–1　阀门调节器模件可靠性框图

除此之外，燃料控制子系统的特殊性还包括：①在 I/O 模件与现场通信有保护系统，由专门的工业安全等级认证公司提供。该部分不同型号差异较大，难以统一表述，且可靠性极高，可靠性框图中省略此处。②其与燃料控制子系统之间的连接多出一对 PROFIBUS DP 模件，这也是和其他三个子系统的区别之一。

结合模件级可靠性框图（见图 6–12~图 6–15），可以绘制燃料控制子系统可靠性框图如图 7–2 所示。

7.2.2　顺序控制子系统可靠性框图

绘制顺序控制子系统可靠性框图，与燃料控制子系统可靠性框图相同之处在于：都使用了相同数量的主控制器模件和以太网通信接口模件，但是现场通信模件（PROFIBUS DP 模件）使用的数量不同，且不连接保护模件和阀门调节器模件。

结合模件级可靠性框图（见图 6–12~图 6–15），可以绘制顺序控制子系统可靠性框图如图 7–3 所示。

7.2.3　辅助控制子系统可靠性框图

辅助控制子系统可靠性框图如图 7–4 所示。

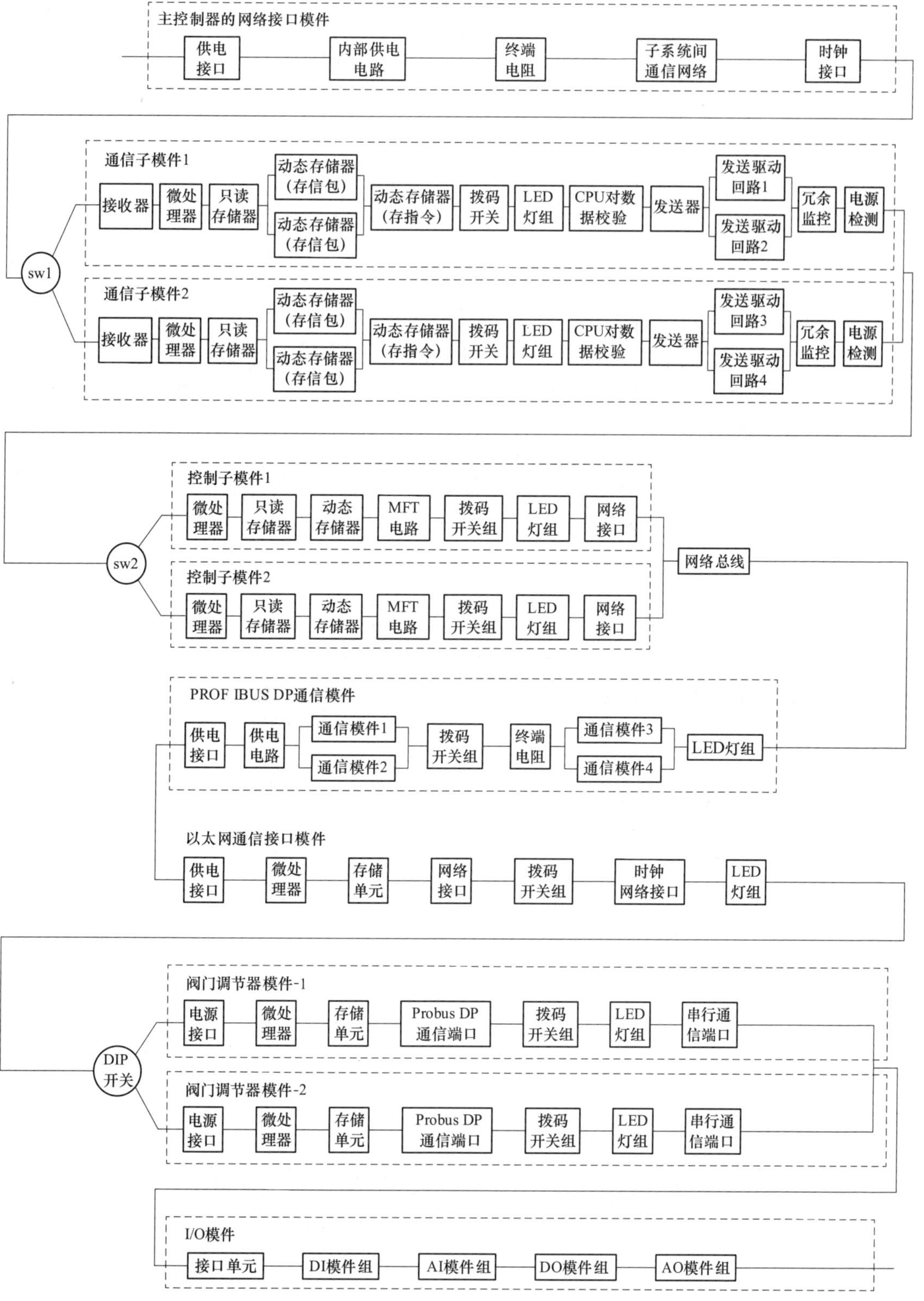

图 7-2 燃料控制子系统可靠性框图

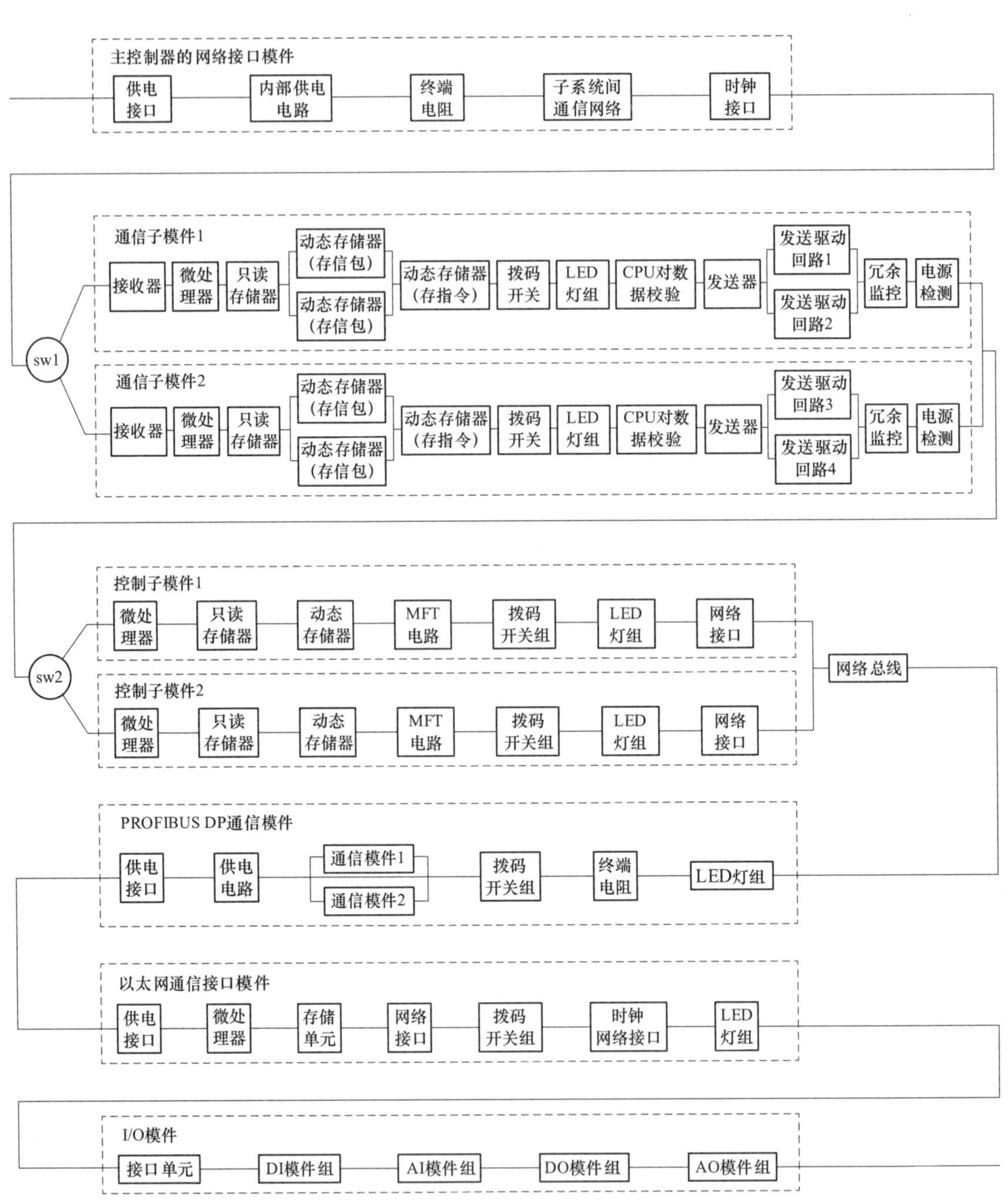

图 7-3　顺序控制子系统可靠性框图

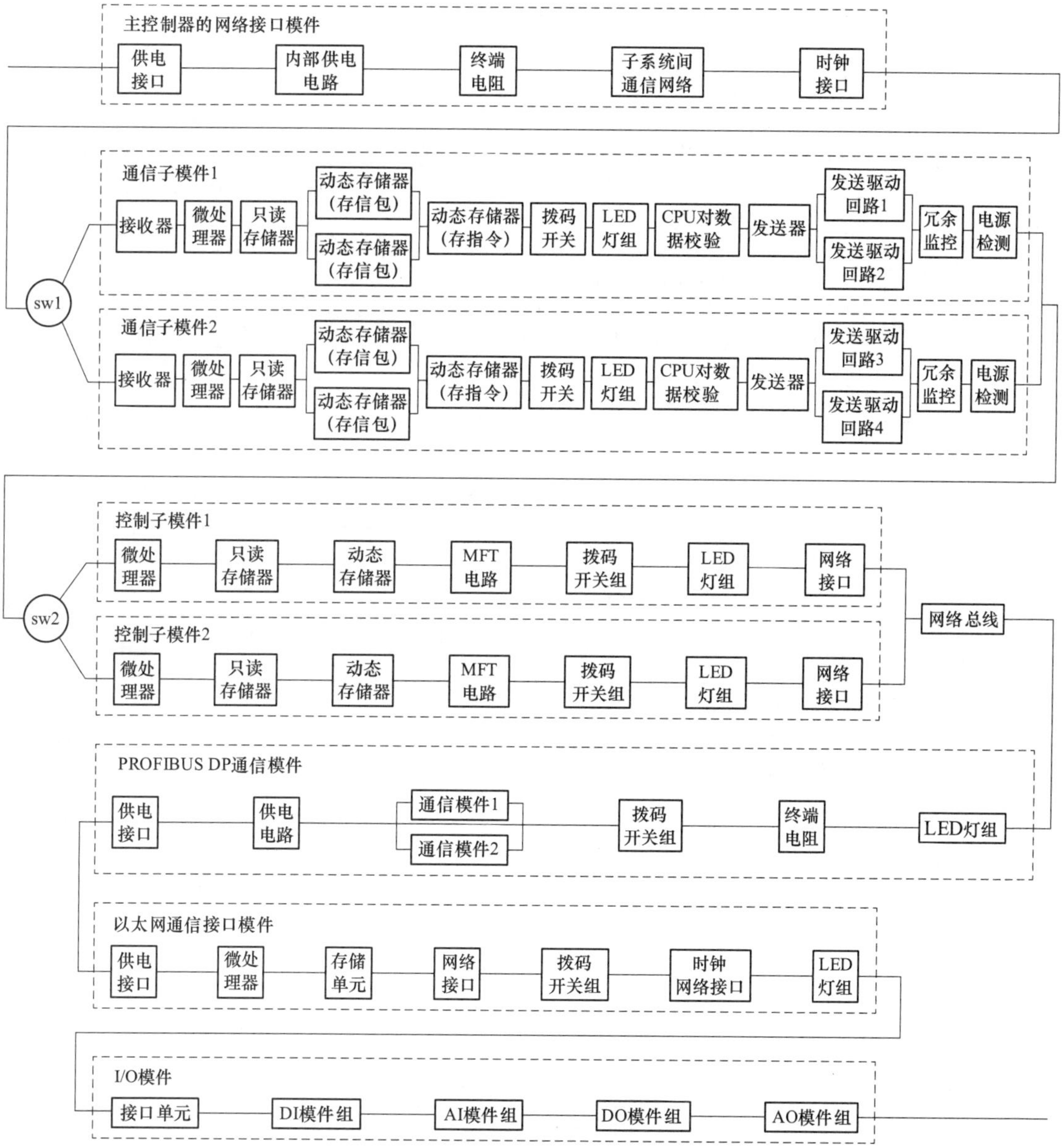

主控制器的网络接口模件

供电接口　内部供电电路　终端电阻　子系统间通信网络　时钟接口

通信子模件1

接收器　微处理器　只读存储器　动态存储器（存信包）　动态存储器（存信包）　动态存储器（存指令）　拨码开关　LED灯组　CPU对数据校验　发送器　发送驱动回路1　发送驱动回路2　冗余监控　电源检测

sw1

通信子模件2

接收器　微处理器　只读存储器　动态存储器（存信包）　动态存储器（存信包）　动态存储器（存指令）　拨码开关　LED灯组　CPU对数据校验　发送器　发送驱动回路3　发送驱动回路4　冗余监控　电源检测

控制子模件1

微处理器　只读存储器　动态存储器　MFT电路　拨码开关组　LED灯组　网络接口

sw2

控制子模件2

微处理器　只读存储器　动态存储器　MFT电路　拨码开关组　LED灯组　网络接口

网络总线

PROFIBUS DP通信模件

供电接口　供电电路　通信模件1　通信模件2　拨码开关组　终端电阻　LED灯组

以太网通信接口模件

供电接口　微处理器　存储单元　网络接口　拨码开关组　时钟网络接口　LED灯组

I/O模件

接口单元　DI模件组　AI模件组　DO模件组　AO模件组

图 7-4　辅助控制子系统可靠性框图

7.2.4 保护控制子系统可靠性框图

保护控制子系统可靠性框图如图 7-5 所示。

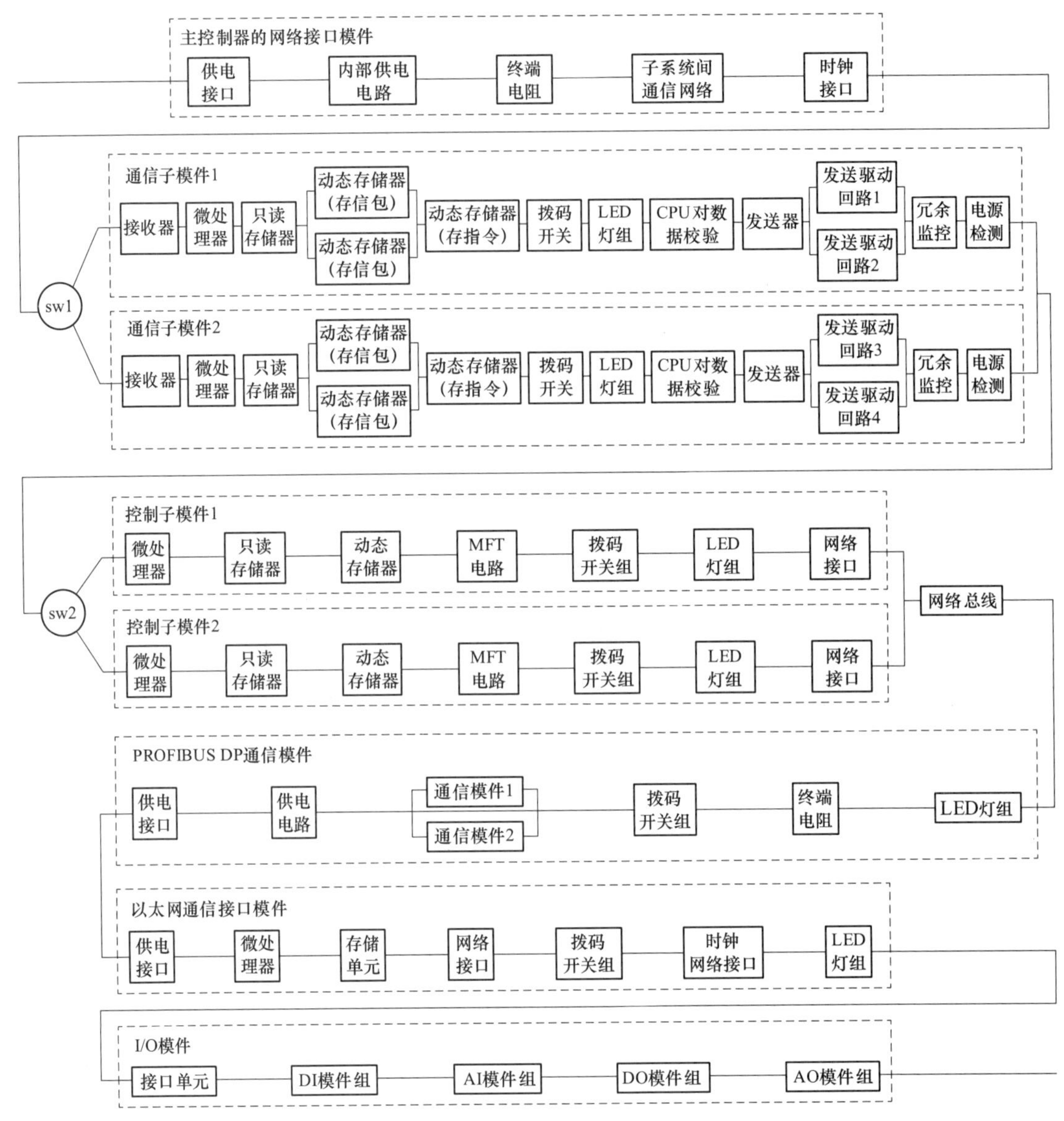

图 7-5 保护控制子系统可靠性框图

7.2.5 燃气轮机控制系统整体可靠性框图

对以上四个子系统所组成的整体进行系统级可靠性分析，则需要将四个子系统的可靠性框图进行连接。

关于可靠性框图的连接，遵循以下两个原则：一是网络接口模件是每个子系统所公用；二是四个子系统之间直接的数据交换由子系统间通信网络（一对冗余的高速总线）所

实现，该子系统间通信网络由主控制器模块中的通信子模块提供接口。燃气轮机控制系统整体可靠性框图如图 7-6 所示。

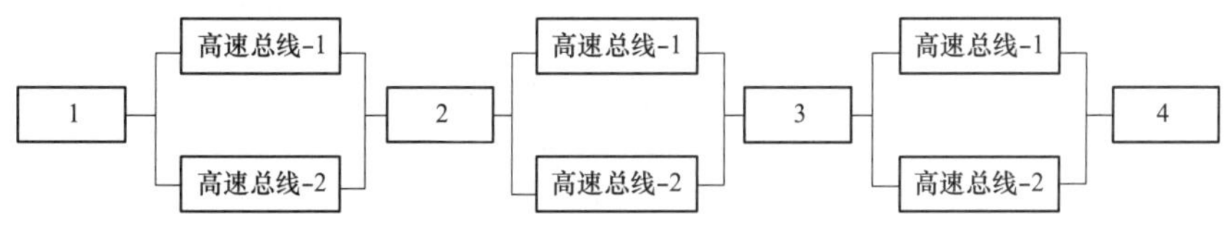

图 7-6 燃气轮机控制系统可靠性框图

1—燃料控制子系统的可靠性框图；2—顺序控制子系统的可靠性框图；3—辅助控制子系统的可靠性框图；4—保护控制子系统的可靠性框图

7.3 燃气轮机控制系统故障树分析

由燃气轮机控制系统的故障引起机组异常事件，存在许多原因，例如网络通信故障、各个模块故障、现场测量变送设备故障、部件异常、线缆异常、管路异常、维护不当、安装不当电源系统故障等。可靠性框图法更适用于对 DCS 硬件配置的分析，即对网络通信故障和各个模块故障两种情况分析，而使用故障树方法进行分析将覆盖其余故障情况。

任何燃气轮机控制系统都会使用现场测量仪表对设备的状态信号进行采集。其中，机组所包含的就地端设备的灵敏度、准确度和可靠性决定了机组运行的安全性。由于就地端设备处于相对复杂的环境，比各种通信模件更容易受到影响，常常出现各种故障，例如短路、断线、污染、物理损坏等，而这些就地端的故障最终通过信号采集发送给 DCS，经过燃气轮机控制系统中的保护控制系统，进行信号判断与逻辑运算，最终导致燃机跳机。因此收集就地端设备的故障资料，是绘制燃气轮机控制系统故障树的必要条件。

下面分析燃气轮机控制系统相关的故障案例，并绘制相应的故障树。

7.3.1 IGV 故障导致燃气轮机跳机事故故障树分析

IGV 进口导叶主要有两个作用：一是在燃气轮机启动、停机的低转速等过程中防止压气机喘振；二是通过 IGV 进口导叶调节进气流量，控制燃气轮机的排气温度，提高热效率。IGV 系统的工作靠液压油驱动，相关设备有电液伺服阀、开关电磁阀、线性可变差动变压器、液压油滤网、机械传动机构等。

定义顶事件为：IGV 故障导致燃气轮机跳机。从第 3 章所述的保护控制逻辑可知，该顶事件存在以下两种可能：①液压油压力不足；② IGV 位置故障。因此，选取这两种可能事件作为中间事件。

（1）故障一：液压油压力不足。

从控制系统的逻辑上看，液压油压力不足信号有三个测点，当这三个测点三取二输出且信号质量正常时，输出液压油压力不足信号。因此，液压油压力不足的原因可能存在以下 4 种：测量系统故障、液压油油路故障、通信系统故障、逻辑故障。

1）测量系统故障，也就是液压油压力传感器故障。测量系统故障树如图 7-7 所示。

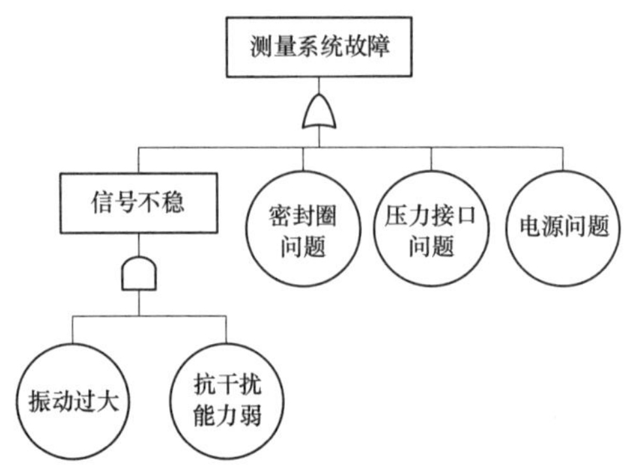

图 7-7　测量系统故障树

该故障的原因有：①信号不稳，这种故障是压力源的问题。压力源本身是一个不稳定的压力，且仪表或压力传感器抗干扰能力不强、传感器本身振动很厉害；② 密封圈问题，常见的是由于压力传感器的密封圈规格原因，传感器拧紧之后密封圈被压缩到传感器引压口里面堵塞传感器，加压时压力介质进不去，但在压力大时突然冲开密封圈，压力传感器受到压力而异常变化；③ 压力接口问题，指压力接口漏气或被堵住；④压力传感器电源问题。

2）液压油油路故障。液压油油路故障树如图 7-8 所示。

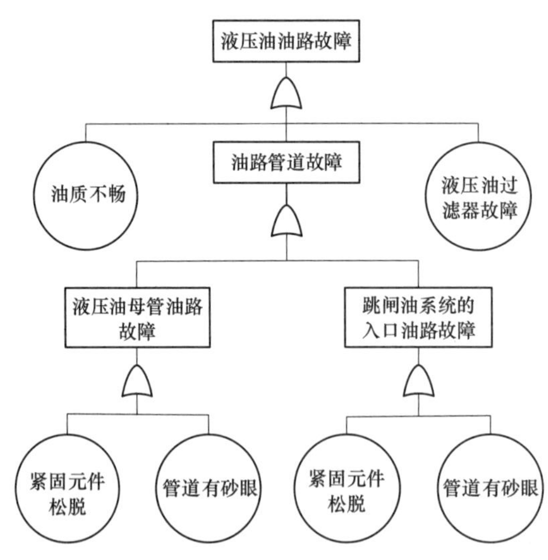

图 7-8　液压油油路故障树

IGV 系统的工作油源取自两路：一路为来自液压油母管，主要作为电液伺服阀的控制油及 IGV 动作油缸的工作压力油；另一路是来自跳闸油系统的入口，作为 IGV 跳闸放油切

换阀的工作压力油。故障可能的原因有油路管道泄漏、液压油过滤器故障、油质恶化。油路管道泄漏可能是有管道有砂眼或者管道紧固元件松脱，油质恶化同样会导致油路不畅。

3）通信系统故障。通信系统故障树如图 7–9 所示。

该部分的分析详见第 6.6 节。以常见的故障为例，主要是相关的 I/O 接口模块故障，或主控制器中的通信子模块故障。

4）逻辑故障。逻辑故障树如图 7–10 所示。

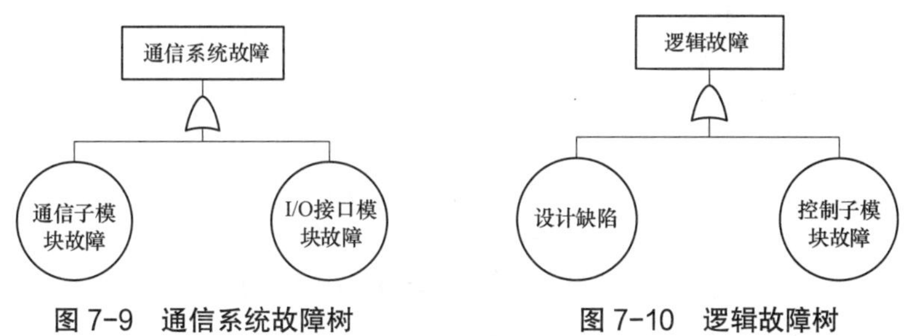

图 7–9 通信系统故障树　　图 7–10 逻辑故障树

逻辑故障包括逻辑设计中的人为设计缺陷或控制器中的控制子模件故障导致运算错误，例如没有对压力信号进行信号质量检测，导致波动较大的信号直接送到控制器进行三取二运算。比如控制器逻辑计算错误，或者控制子模件损坏，I/O 接口发来的模拟量信号运算错误。

综上所述，液压油压力不足的故障树如图 7–11 所示。

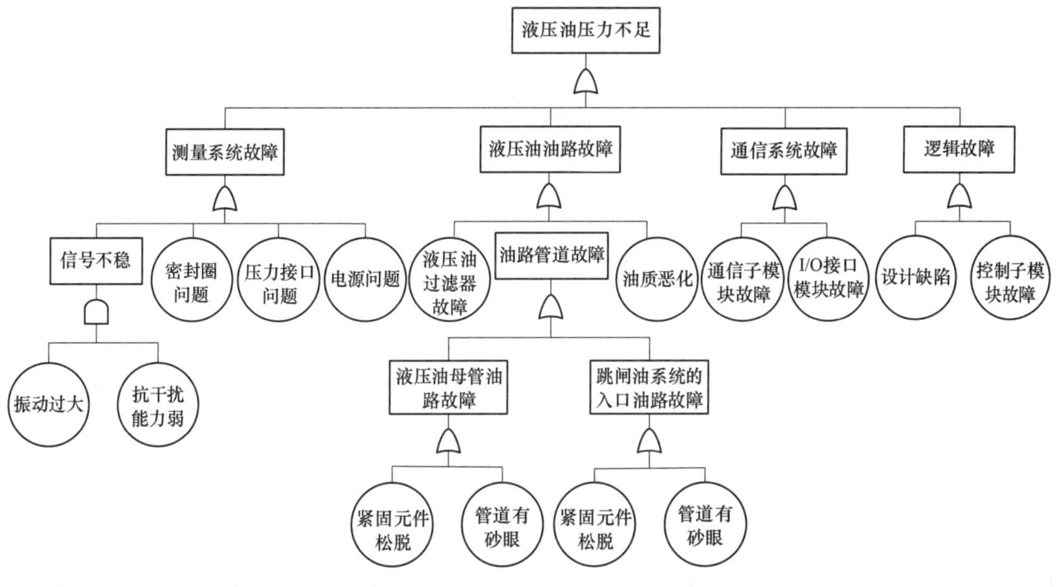

图 7–11 液压油压力不足的故障树

（2）故障二：IGV 位置故障。

对 IGV 位置故障进行分析，可能的情况有测量及逻辑运算故障、机械机构故障、阀门故障、导叶故障。

1）测量及逻辑运算故障，如图 7-12 所示。

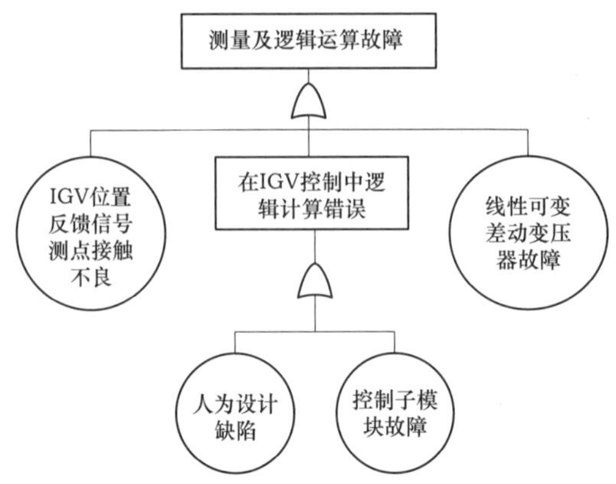

图 7-12　测量及逻辑运算故障树

在燃气 - 蒸汽联合循环机组中，IGV 的控制主要由燃气轮机的排气温度进行修正与计算得来，因此一般情况下，故障出现在：DCS 对 IGV 位置反馈信号的接收和处理出现问题，或排气温度信号的计算错误。导致这些情况的原因主要有：① IGV 位置反馈信号测点接触不良；② 在 IGV 控制中逻辑计算错误，因为排气温度的修正与计算设计相对复杂，改动也相对频繁，所以存在人为设计错误以及控制子模块故障两种情况；③位置反馈装置（线性可变差动变压器）故障。

2）机械机构故障。机械机构故障树如图 7-13 所示。

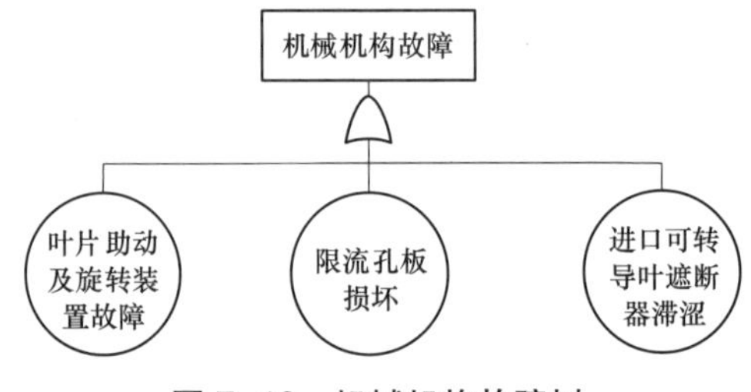

图 7-13　机械机构故障树

IGV 相关机械机构包括：油缸、油管路、缸前限流孔板、液压油过滤器、进口可转导叶遮断器、叶片助动及旋转装置等。其中，油管路和液压油过滤器故障在液压油压力不足中已分析完毕。缸前限流孔板作用是防止 IGV 位置变换过快。进口可转导叶遮断器由跳闸油路的油压推动，如果其滞涩，则液压油难以连通伺服阀，IGV 导叶将无法转动。叶片助动及旋转装置提供 IGV 导叶转动的动力，例如油动机输出推动连杆等。需要注意的是，该项故障相对难以检查，需要将整个装置解体。

3）阀门故障。阀门故障树如图 7-14 所示。

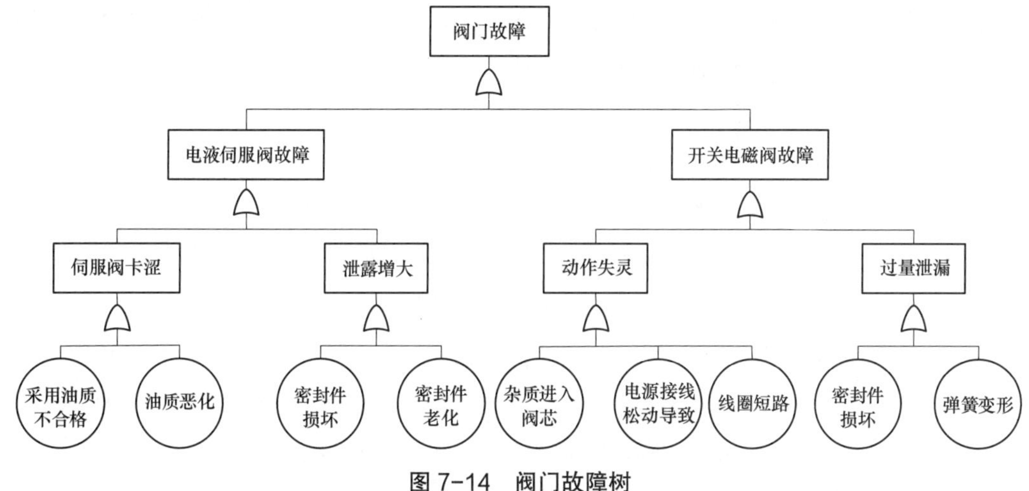

图 7-14 阀门故障树

相关阀门包括电液伺服阀和开关电磁阀，电液伺服阀的作用是接受来自控制器经过运算放大的电流，扭力器在磁场力作用下偏转，射流管随着扭力器一起偏转，使液压油从射流管高速喷出。其常见故障为：油质恶化或不合格导致的伺服阀卡涩、密封件等易损部件损坏、磨损引起泄漏增大。

开关电磁阀的作用是：该电磁阀上电，则切断泄油通路，IGV 处可调状态；该电磁阀失电，接通泄油回路，IGV 处不可调状态。其常见故障为：线圈短路或电源接线松动、杂质进入阀芯导致电磁阀不能正确动作、密封件损坏或弹簧变形导致过量泄漏。

4）导叶故障。导叶故障树如图 7-15 所示。

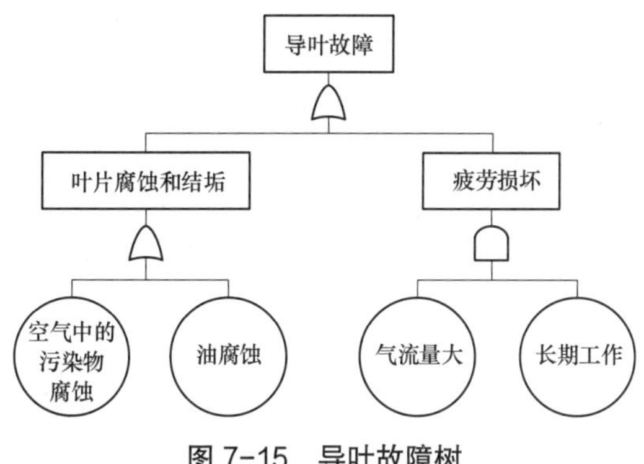

图 7-15 导叶故障树

空气中的污染物如灰尘、盐、工业蒸汽和油等引起叶片腐蚀和结垢。同时，在燃气轮机运行中，IGV 通过的气流量大，对叶片作用力较大。长期运行情况下，叶片根部间隙增大导致叶片晃动引起疲劳损坏。

7.3.2 超速保护误动事故故障树分析

燃气轮机超速保护作为最重要的保护之一，对可靠性的要求极高。因为燃气轮机是一种高速涡轮机械，其转动部件的离心力正比于转速的平方，当转速升高时，部件所受应力会迅速增加，从而导致燃气轮机设备严重损坏。

因此，每台燃气轮机都必须有超速保护装置。当燃气轮机转速超过一定限度时，超速保护装置迅速切断燃气轮机的燃料，使燃气轮机停止运转。

燃气轮机超速保护有机械式与电子式两种。以电子式保护装置为例。按照超速跳机保护逻辑，超速跳机条件由三个测速模块的信号进行三取二运算。保护装置的结构有三部分：检测燃气轮机转速的传感器、测速模块和相关的逻辑回路。

首先，需要定义故障树的顶事件。超速保护跳机，可能是超速保护功能正常作用导致机组跳机，也可能是超速保护误动导致机组跳机。前者是超速保护装置正常实现功能的过程，而非故障，因此定义超速保护误动导致机组跳机为故障树的顶事件。

然后，根据其结构，中间事件选取传感器故障、测速模块故障及逻辑回路故障。

（1）传感器故障。传感器故障的故障树如图 7–16 所示。

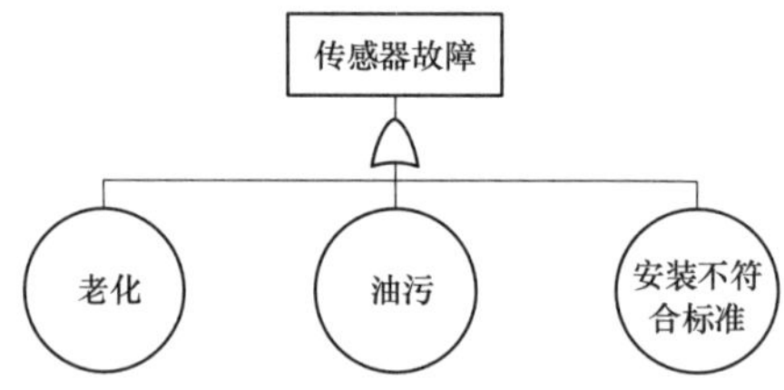

图 7–16 传感器故障树

传感器的安装需要符合一定的标准，比如间隙问题，如果安装不符合标准，则会导致传感器故障；传感器上的端面和螺纹丝扣容易沾染油污；传感器的设备老化问题也会导致传感器故障。

（2）测速模块故障。测速模块故障树如图 7–17 所示。

测速模块的作用是：从传感器的转速测量数据中提取转速信号，当转速超过阈值，输出超速信号反馈给控制系统中的控制器进行逻辑运算。测速模块内部包含处理器模块，以及接口模块。因此测速模块的故障有：处理器模块故障、接口不牢、断电等。

（3）逻辑回路故障。逻辑回路的故障包括设计故障与计算故障，如图 7–18 所示。

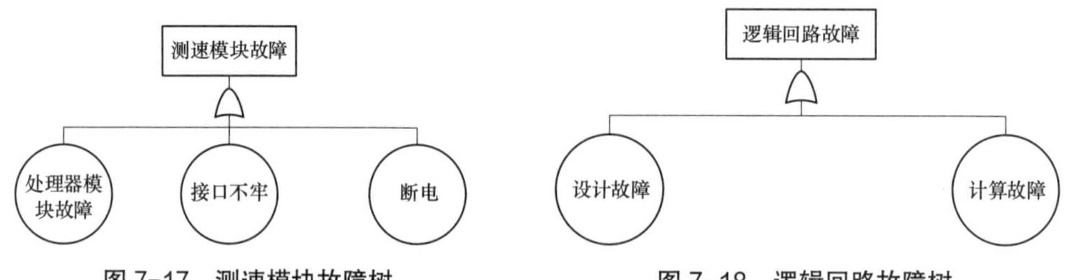

图 7–17 测速模块故障树　　图 7–18 逻辑回路故障树

设计故障指转速模件的参数设置不合理，由于测速模块需要人为设置保护定值，如果

定值设计不合理，超速保护误动概率会非常高。计算故障是指承担计算功能的控制子模块故障。

7.3.3 燃气轮机点火失败事故故障树分析

燃气轮机点火是燃气 - 蒸汽联合循环机组启动过程至关重要的一步。为适应电力负荷调度的要求，对燃气轮机一次点火的成功率要求很高。一旦点火失败，机组将会跳闸，并且经过 10min 以上的吹扫过程，才可以继续点火，这大大地拖慢了机组的正常启动，可能导致较大的经济损失。

从控制系统上看（见图 3-31），如果燃气轮机点火探头检测不到火焰，且燃气轮机紧急关断阀已打开且此时未处于燃机主顺控停止顺控第五十六步且燃机转速大于 4Hz，会触发燃气轮机点火失败跳机指令。

从燃气轮机的构造上看，燃烧系统包含一个配备有 24 个由燃烧室内环和燃烧室外环低 NO_x 干式燃烧器形成的环形燃烧室。空气流经压气机排气导流环进入到组合型燃烧器中。在外环安装的两个火焰探测器对火焰进行监测。燃烧器的中心区域通过来自压气机的冷却空气直接冷却。每一个值班环腔配备有一个火花塞，用于点燃燃料出口的燃气，在两个点火电极之间产生约 10000V 的点火电压。在点火过程中一直产生电火花。

定义顶事件为：燃气轮机点火失败事故。能导致该事件的中间事件，主要有两个：点火装置故障、燃料控制系统故障。

（1）故障一：点火装置故障。

点火装置故障树如图 7-19 所示。

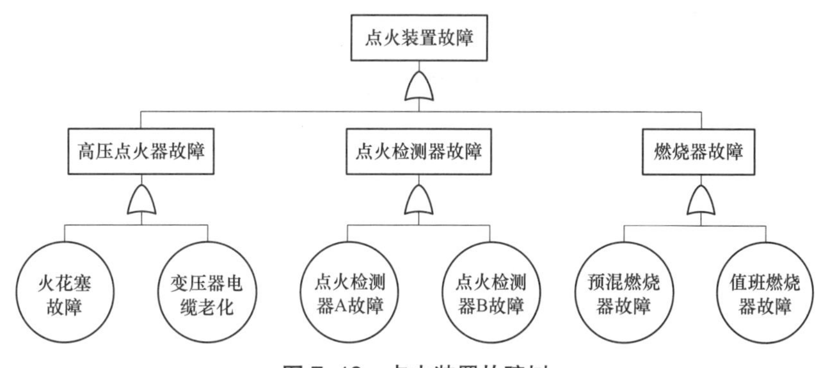

图 7-19 点火装置故障树

由于点火装置的硬件结构包括高压电火花型点火器（火花塞），预混燃烧器与值班燃烧器两种燃烧器，以及 A 与 B 两个点火检测器，那么造成点火装置故障的原因，也分为点火检测器故障、高压点火器故障、燃烧器故障。其中，高压点火器故障可能是火花塞故障，或者是由于对应的变压器电缆长期暴露在高温环境下导致绝缘老化，无法供给火花塞高电压。

（2）故障二：燃料控制系统故障。

燃料控制系统故障树如图 7–20 所示。

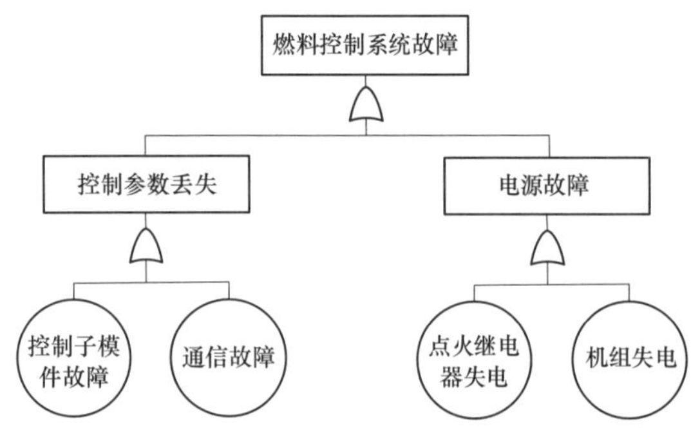

图 7–20　燃料控制系统故障树

燃料控制系统故障分为控制参数丢失和电源故障两种情况，其中，控制参数丢失可能由燃料控制系统使用的控制子模块故障导致，或通信故障导致，电源故障可能是点火继电器失电，或机组整体失电。

7.3.4　燃气轮机辅助系统故障导致跳机事故故障树分析

燃气轮机辅助系统是燃气轮机不可缺少的一部分，它的性能与机组的性能有着直接的关系。只有在辅助系统正常运行的情况下，才能有效地调节和控制机组的运行工况。燃气轮机辅助控制系统分为四部分：罩壳通风系统、燃料气过滤系统、燃料气系统和密封油系统。

定义顶事件为：引起燃气轮机跳机的燃气轮机辅助系统故障。则顶事件与中间事件的部分故障树如图 7–21 所示。

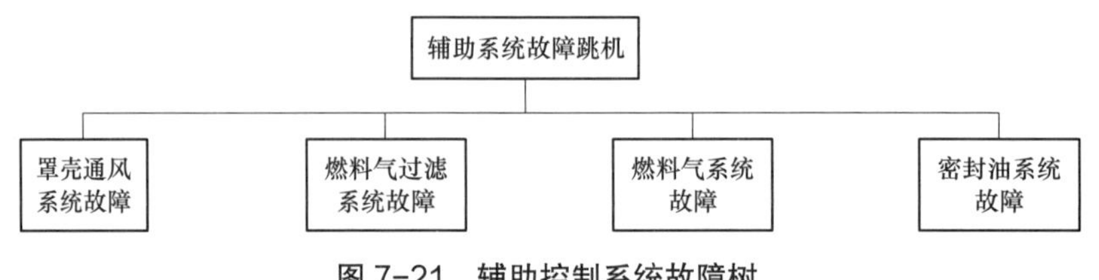

图 7–21　辅助控制系统故障树

（1）故障一：罩壳通风系统故障。

罩壳通风系统故障树如图 7–22 所示。

燃气轮机罩壳系统是燃气轮机辅助系统的重要组成部分。燃气轮机运行时会产生大量热量、噪声，并且可能会产生气体泄漏，所以保证罩壳内部通风对电厂安全运行十分重要，若检测到罩壳通风机流量小于最小值，将会导致燃气轮机跳机。此时应该检查通风机叶片是否损坏，或者通风机电路是否故障。

（2）故障二：燃料气过滤系统故障。

燃料气过滤系统故障树如图 7–23 所示。

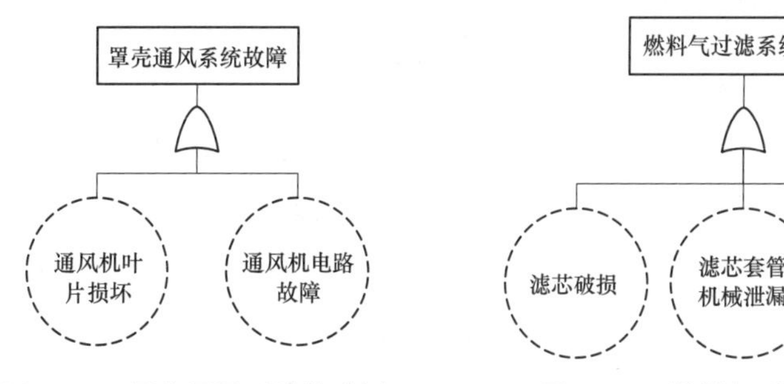

图 7-22 罩壳通风系统故障树　　图 7-23 燃料气过滤系统故障树

燃料气过滤系统包括旋风分离器、过滤器、排污系统以及相应的管道阀门。它的主要作用是对天然气进行过滤、除杂，从而保证供给燃气轮机燃烧室天然气的清洁度。应当定期检测燃料气过滤滤芯是否破损、燃料气过滤滤芯套管机械是否泄漏，以及燃料气滤芯是否堵塞，以确保燃料气过滤系统正常运行，不发生故障。

（3）故障三：燃料气系统故障。

燃料气系统故障树如图 7-24 所示。

燃料气系统由燃料气辅助系统及进入燃烧室前的控制调节系统两部分组成。第一部分对燃料气进行净化、调温；第二部分为燃料气流量调节装置及燃料总管和燃料喷嘴。

燃气轮机燃气供给及调节系统是为了在燃气轮机启动和运行的各种工况下，向燃气轮机供应满足燃烧室流量要求的燃料。此外，还可以根据操作人员指令火灾保护系统动作时，及时而快速地关断燃料供应，保证燃气轮机安全。为了适应燃气轮机对气源的压力及品质的要求，保证燃料气系统稳定运行十分重要，应定期检查燃气调节停止阀是否泄漏，燃气自动隔离阀是否出故障，以及暖机阀是否泄漏。

（4）故障四：密封油系统故障。

密封油系统故障树如图 7-25 所示。

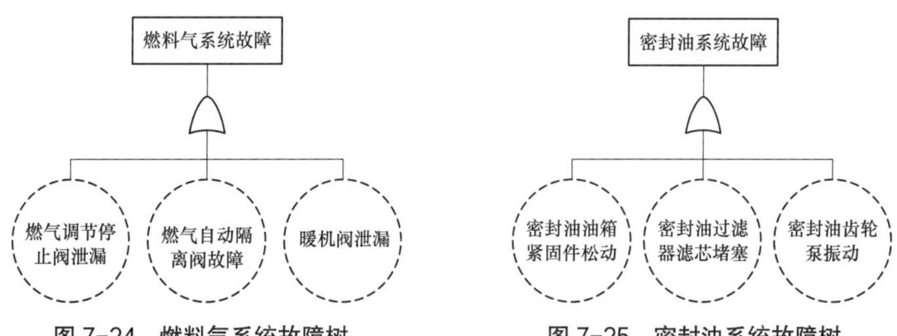

图 7-24 燃料气系统故障树　　图 7-25 密封油系统故障树

密封油系统是为了将一定压力的氢气密封于发电机机壳内，不从间隙间溢出。密封油系统应用于相关设备使供油压力比氢气压力高 50kPa，保证氢气的密封。密封油系统的可靠性非常关键，应定期检查密封油油箱紧固件是否松动，密封油过滤器是否堵塞，以及密封油齿轮泵振动，确保密封油系统正常运行。

7.4 小结

本章在第 6 章通用模件可靠性分析的基础上，首先通过建立可靠性框图对燃气轮机控制系统中 4 个子系统进行了分析，即从模件级分析上升到系统级分析。对控制系统中每个硬件设备的冗余数量加以考虑，并将每个设备的结构和冗余情况反映到可靠性框图分析过程中，以便于从中寻找控制系统硬件薄弱部分并予以加强。

然后，通过建立故障树对几例重大故障事件的故障机理做了详细的分析，比如对诸如 IGV 故障导致燃气轮机跳机事故、超速保护误动事故等事故进行故障树分析，希望借助这些事故的分析，得出主动完善燃气轮机控制系统的有效策略和对故障的预防措施。这样便于运行人员针对燃气轮机控制系统薄弱环节进行针对性保护检修，避免事故产生，也便于检修人员在事故发生后对事故原因进行分析。

8 汽轮机控制系统可靠性分析

8.1 概述

在本章中，主要针对燃气–蒸汽联合循环机组中的汽轮机控制系统进行可靠性分析。首先，针对汽轮机控制系统DCS侧硬件配置，采用可靠性框图法来描述汽轮机控制系统DCS侧各个硬件之间的通信机理，分析其功能执行过程与各种硬件的冗余数量以及通信连接之间的关系，进而分析其可靠性。然后，针对汽轮机常见故障，如汽轮机超速、汽轮机水冲击等采用故障树图对其故障机理进行分析，为汽轮机故障预防及诊断提供一定的参考。

8.2 汽轮机控制系统可靠性框图

在可靠性分析过程中，找到系统在无任何故障发生的情况下完整执行功能的充要条件是可靠性分析的基本要求。现代的汽轮机控制系统大多依赖DCS来实现逻辑处理与决策进而实现汽轮机组的自动控制。基于此，汽轮机控制系统执行功能的充要条件可以归纳为以下两个方面：一为汽轮机控制系统DCS侧硬件配置及其通信连接；二为汽轮机控制系统现场侧执行机构、测量仪表以及被控对象。

在此基础上，各个硬件、测量仪表或执行机构的冗余状况均会对可靠性的定量分析或定性分析产生重大影响。因此，需要将各个硬件、测量仪表及执行机构的冗余数量融入功能执行分析过程中。基于上述分析以及可靠性框图可以清晰展现硬件冗余数量及功能联系的优点。本节将采取可靠性框图对汽轮机控制系统进行可靠性分析。相比现场侧，执行机构和测量仪表的冗余数量可能会因电厂实际情况不同而呈现出较大区别。DCS侧各硬件型号虽然会因电厂实际情况不同而不同，但是其硬件设备所执行的相应功能区别不大，而且各硬件的冗余数量及通信过程也相似。鉴于DCS侧硬件设备及其通信过程相似点居多且扮演控制系统“大脑”的角色，本章以第4章中所引用的电厂为例，仅对汽轮机控制系统DCS侧进行分析，而忽略现场侧的相应设备。

为了便于分析，在进行下面的分析过程之前同样将汽轮机控制系统划分为ETS子系统、BTC子系统及ATC子系统，并分别进行可靠性分析，以简化整个汽轮机控制系统的可靠性分析过程。

8.2.1 ETS子系统可靠性框图

根据图4–2汽轮机控制系统的DCS拓扑图，可以得出ETS子系统所使用的模件包括：主控制器模件、I/O模件、I/O信号处理模件、现场通信模件、快关电磁阀调节器模件以及各个网络接口模件，在此基础上的通信网络包括：子系统间通信网络、子系统内部通信网络。其中，虽然用于不同通信网络的网络接口模件型号不同，但是鉴于其功能无主要区别，在分析过程中不做区分。同理各个硬件的安装基座也不做区分。另外，由于各个子系统的主控制器模件的型号相同，但是下装到各个子系统主控制器模件的逻辑组态不同，故本文将各个子系统主控器模件分别命名为ETS子系统主控制器模件、BTC子系统主控制器模件和ATC子系统主控制器模件。

从宏观的角度来分析ETS子系统的功能执行过程，可将其划分为接收现场信号并进行组态逻辑处理与运算过程和控制信号发送过程，ETS子系统可靠性框图如图8–1所示。其中，ETS子系统所监视的信号详见第4章；该ETS子系统的现场执行机构为快关电磁阀，也称为自动关断（automatic shift trip，AST）阀，通过断电将汽轮机组各个主汽阀和调汽阀所对应的EH油路内油液泄掉使得伺服油动机不能调节对应EH油路液压，进而遮断各个主汽阀或调汽阀。

在信号接收过程中，来自现场生产过程的测量信号或者执行机构的反馈信号首先由I/O信号单元统一进行接收。为了确保现场信号能够被DCS接收进而根据组态逻辑进行逻辑运算，各个电厂基本会对I/O信号单元所接收的信号进行多重冗余设置，即除了常规的测点或执行机构反馈冗余这类在现场设备中设置的冗余方式外，还在I/O单元接收侧设置I/O通道冗余方式。每个信号至少具备上述冗余方式中的一种，每个信号所占的I/O通道数=测点/执行机构反馈冗余数 ×I/O通道冗余数。有相当一部分I/O信号所占的通道数互不不同，本章采用 n 来统一表示各个信号所占用的通道。

在每个模件中，安装底座都作为供电线路的一部分，并且连接着各个子模件以及网络接口模件。独立分析每个模件的功能执行条件时，“安装底座正常”是各个主要模件或单元执行功能的首要条件，因此在可靠性框图中其位于各个主要模件或单元的首要位置。次要位置一般为前向通信网络的网络接口模件，本节中I/O信号单元中的各个I/O通道已将其包含在内，故予以省略。可靠性框图中紧跟次要位置的一般为核心模件，I/O信号单元中核心模件为I/O通道。末位为后向通信网络的网络接口模件。该单元除核心模件外，并未涉及冗余。

在I/O信号单元接收到现场信号后，需要继续将其传送至ETS子系统主控制器模件。

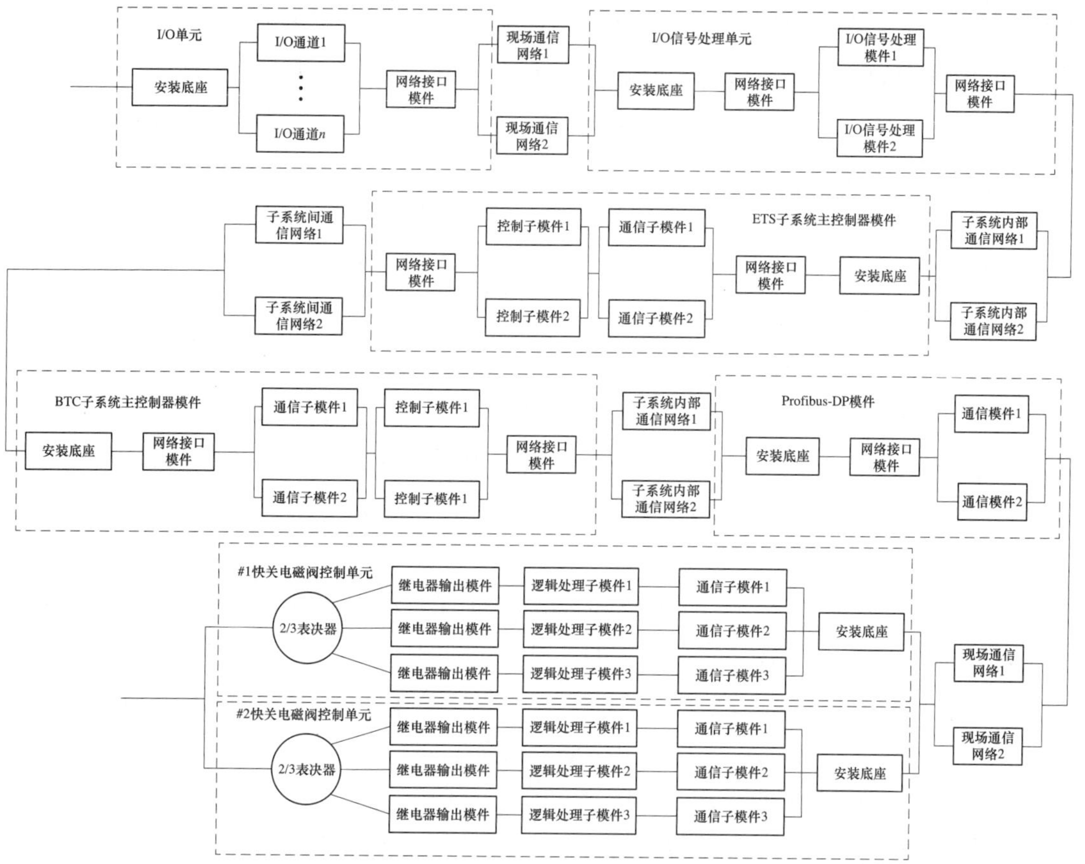

图 8-1 ETS 子系统可靠性框图

然而，I/O 信号并不能直接发送至主控制器模件，需要 I/O 信号处理单元对 I/O 信号进行处理之后才能将其发送至主控制器模件。I/O 信号处理单元一方面在众多冗余的 I/O 中筛选有效的信号，另一方面执行不同网络之间的协议转换功能。其核心模件为 I/O 信号处理模件，冗余数为 2。此外，I/O 信号单元与 I/O 信号处理单元之间的通信网络为现场通信网络，冗余数量为 2，但是该网络两端的网络接口模件无冗余设置。

在 I/O 信号经过处理之后，需要通过子系统内部通信网络将其传送至 ETS 子系统主控制器模件。子系统内部通信网络的冗余数量为 2，两端的网络接口模件同样无冗余设置。ETS 子系统主控制器模件在收到现场的现场信号后，将进行部分逻辑处理，但是并不能形成最终的控制信号。其核心模件相比其他硬件较为特殊，存在两个子模件，即通信子模件和控制子模件共同构成核心模件。二者分别执行数据通信和逻辑运算功能，因此在可靠性框图中通信子模件排在控制子模件之前。其冗余方式为第 4 章所介绍的“安装冗余”，两个子模件的冗余数量均为 2，且二者的冗余切换相互独立。因此，在可靠性框图中，二者采用“先并联后串联”的方式。

由于 ETS 子系统与 BTC 子系统共享共同执行某些功能，因此由 ETS 子系统主控制器模件所发出的控制指令并不完善，需要与 BTC 子系统主控制器模件通信以进行逻辑运算。这两个子系统之间的通信由子系统外部通信网络来实现，其冗余数量为 2，该网络两端的网络接口模件同样无冗余设置。至于 BTC 子系统主控制器模件的冗余方式与通信过程同 ETS 子系统主控制器模件。

在现场信号经过 ETS 子系统主控制器模件和 BTC 子系统主控制器模件的组态逻辑处理与运算之后，将由 BTC 子系统主控制器模件产生控制信号，并发送至快关电磁阀控制单元，进而使快关电磁阀动作。与现场信号相似，控制信号不能直接发送至快关电磁阀控制单元而要先通过子系统内部通信网络传至 Profibus-DP 模件。Profibus-DP 模件执行子系统内部通信网络和现场通信网络之间的网络协议转换功能，其核心子模件为通信子模件，通信子模件冗余数量为 2。最终，经过 Profibus-DP 模件处理的控制信号将通过现场通信网络传送至快关电磁阀控制单元。现场通信网络冗余数量为 2，并且两端的网络接口模件无冗余设置。

每个电厂都非常重视 ETS 子系统的可靠性，主要体现在 DCS 侧底层的快关电磁阀控制单元的冗余设置上。本节以第 4 章中的某电厂为例对其冗余设计进行分析。该电厂对快关电磁阀控制单元整体进行了双重冗余设计，首先在控制单元整体上进行冗余度为 2 的设计，如图 8-1 中分别编号为 #1 快关电磁阀控制单元和 #2 快关电磁阀控制单元。该电厂在此基础上又对每个快关电磁阀控制单元进行第二重冗余设计，下面对其设计依据进行分析。作用于伺服油动机的控制信号需要至少一组快关电磁阀调节器模件及其附属模件处于正常状态。其中，快关电磁阀调节器模件为整个控制单元的核心，由逻辑处理子模件和通信子模件组成。需要注意的是，此处通信子模件也兼担网络接口模件的功能，故在图 8-1 中省略快关电磁阀控制单元的网络接口模件。此外，在功能执行过程中，通信子模件先于逻辑处理子模件；而继电器输出模件为加装的输出模件，用于输出控制命令。经过上述模件之间的信号通信，即可形成控制命令。第二重冗余设计据此添加两组快关电磁阀调节器模件及其附属模件，总计 3 组。最后，在每个快关电磁阀控制单元的继电器输出模件后，加装一个三选二表决器。

8.2.2 BTC 子系统可靠性框图

BTC 子系统可靠性框图如图 8-2 所示。BTC 子系统执行功能的过程相较于 ETS 子系统而言要简单很多，其根本原因在于 BTC 子系统执行功能所需的组态逻辑仅涉及其本身，并不涉及其他子系统，因此，信号通信过程仅涉及 BTC 子系统硬件配置。根据上述分析，现场信号接收过程中根据组态逻辑进行逻辑运算的主控制器模件只有一个，即 BTC 主控制器模件，并且其同样作为控制信号发送过程中的信号源。现场信号接收及逻辑运算过程中所涉及的硬件种类及信号通信过程同 ETS 子系统。BTC 子系统最终的功能执行单元有 3 个，分别是高压调汽门控制单元、中压调汽门控制单元以及翻转隔板控制单元。需要注

意的是，每个控制单元之间不存在通信过程，但是由于3个控制单元的控制功能均需要实现，因此图8-1中采用串联的方式，并且3个控制单元的功能需要同时实现，没有先后次序。每个控制单元的组成以及通信原理都相同，由逻辑处理子模件和通信子模件构成的阀门调节器模件是阀门控制单元的核心，分别执行逻辑运算与数据传输功能，其通信子模件与快关电磁阀中的相似，同样具备网络接口模件的功能，并且通信子模件功能正常是逻辑处理子模件执行功能的前提。而继电器输出模件为加装的输出模件，用于输出控制命令。

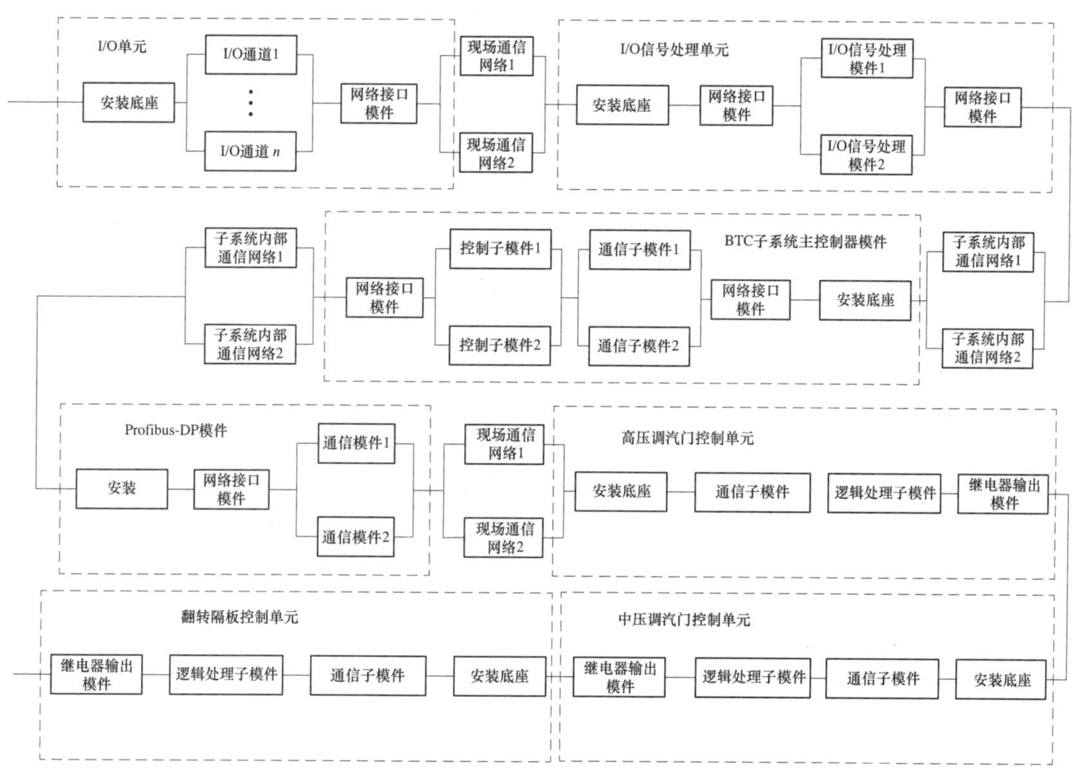

图8-2 BTC子系统可靠性框图

8.2.3 ATC子系统可靠性框图

ATC子系统可靠性框图如图8-3所示。ATC子系统执行的功能为顺序控制，在组态逻辑中通过对各种主要控制方式设置现场信号范围及现场信号条件来规定各种主要控制方式的投入顺序。但是具体控制方式的组态逻辑并不在ATC子系统内，而是在BTC子系统内。简单概括，即ATC子系统功能和BTC子系统功能相互联系，ATC子系统执行上层的顺序控制，底层的参数控制由BTC子系统执行。因此，ATC子系统本身并没有单独的类似ETS子系统快关电磁阀控制单元或BTC子系统阀门控制单元。基于上述分析，ATC子系统在接收到现场的现场信号并经过主控制器模件进行逻辑处理与决策后，仍然需要通过子系统间的通信网络将ATC子系统的控制指令发送至BTC子系统进行处理。

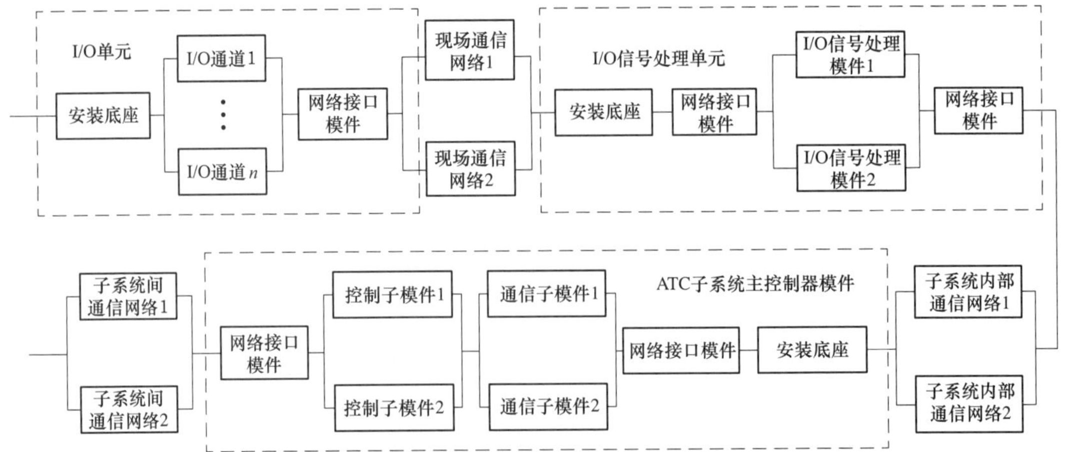

图 8-3　ATC 子系统可靠性框图

图 8-3 中所涉及的硬件及其通信过程同 ETS 子系统和 BTC 子系统。

8.3　汽轮机控制系统故障树分析

在汽轮机运行过程中，DEH 系统扮演着至关重要的角色，本节针对 DEH 控制以及汽轮机正常运行过程中的常见事故，以第 4 章所引用的电厂为例利用故障树法进行分析，从事故机理出发得到故障树的分析结果，循因溯果，深入剖析，为现场检修以及事故分析提供参考。除此之外，本节所采用的故障树分析法，尽管仅从故障机理的角度出发分析可靠性，但是对可靠性框图中缺失的现场侧可靠性分析可以进行一定程度的补充。

8.3.1　汽轮机超速事故故障分析

汽轮机是火电厂和核电厂的关键设备，汽轮机转子的工作转速甚高，工作时产生的离心力很大，零部件的强度裕量相对来说较小，因此，超速事故将严重威胁机组的安全。为了保证机组运行的安全性，所有的汽轮机都装备有超速保护系统。在机组出现故障时，首先靠调节系统的调整，把机组的转速控制在给定的范围内；当调节系统不能将机组的转速控制在给定范围内时，安全保护系统即会动作，使得调节阀与主汽门均关闭，以防止机组出现超速事故。调节系统与安全保护系统共同构成了机组的超速保护系统。超速保护系统可靠的工作是保证机组安全运行的重要条件，对超速保护系统可靠性的分析与评价也是设计与运行人员所关注的问题。但是截至目前，有关超速保护系统可靠性的文献大多局限于个别元件引起的故障分析，缺少对其可靠性进行系统性的分析与定量的评价；对于超速保护系统的各种事故原因、出现事故的概率和消除事故隐患的途径也缺乏系统的认识。因此，下面将对采用故障树对汽轮机超速保护进行系统性的分析。

一般地，超速故障会对汽轮机发电机组带来非常大的设备损伤和维修费用，作为汽轮机发电机组严重故障之一，研究人员在转速控制和超速保护控制系统设计方面给予了非常大的重视，因此其可靠性设计也变得很重要。以故障树分析法为理论基础，对于寻找超速故障发生的各个层级条件以及薄弱环节从而来进一步提升系统的可靠性具有相当大的优势。

“汽轮机超速故障树”如图 8-4 所示。其中，顶事件“汽轮机超速事故”指的是汽轮机严重超速，即转速超出额定值（3000r/min）且已经达到触发 ETS 系统的条件值（3300r/min）的同时，ETS 系统并没有动作，却导致汽轮机组个别设备甚至整个机组的故障。因此，“汽轮机超速”“主汽阀和调节阀未遮断”作为顶事件的直接诱因在故障树第 2 层采用与门与顶事件相连，相应的故障树分为了两支，分别对应“汽轮机超速”以及“主汽阀和调节汽阀未遮断”。

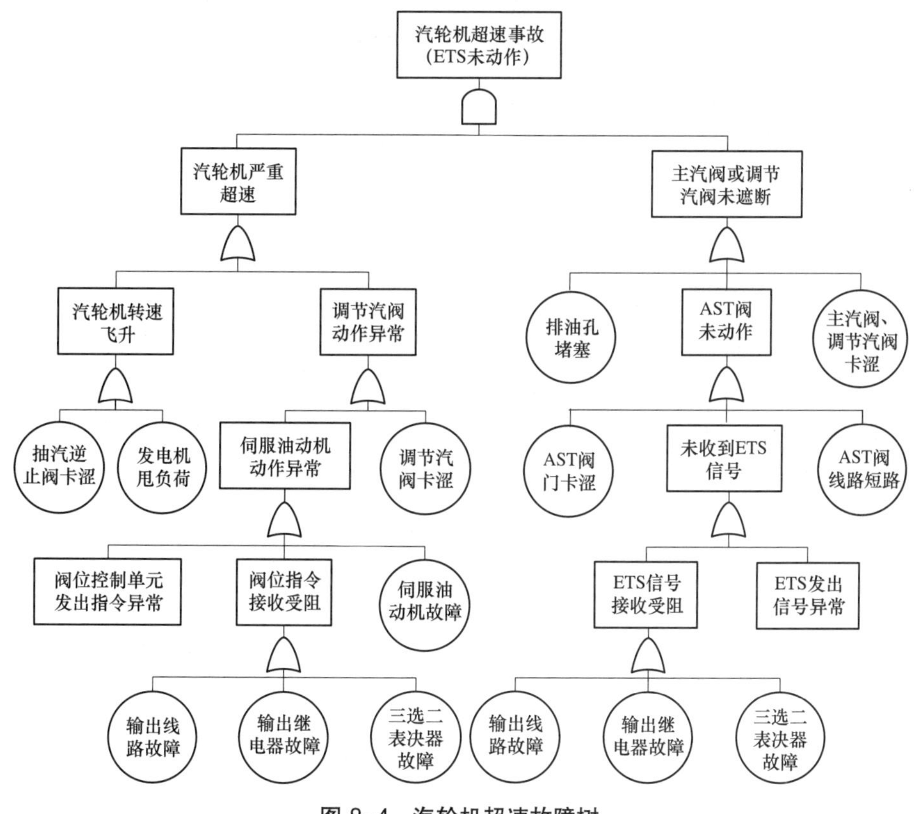

图 8-4 汽轮机超速故障树

“汽轮机超速”表现形式从时间过渡方面考虑可划分为突发事故和渐变事故，对应的诱因分别为“转速飞升”和“调节汽阀动作异常”，二者独立且任何一个均会造成“汽轮机超速”，故采用或门连接。“转速飞升”主要是由于汽轮机“发电机甩负荷”的同时“抽汽逆止阀卡涩”引起的抽汽逆止阀未完全关闭，最终导致主汽阀关闭后抽汽口蒸汽倒灌所引起的“转速飞升”。因此，“发电机甩负荷”和“抽汽逆止阀卡涩”采用与门和“转速飞升”连接；“调节汽阀动作异常”的直接诱因分别是“伺服油动机异常”和“调节汽阀卡涩”，二者独立且其中之一均会造成“调节汽阀动作异常”，故采用或门。进一步分析可知，“伺服油动机异常”是由控制指令、信号传输、机构本身这三方面因素所引发的，可得“阀位控制单元发出指令异常”“阀位指令接收受阻”“伺服油动机故障”3者之一均可造成“伺服油动机异常”，故采用或门。“阀位控制单元发出指令异常”需要对DCS侧进行更深层次的分析，这里暂时不做分析，后面会进行详细分析。“阀位指令接收受阻”主要是由于“输出线路故障”或者“输出继电器故障”或者“3选2表决器故障”。

顶事件下的另一支故障事件“主汽阀和调节汽阀未遮断”表现为主汽门或调节汽阀未完全关闭，这既有可能是因为“AST阀门未动作”，也有可能是在AST阀门已经动作的情况下，由“排油孔堵塞”或者“主汽阀或调节汽阀卡涩”所引起。进一步对“AST阀门未动作”进行分析，从信号接收和执行机构本身方面得出“AST阀门未动作”的直接诱因为：一是AST阀未收到控制指令，即“未收到ETS信号”；二是在ETS信号正常有效时，由于“AST阀门卡涩”导致其无法闭合或者“AST阀门线路短路”导致AST阀门无法进行正常的断电保护。“未收到ETS信号”的直接诱因可分为“ETS发出信号异常”或者“ETS信号接收受阻”。“ETS发出信号异常”是DCS侧故障。“ETS信号接收受阻”同“阀位控制单元发出指令异常”的直接诱因一样为“继电器输出线路故障”，或者“继电器输出模件故障”，或者“三选二表决器故障”。

接下来就汽轮机控制系统DCS侧“阀位控制单元发出指令异常”进行分析，其故障树如图8-5所示。图8-5中的阀位控制单元与图8-2中的高压阀门控制单元、中压阀门控制单元以及翻转隔板控制单元等价，并且不做区分。由图4-2和图8-2可知，阀位控制单元的核心模件为阀位调节器模件，因此“阀位控制单元发出指令异常”一方面直接源于信号传输问题，即“阀门调节器模件接收信号受阻”；一方面直接源于核心模件故障，即“阀位调节器模件故障”。而分析“阀位调节器模件接收信号受阻”过程，一方面可能由其直接信号源异常导致，即“Profibus-DP模件发送信号异常”；一方面也可能由信号传输媒介异常导致，即“现场通信网络故障”。其中“Profibus-DP模件发送信号异常”的直接诱因同样可以分为两个方面：一方面可能由于其本身硬件的故障导致，即“通信模件故障”，或“安装底座故障”，或“网络接口模件故障”；一方面可能由于其源信号接收过程异常导致，即“Profibus-DP模件接收信号受阻”。根据图4-2或图8-2，Profibus-DP模件的直接信号源为主控制器模件，二者之间的通信网络为子系统的内部通信网络。因此，“Profibus-DP模件接收信号受阻”的直接诱因为“主控制器模件发出信号异常”和“子系统内部通信网络故障”，二者采用或门连接。

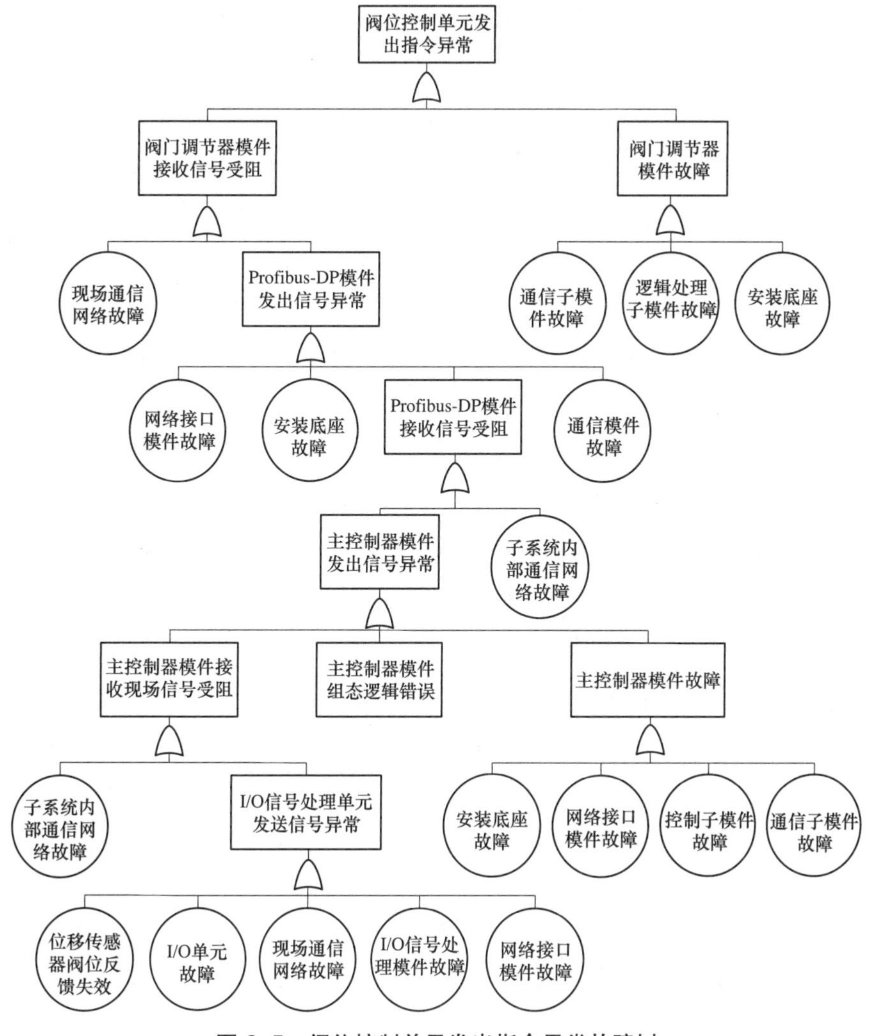

图 8-5 阀位控制单元发出指令异常故障树

以上分析过程集中于 DCS 侧控制命令的发送过程。下面同样采取逆向分析的方式从现场信号接收过程对剩余的故障机理做出解释。同前文分析，“主控制器模件发出信号异常”的直接诱因可以归纳为两个方面，一方面为源信号接收异常，即“主控制器模件接收现场信号受阻”；另一方面为其本身故障导致，但是与其他模件不同的是，其正常工作不仅依赖硬件的完整性，还依赖下装到该模件中的组态逻辑的准确性，故将该模件的本身故障进一步划分为“主控制器模件故障”和“主控制器模件组态逻辑错误”，以上三者之一均可导致“主控制器模件发出信号异常”，故采用或门连接。“主控制器模件故障”根据图 4-2 或图 8-2 的直接诱因可以归纳为“安装底座故障”“网络接口模件故障”“控制子模件故障”以及“通信子模件故障”，以上四者采用或门连接。继续对“主控制器模件接收现场信号受阻”的直接诱因进行分析，同理可知，一方面由信号源发出信号异常导致，即“I/O 信号处理单元发送信号异常”；一方面由数据传输媒介故障导致，即“子系统内部通信网络故障”（与上层故障事件中提及的子系统内部通信网络并非同一条网络）。至于“I/O 信号处理单元发送信号异常”的直接诱因分析角度与之前的硬件分析相同，在此直接进行列举，不再详细说明：“位移传感器阀位反馈失效”“I/O 单元故障”“现场通信网络故障”“I/O 信号处理模件故障”以及“网络接口模件故障”，以上 5 者采用或门连接，详细机理可参考 8.2.1 节。其中网络接口模件指的是 I/O 信号处理单元所加装的模件，而 I/O 单元中 I/O 通道本身已经将相应的网络接口模件包括在内。

“ETS 发出信号异常”故障树如图 8–6 所示。其分析过程与“阀位控制器发出指令异常”类似，不同之处在于，ETS 子系统的部分组态逻辑下装在 BTC 子系统，这部分逻辑组态由 ETS 子系统和 BTC 子系统共享。因此，需要将 ETS 子系统主控制器模件的指令传达给 BTC 子系统的主控制器模件进行处理。需要注意的是，在该电厂实际应用中，用于不同网络之间协议转换并作为快关电磁阀直接信号源的 Profibus–DP 模件安装在 BTC 子系统中而不在 ETS 子系统中。由上文分析可得，造成“BTC 子系统主控制器模件发出信号异常”的因素除了常规的“主控制器模件故障”和“主控制器模件组态逻辑错误”外，还有“BTC 子系统主控制器模件接收信号受阻”，以上因素均采用或门连接。由于 BTC 子系统和 ETS 子系统之间依赖子系统间通信网络来实现组态逻辑互通，因此“BTC 子系统主控制器模件接收信号受阻”的直接诱因除“ETS 子系统主控制器模件发出信号异常”外，还有“子系统间通信网络故障”。而对于“ETS 子系统主控制器单元发出信号异常”的故障机理分析与图 8–5 中“主控制器模件发出信号异常”基本一致，仅传感器及其线路有所差别。

由图 8–5 和图 8–6 可知，“主控制器模件组态逻辑错误”的故障因素相同，并且可以划分为组态逻辑下装方面和组态逻辑本身出错两方面的因素，即“组态逻辑下装过程异常”和“工程师站组态逻辑编写错误”，二者采用或门连接。继续对“组态逻辑下装过程异常”进行分析，其故障树如图 8–7 所示。由工程师站编写出的组态逻辑需要通过控制网络下装到主控制器模件，并且该过程需要由网关对协议做出规定，因此，“组态逻辑下装过程异常”的直接诱因为“控制网故障”或“网关故障”。需要注意的是，“主控制器组态逻辑编写错误”与“主控制器模件执行功能失效”，在时间上可能并不连续，一般情况下，主控制器内的组态逻辑大部分是正确的，仅有极少部分组态逻辑在设计时不够严谨存在瑕疵，在某些特殊的参数范围或条件下，做出错误的决策。同理，“组态逻辑下装过程异常”与主控制器模件执行功能失效，在时间上也可能并不连续，因为只有在运行由“下装异常”导致的错误逻辑组态时，主控制器才会做出错误的决策。

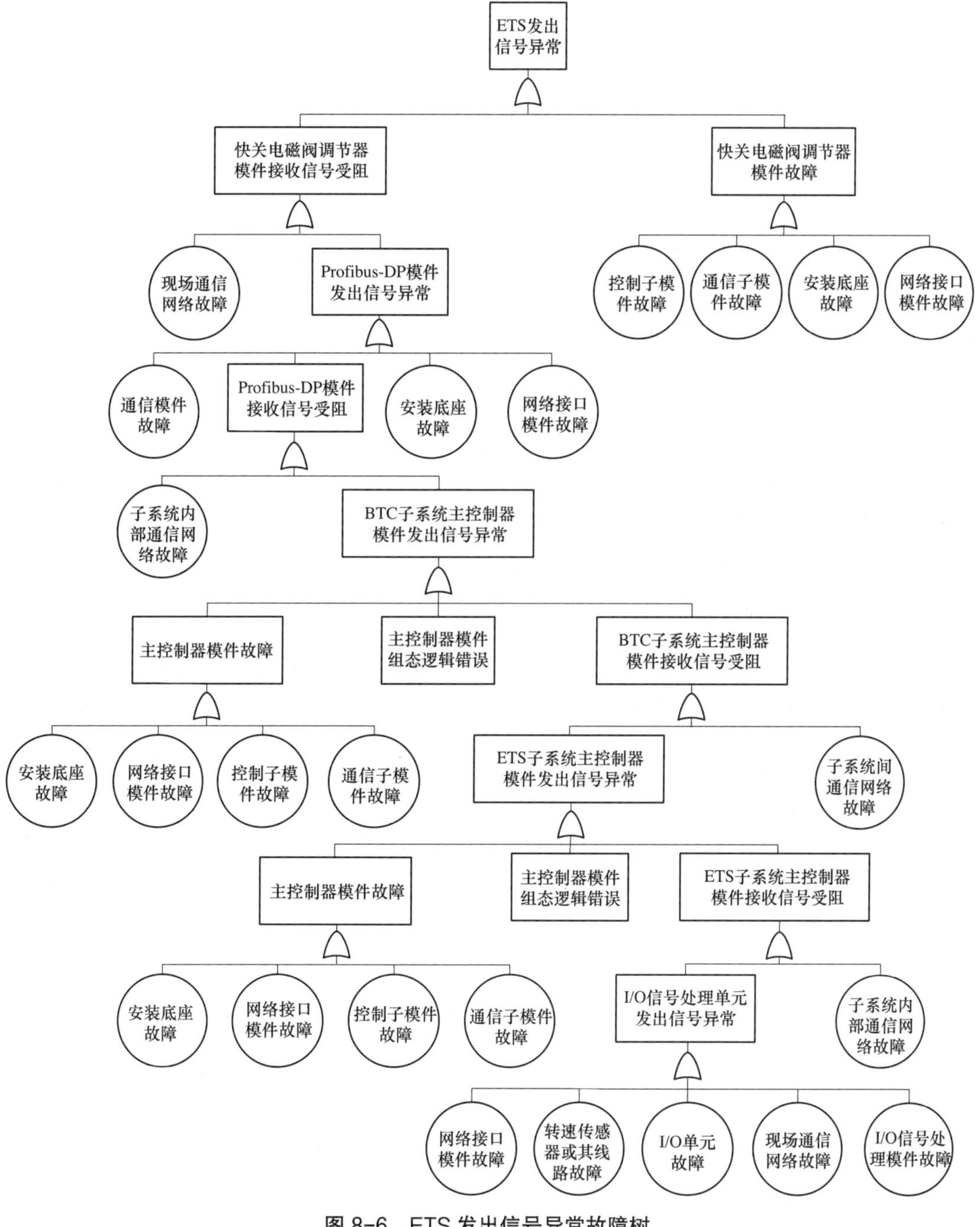

图 8-6　ETS 发出信号异常故障树

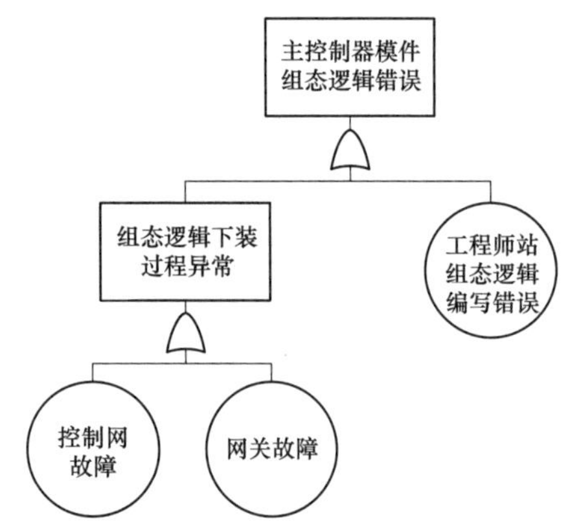

图 8-7　主控制器模件组态逻辑错误故障树

8.3.2　汽轮机水冲击事故故障树分析

由于水或冷蒸汽进入汽轮机可能造成设备的严重损坏，这称之为“汽轮机水冲击”，其故障树如图 8-8 所示。据前文所述，可直接推理得出造成“汽轮机水冲击”的直接诱因为“低温、低过热度蒸汽进入汽轮机”或“水进入汽轮机”。接着对蒸汽得流向分析，与汽轮机直接或间接相通的部分有主蒸汽管道、抽汽管道、轴封、低压旁路、排汽管道，那么，“低温、低过热度蒸汽进入汽轮机”的途径主要是主、再热蒸汽管道。这是从时间连续的角度分析的，即底层事件和上层事件连续发生。一般情况下，底层事件和上层事件均发生在机组运行时；但是，如果从事件不连续的角度进行分析，停机时由于操作不当所留下的故障因素处于潜伏状态并不会引起故障，而等到机组重新启动时，潜伏因素会立刻引起故障。因此，该情况也值得引起重视，即停机时低温、低过热度蒸汽轴封进入汽轮机也会造成“汽轮机水冲击”。具体分析其过程为：首先，停机必然引起蒸汽温度和过热度大幅下降；其次，如果轴封不严，低温、低过热度蒸汽则会从轴封进入汽轮机。可总结如下：“主蒸汽温度参数控制不当”或“停机后轴封不严引起的泄漏”均可导致“低温、低过热度蒸汽进入汽轮机”，在这里低温、低过热度蒸汽从主再热蒸汽管道的因素追究到“主蒸汽温度参数控制不当”为止，不再深入，因为具体涉及余热锅炉的控制过程。水进入汽轮机的渠道有很多，正如前文所分析的那样，即“抽汽管道进水”“主、再热蒸汽管道进水”“轴封进水”“排汽管道水倒灌”以及从时间不连续角度考虑的“停机时低压旁路积水未排出”。

下面继续对“主、再热蒸汽管道进水”进行分析，其故障树如图 8-9 所示。主、再热蒸汽管道上设有主汽门、调汽门、疏水门，正常运行时主汽门、调汽门以及疏水门均呈开启状态。因此一方面锅炉的水可能依次从主汽门和调汽门倒灌进汽轮机，即“主汽门水倒灌”，或者凝汽器水从疏水门倒灌进汽轮机，即“疏水门水倒灌”；另一方面疏水门动作异常，导致主、再热蒸汽管道内的积水无法及时从疏水门排出，即“主、再热蒸汽管道积

水”。因此，“主汽门水倒灌”“疏水门水倒灌”，以及“主、再热蒸汽管道积水”采用或门连接。引起“主、再热蒸汽管道积水”的因素一方面是“疏水门卡涩”，另一方面是因为“疏水门接收信号异常”导致的疏水门动作不准确，二者采用或门连接。其中疏水门为气动执行机构，且“疏水门接收信号异常”需要进一步分析，此处暂时不对其进行分析，第9章将对气动执行机构和电动执行接收信号异常进行分析。引起“主汽门水倒灌”的因素可能是锅炉控制问题，这里仅分析到“汽水共沸”和“锅炉满水”为止，二者同样采用或门。导致“疏水门水倒灌”的因素同样可以从时间连续的角度和时间不连续的角度进行分析，分别为“运行时凝汽器水位超限”和“停机时凝汽器积水未排出”，二者采用或门连接。对于“运行时凝汽器水位超限”需要进一步分析，其直接诱因为“抽水异常”导致凝汽器积水无法及时排出或者“排汽量过高引起的水位骤升”。“抽水异常”一方面是因为凝汽器本身存在的问题，即“凝结水泵故障”或者“凝汽器抽水管道泄漏”，另一方面也可能是因为“凝结水路不畅”造成的，三者采用或门连接。最后对“凝结水路不畅”进行分析可知，“出水阀堵塞”或者“凝结水再循环阀误开”均可导致“凝结水路不畅”。

继续对“抽汽管道进水”进行分析，其故障树如图 8-10 所示。“抽汽管道进水”需要两方面的因素共同作用，一方面高、低压再热器中的水需要通过抽汽逆止阀才能进入抽汽管道，即“抽汽逆止阀未完全关闭”；另一方面“高、低压再热器水倒灌”事件的发生为其提供水源，二者采用与门连接。至于“抽汽逆止阀未完全关闭”，其直接诱因与调汽门动作异常或者主汽门动作异常相同。而引起“高、低压再热器水位超限”的直接诱因为“高、低压再热器水管破裂”所导致的水直接进入抽汽管道或者“高、低压再热器水位超限”。对于造成“高、低压再热器水位超限”需要进一步分析，“高低压再热器水管破裂”导致的高低压再热器中的积水无法及时排出或者从时间不连续角度思考的“停机时高低压再热器积水未排出”，二者之一均可导致“高、低压再热器水位超限”，故采用或门连接。需要注意的是，该层事件中“高低压再热器水管破裂”与上层事件中“高低压再热器水管破裂”发生部位不同。

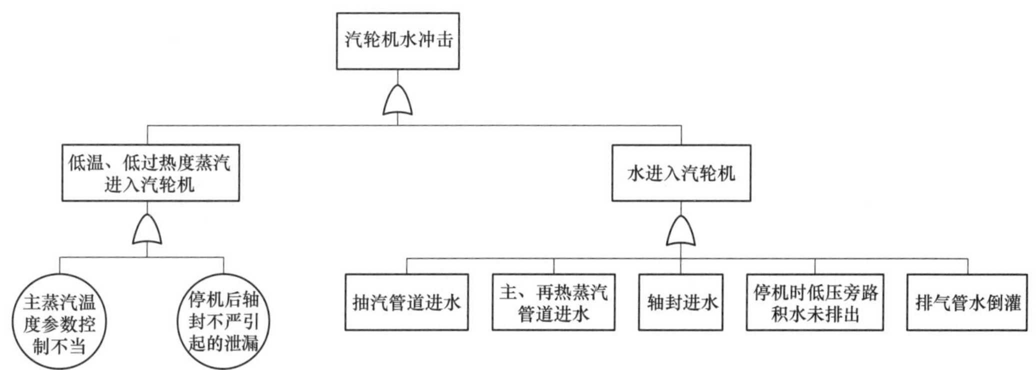

图 8-8　汽轮机水冲击故障树

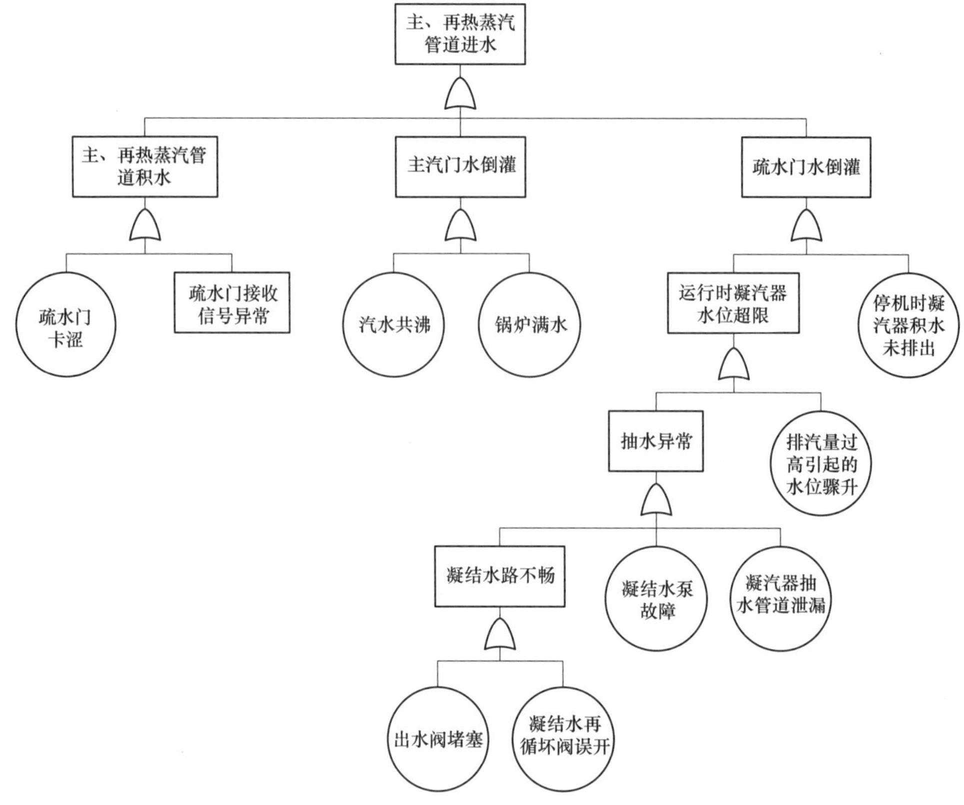

图 8-9　主、再热蒸汽管道进水故障树

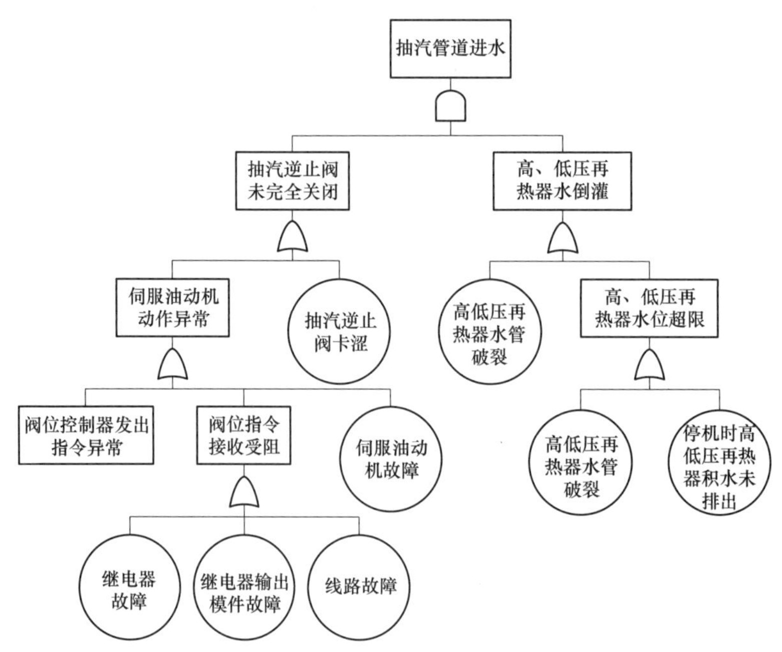

图 8-10　抽汽管道进水故障树

继续对“排汽管水倒灌”进行分析，其故障树如图 8-11 所示。从时间连续和时间不连续的角度思考因素，导致“排汽管水倒灌”的原因分别为运行时“凝汽器水位超限”和“停机时凝汽器积水未排出”，二者择其一，故采用或门连接。而导致“运行时凝汽器水位超限”可详见图 8–9。

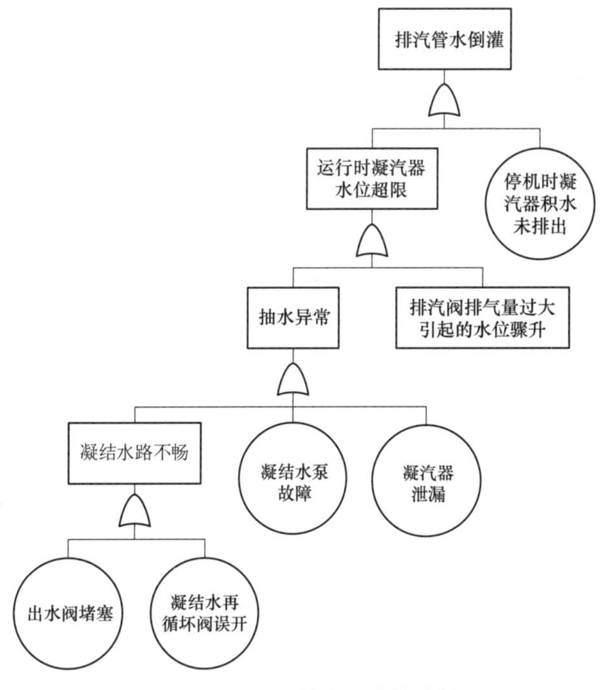

图 8–11　排汽管水倒灌故障树

接着对“轴封进水”进行分析，其故障树如图 8–12 所示。“轴封进水”直接诱因为“停机时减温阀未关闭”导致的积水或者“除氧器水倒灌”。而“除氧器水倒灌”由时间连续和时间不连续的角度所分析的诱因分别为“停机时除氧器积水未排空”和“逆止阀卡涩”，二者采用或门连接。

最后对“停机后低压旁路积水未排出”进行分析，其故障树如图 8–13 所示。“停机后低压旁路积水未排出”直接诱因为“停机后减温水阀未关闭”或“低旁途径高排逆止阀卡涩”。

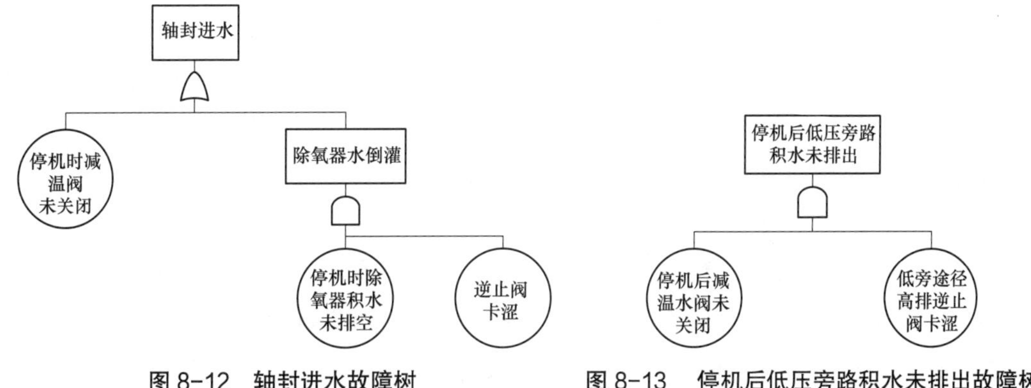

图 8–12　轴封进水故障树

图 8–13　停机后低压旁路积水未排出故障树

8.3.3 汽轮机 EH 油系统事故故障树分析

在汽轮机 EH 油系统当中，主要包括管路系统、紧急遮断装置、供油装置等部分，磷酸酯类的抗燃油是其主要的工作介质。在管路系统中，除了基本的管道以外，还有低压蓄能器和高压蓄能器，其作用是避免由于阀门动作造成 EH 油流量的变化，确保系统的安全运行。

EH 油系统的作用是提供高压抗燃油，并由它来驱动执行机构。系统工作时，由交流电动机驱动高压叶片泵，油箱中的抗燃油通过油泵入口的滤网被吸入油泵。油泵输出的抗燃油经过 EH 控制单元中滤油器、卸荷阀、逆止阀和过压保护阀，进入高压集管和蓄能器，建立起系统需要的油压。

EH 油系统运行是否正常直接影响整个机组的安全，其事故可能导致轴瓦的烧毁、调速系统失灵，甚至更为严重的事故发生。因此，运行过程中对 EH 油系统的监视和调整以及润滑用油和调速用油的保障显得极为重要。EH 油系统的监视对象包括主油泵、注油器、油滤网、油箱液位、轴承出口油温、调速和润滑油压、油质、轴承回油及冷油器等。

对于油温来说，轴承的进口油温（冷油器出口油温）一般控制在 35~45℃，润滑油的温升不超过 10~15℃。如果运行过程中油温过高，会加剧油的氧化作用，导致其黏度降低，进一步引起油膜厚度减小，甚至油膜破损。因此，轴承出口油温不允许高于 65℃，并且达到 75℃时必须紧急停机。相反，油温过低，油的黏度会增大，会造成轴瓦油膜不稳，进一步引起机组振动。

油压过高，可能会使 EH 油系统泄露及轴瓦油挡漏油，容易造成火灾事故。油压过低，会造成轴承油量不足或断油，并造成调速系统工作失常。引起油压降低的主要原因有主油泵工作失常、注油器故障、油滤网脏污、减压阀或溢油阀调整不当、EH 油系统漏油等。运行过程中发现油压降低时，应立即查找原因，并启动辅助油泵，必要时应立即实施停机处理。

运行过程中保证 EH 油系统有足够的油量即维持油箱油位的正常是十分重要的。一般正常油位应比最低油位线高 50~100mm，油位线应不低于油泵吸入口以上 100~150mm，最高油位线应离油箱顶部 100mm。油位过低时，油箱的杂质容易进入油系统，严重时会造成主油泵断油进而引发烧瓦事故。运行中应经常检查活动油位计，一旦发现油位下降，应及时查找漏点，清除漏油，并补充新油。如果油箱油位持续下降且无法解决时，应立即实施故障停机。

冷油器出口油温的高低直接影响机组的安全，而冷油器工作是否正常，与冷油器的冷却水量及冷油器铜管表面洁净有很大关系。当冷却水温、水量不变，而冷油器出口油温与出口水之间温差增大时，表明冷油器铜管表面脏污，应及时进行清洗；当冷却水进出口温差增大，而出口水温与出口油温相差不多时，表明冷却水量不足，应增加冷却水量。机组在运行过程中应禁止冷却水压高于油压，同时禁止在冷油器进水门全开情况下用出口门调节冷油器水量，这样容易造成在冷油器铜管破裂时油中进水。

油质合格是润滑效果良好和调节系统工作正常的重要保障。汽轮机 EH 油系统在高温作用及汽水杂质侵入的影响之下，其油质会逐渐劣化。因此，要保证油质合格，首先需要制定一个足够严格的检查及检验制度，以确保发现油质恶化时能够及时处理和更换 EH 油。

在运行过程中，EH 油系统常见的问题包括油动机摆动、油动机动力不足、油动机油管脉动、AST 阀油压过高或过低、油泵振动大、EH 油母管压力低、EH 油酸值增大、EH 油触头渗漏等。下面将根据 EH 油系统的主要故障或者 EH 油系统存在的主要隐患展开分析。

（1）故障一：EH 油泵严重磨损。

EH 油泵严重磨损问题主要针对非正常磨损而非因运行时间过长而造成的磨损，造成油泵磨损的问题不能简单归因于某一个因素，即造成 EH 油泵磨损的顶事件可能是一个或者多个底事件的非简单耦合，当其中某个因素对顶事件造成较大影响时，视此事件为顶事件的主要影响因素。根据泵严重磨损的历史事件统计分析，我们建立了 EH 油泵严重磨损故障树如图 8-14 所示。

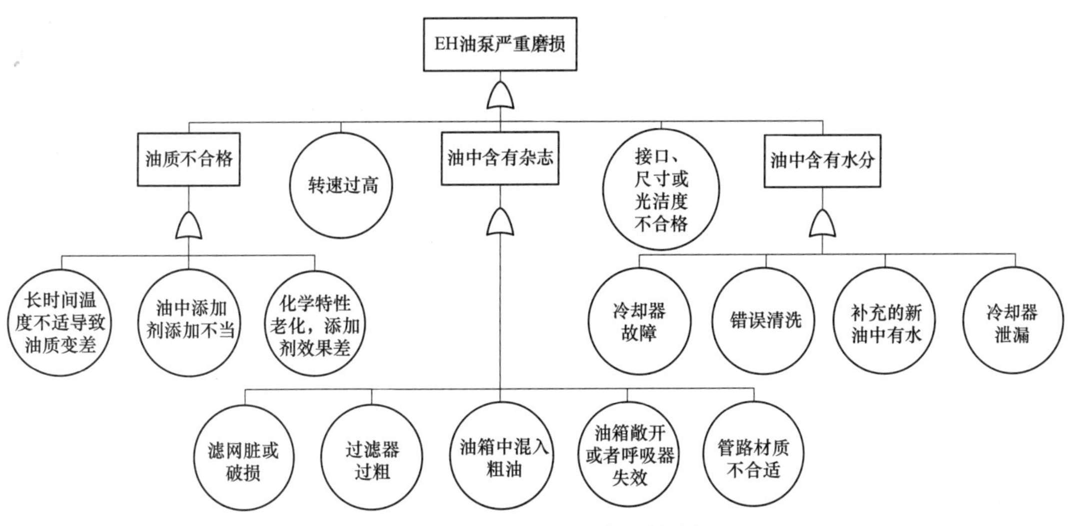

图 8-14　EH 油泵严重磨损故障树

造成 EH 油泵磨损的原因可以分为以下 5 个方面：①转速过高；②油质不合格；③油中含有杂质；④接口、尺寸或光洁度不合格；⑤油中含有水分。其中，接口、尺寸或光洁度不合格这类安装不当的事件尽管有可能引发 EH 油泵磨损，但是该事件在某种意义上来说可以忽略，原因如下：在电厂投产前应该已对其所组建的器件进行过大规模检查，对设备以及运行情况进行检测修整，安装不当问题在后期出现的可能性较小，但是在问题发生过后，也应对此事件进行排查检修，避免遗漏。至于转速过高会导致油泵运行负荷不断升高，最终导致油泵运行负荷达到规定负荷以外，转速过高详见 8.3.1 节汽轮机超速事故故障分析。

除却 EH 油泵自身运行的问题，油的质量问题也是影响油泵的重要因素，主要包括以下三个方面：①油质不合格；②油中含有杂质；③油中含有水分。这三方面因素都会影响油泵的正常运行，最终导致 EH 油泵严重磨损。造成油质不合格的主要因素包括长时间温度不适而导致油质变差、添加剂添加不当或者添加剂效果差、油的化学性质老化。长时间温度不适主要指油温过高，造成油的品质发生变化，后文将会对油温过高进行分析。对于油中含有杂质进行分析，可以从油的来源处、传输过程来考虑油中含有杂质的问题。从油的进口处考虑，若油滤破损、孔洞过大，则会使油在过滤时不能过滤掉其中的杂质，使其中的杂质跟随油的流动进入管道以及 EH 油系统中。从油的来源处分析，如果我们在添加时混入了粗油，油质也会变坏。除此之外，油箱敞开时，会使空气中的杂质进入油箱之进而污染油质；管路材质使用不当也会使油在运输过程中因为管路原因受到物理或者化学方面的影响，导致油质变差。上述单一事件的出现导致油质差的可能性极小。在机组日常运行中，应当多关注整体多原因导致的问题，而非局限于一个单一事件。

（2）故障二：EH 油泵噪声增大。

在系统运行过程中，EH 油泵噪声过大意味着油泵工作异常，根据泵噪声故障的主要原因，我们构建 EH 泵噪声增大故障树如图 8–15 所示。造成 EH 油泵噪声过大的主要因素有油中含有空气、EH 油泵转动部分油质汽化、EH 油泵轴线未校验准确以及 EH 油泵机械故障。

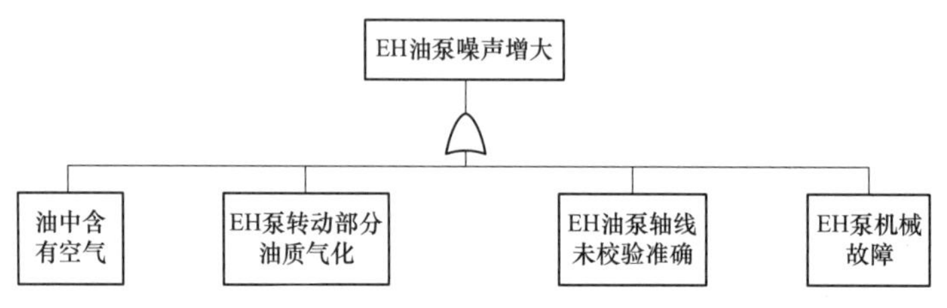

图 8–15　EH 油泵噪声增大故障树

据图 8–15 及相关分析得油中含有空气会导致泵的工作状态异常并产生噪声。接下来对造成油中含有空气的原因进行分析，其故障树如图 8–16 所示，主要诱因如下：①入口管路堵塞，入口管路的堵塞会使油不能正常进入到输油管路中，导致油在进入时会携带空气；②轴端密封泄漏，一旦发生轴端密封泄漏，会使得部分空气进入到输油管道中，导致油中含有空气；③油流量低，在油流量低的情况下，输油管路中会存在因为油量不足而产生的间隙，引发低压状态，进而更容易使空气进入到油中，造成油水混合状态；④输油管在液面上，该情况下油进入管道时会与空气接触，进而形成易使油水混合的条件；

⑤泵入口管压降过大并导致空气逸进；⑥入口滤网产生了集气器式作用。同样，一般情况下单一底事件并不会导致 EH 油泵混入空气，并且 EH 油泵混入空气与机组的工作状态等因素相关，在实际生产过程中若发生油中含有空气故障应对上述原因进行逐一检查。

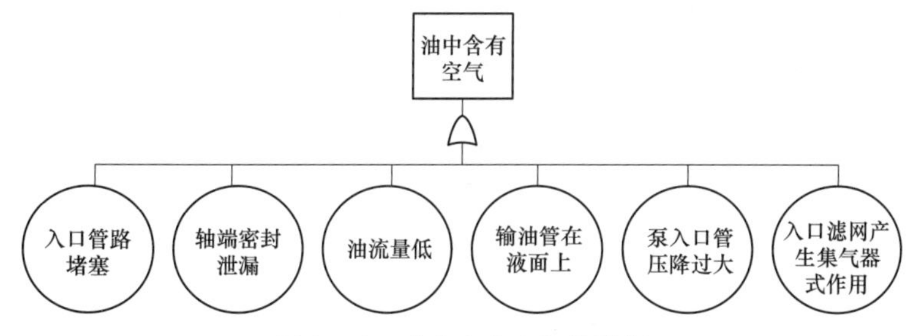

图 8-16 油中含有空气故障树

据图 8-15 及相关分析，EH 油泵转动部分油质汽化也是造成泵故障的一个常见因素，根据运行过程中统计的历史数据以及分析，构建 EH 油泵转动部分油质汽化故障树如图 8-17 所示。EH 油泵转动部分油质汽化的主要原因包括：①油温度过低；② EH 油泵转速过高；③入口管径过细；④入口滤网差压过大；⑤入口管凹陷；⑥入口滤网过细。EH 油泵转动部分油质汽化会直接导致泵运转噪声增大，不管是运行阶段还是检修维护阶段，都应该对上述原因进行逐一检查以避免该事故发生。

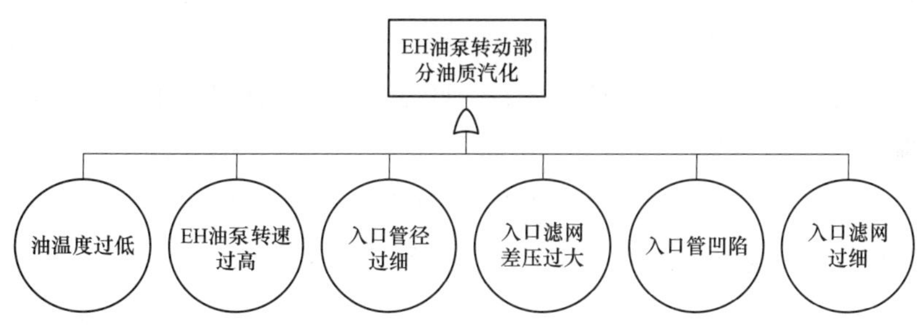

图 8-17 EH 油泵转动部分油质汽化故障树

EH 油泵轴线未校验准确很多情况下发生于刚运行阶段，而且都是由于机械安装有误导致，在后续运行过程中如果发生问题，更多的时候应该关注装配、操作步骤是否有误。综上所述，EH 油泵轴线未校验准确故障树如图 8-18 所示。

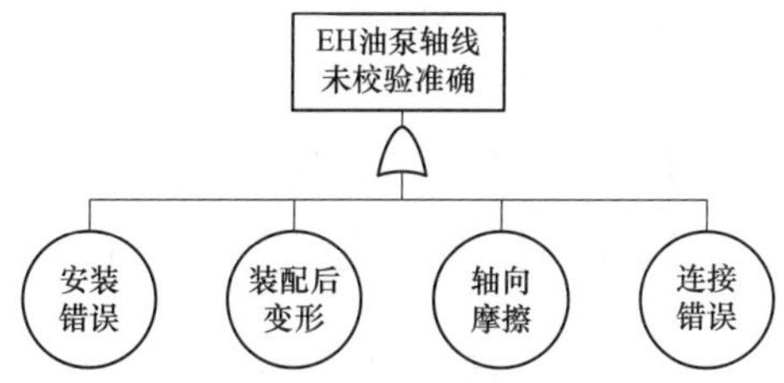

图 8-18 EH 油泵轴线未校验准确故障树

EH 油泵机械故障树如图 8–19 所示，EH 油泵机械故障可以划分为两个方面，一方面是简单的松动问题，如地脚松动或柱塞和滑靴松动或故障等，一般由长期运行所导致，泵机械设备经过长期运行之后，有很大的概率会因为环境或者自身运行而产生较小位移；另一方面是故障损坏问题，如轴承故障、联轴器损坏或联轴器弹性圈损坏等故障，需要对故障进行及时检修，并及时更换故障器件。

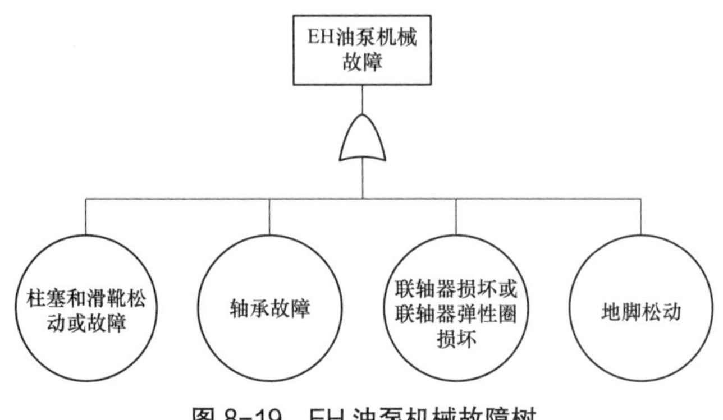

图 8–19　EH 油泵机械故障树

（3）故障三：压力振荡、油管路高频振荡。

EH 油泵为恒压变量柱塞泵，它具有容积式泵的压力高、流量稳定的优点。一般，EH 油泵调节装置会基于感受到出的口压力变化通过反馈调节来实现恒定的压力输出。EH 油泵调节装置分为两部分：调节阀和变量油缸。调节阀安装在泵的上部，感受泵出口压力变化并转化成变量油缸的推力。变量油缸产生的推力克服斜盘弹簧力来决定油泵斜盘倾角大小，使泵的输出压力发生变化。

压力振荡、油管路高频振荡故障树如图 8–20 所示，造成油泵压力振荡和油管路高频振荡的外部表现以及故障原因基本相符。故障原因可从两个方面来讨论，一是考虑 EH 油泵本身故障；二是从供油系统考虑。

EH 油泵故障故障树如图 8–21 所示，EH 油泵故障的原因可以划分为直接和间接两个方面。直接导致 EH 油泵运行故障的因素包括流量和压力调节装置磨损以及齿形负载，分析如下：流量和压力调节装置磨损时，调节指令不能准确表达，进而导致 EH 油泵故障；齿形负载的发生主要是由于变量油泵活塞发生卡涩突变时，作用在油泵斜盘上的推力就会发生突变，使得油泵柱塞的位移随之发生突跳，导致油泵压力呈齿形变化，油泵的驱动电机电流也会发生变化。EH 油泵的出口压力也会呈锯齿状，不再恒定，油泵寿命会大幅缩短。间接导致 EH 油泵故障的因素有两点：一是指令信号故障，在前文中已有详细介绍；二是油路故障，主要涉及一些管道以及一些阀门，上述两点均会引起 EH 油泵泄疏油过量进而导致 EH 油泵故障。

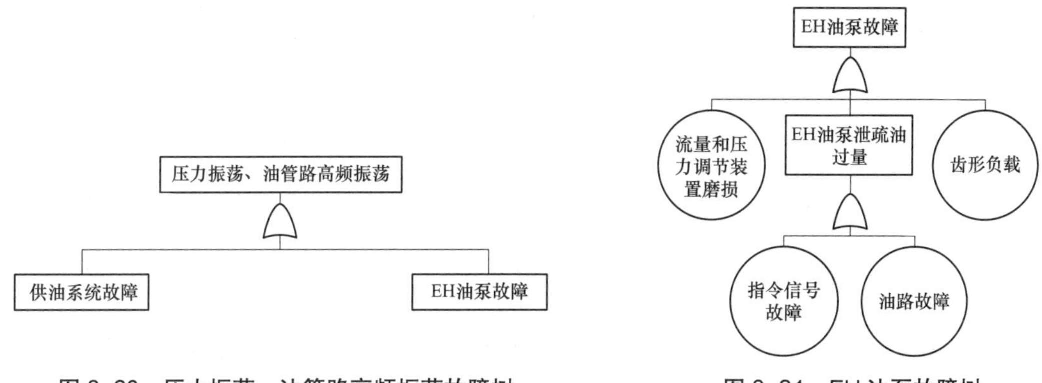

图 8-20　压力振荡、油管路高频振荡故障树

图 8-21　EH 油泵故障树

供油系统故障树如图 8-22 所示，供油系统是 EH 油系统正常工作的重要前提和保障。一旦供油系统失常，其功能将很难成功实现。在对供油系统进行分析时，有必要先对其中涉及的一些阀门进行介绍：

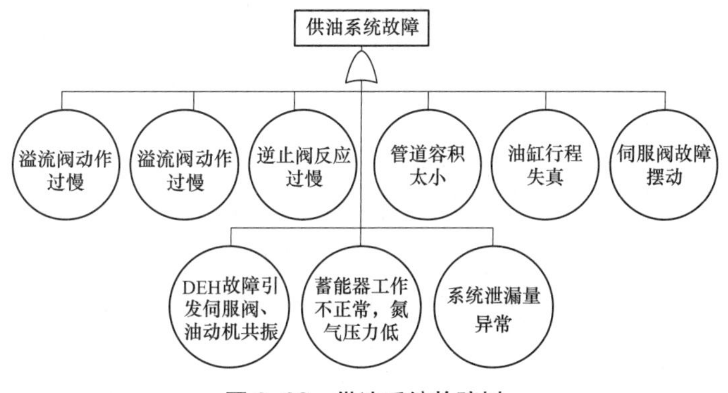

图 8-22　供油系统故障树

伺服阀又称电液转换器，由两部分组成：上部分为动圈式力矩马达，下部分是一个液压二级阀。它的工作原理是将计算机控制输出的电流信号转换成液压信号，再通过油动机转换成位移信号，控制相应蒸汽阀门的开关。伺服阀是 EH 油系统中最核心、最精密的部件，一旦油管路污染，很容易导致卡涩。伺服阀卡涩将导致汽轮机调节过程变缓或者无法控制。

供到调节阀的高压油均经过此隔离阀到伺服阀去操作油动机。关闭隔离阀便切断高压油路，使得可以在汽轮机运行条件下停用此路调节阀，更换滤网，检修或调整伺服阀等，该阀安装在液压块上。

快速卸载阀安装在油动机的液压块上，它主要作用是当机组发生故障必须紧急停机时，在危急脱扣装置等动作使危急遮断油泄油失压后，可使油动机活塞下的压力经快速卸荷阀释放。此时，不论伺服放大器输出的信号大小，在阀门弹簧力作用下，均使阀门关闭。在快速卸荷阀中有一个杯状滑阀，在滑阀下部的腔室与油动机活塞下的高压油路相通，在滑阀底部中间有一个小孔使少量压力油通到滑阀上部。滑阀上部的油室一路经逆止阀与危急遮断阀相通，另一路经一针阀控制通到油动活塞上腔通道的大小，调整针阀的开度可以调节滑阀上的油压。在正常运行时，滑阀上的油压作用力加上弹簧力大于滑阀下高压油的作用力，使杯形滑阀压在底座上，并将滑阀套下部圆周上与回油相通的油口关闭。

造成供油系统故障的原因可以从以下方面来分析，逆流阀动作过慢，会导致油压过高，引发故障。随着运行时间变长，模件不可避免地会产生磨损，其中溢流阀磨损后，会发生与前一故障机理相同的后果，导致因供油油压过高而故障。接着分析阀门动作过慢导致的问题。逆止阀如果反应过慢，管路中的油会倒流回各个执行机构造成故障。如果油管路中管道容积太小，也会因油流量不足导致故障。如果油缸产生了失真行程，也会使本来要执行的命令不能按预定指令执行，造成供油系统故障。如果 DEH 机构产生故障，主要指控制机构发生故障，指令信号的产生和传输过程发生故障，也会引发伺服阀、油动机共同振动。除上述原因之外，伺服阀故障、蓄能器工作不正常导致氮气压力低、系统中有非正常泄露量等都会造成供油系统的故障。

（4）故障四：EH 油发热。

当 EH 油温超过 60℃时，油的化学活性大幅增加，氧化性能增快，氧化会使抗燃油酸度增加，颜色变深。由于 EH 系统工作在汽轮机周围，伴随着高温高压蒸汽，难免有部分元件特别是油动机连接在汽轮机配汽机构上，长期处在高温环境中，很容易过热。此外，EH 油滤机温控元件故障也易造成局部过热。

如图 8–23 所示，造成油发热可以从溢流阀故障、设定故障值过高以及冷却器故障等几个常见原因来展开分析。当溢流阀设定动作值过低时，溢流阀会在压力波动时频繁波动，造成油动作过多而发热。除此之外，还有一点是因为背压过大和器件磨损造成的溢流阀工作异常，难以稳定油压，造成油发热故障。冷却器故障的主要原因有冷却水被切断或流量过低、由于泥浆或水垢引起传热效率下降以及备用冷却器油侧投入而水侧未投。此外，还有一些故障，诸如油过少、油流卷吸空气、邻近设备热辐射等。

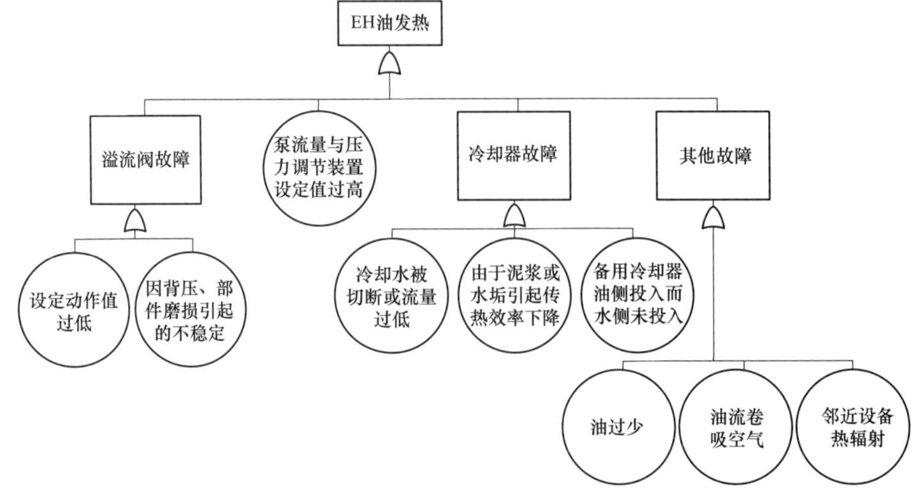

图 8–23　油发热故障树

（5）故障五：伺服油动机脱离控制。

伺服油动机脱离控制故障树如图 8–24 所示，对伺服油动机脱离控制中的几种主要表现形式进行分析。其中单一油动机全关作为伺服油动机脱离控制的表现形式之一，其故障树如图 8–25 所示，分析过程如下：在油位传感器损坏的情况下，控制机构无法得到准确的油位信息，进而会导致单一油动机全关；除了油位传感器故障之外，如果伺服阀发生了零位漂移，也会导致液位测量错误；对于油动机而言，如果油动机入口门未开，EH 油会无法进入执行机构中，进而引发故障；如果油动机卸荷阀未关足或损坏，也会造成单一油动机全关；如果伺服阀堵塞或损坏，执行机构无法动作，也会导致单一油动机全关；除了上述故障以外，灵活性试验电磁阀故障、DEH 指令不准确（输出模块或信号传输线路故障，详见图 8–5 阀位控制单元发出指令异常及相关分析）、伺服阀驱动线圈故障也会导致单一油动机全关。

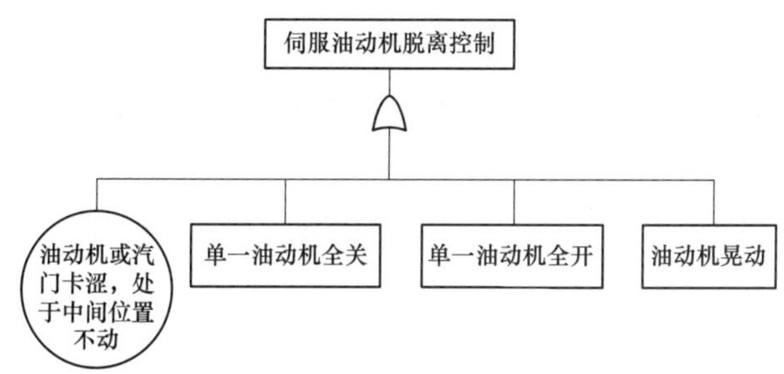

图 8–24 伺服油动机脱离控制故障树

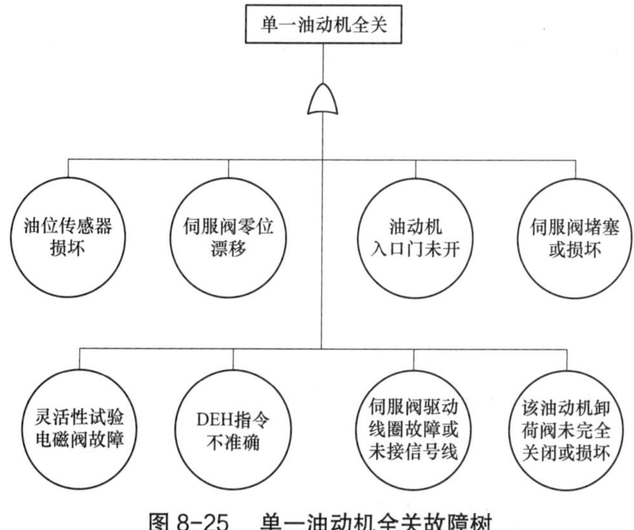

图 8–25 单一油动机全关故障树

单一油动机全开故障主要原因分析过程同单一油动机全开故障，其故障树如图 8–26 所示。

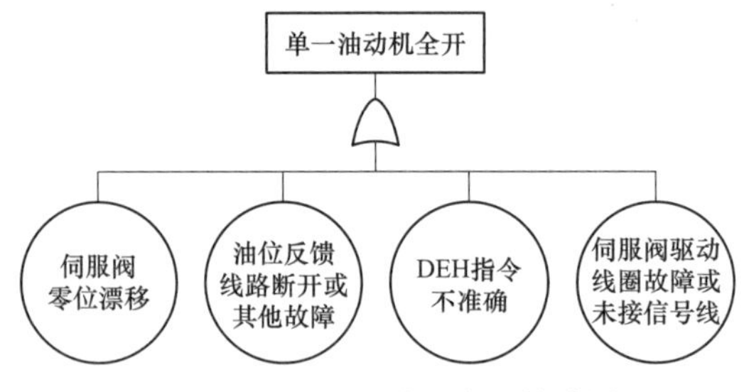

图 8-26 单一油动机全开故障树

油动机晃动故障树如图 8-27 所示，油动机晃动主要原因分析如下：当安装于油动机上的线性位移传感器故障后，会引起位移信号错误或者不能准确地传输到控制机构中，进而使得控制机构无法发出准确的指令，最终导致油动机晃动；如果 DEH 控制信号在传输的过程发生振荡，同样会导致油动机晃动；线性位移传感器或者铁芯发生松动的话，也会造成油液位信号偏差，最终导致油动机晃动；机组启动时，如果主蒸汽参数过高，会使得油动机动作频繁，进而导致油动机晃动；除此之外，伺服阀故障，同样会造成严重后果，伺服阀滤芯被堵，可能会造成伺服阀主阀芯两端压差始终存在，造成阀芯始终向一端开足，进而导致油动机晃动，严重时油动机可能会错误的全开或全关；另外，伺服阀零位未校准的情况下，油动机在执行正常的 DEH 控制指令时也会导致油动机晃动。

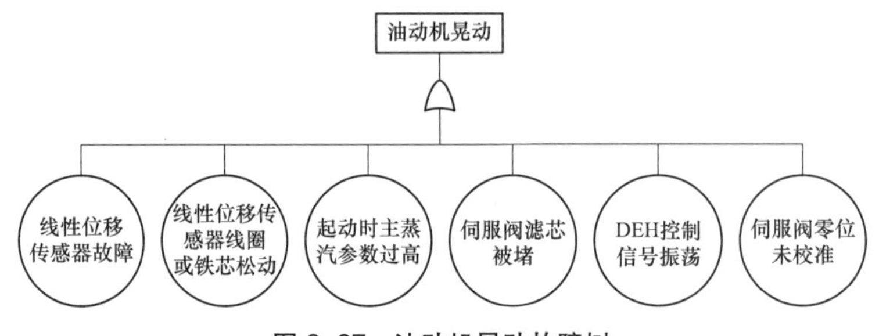

图 8-27 油动机晃动故障树

（6）故障六：EH 油流量不足。

EH 油流量不足会造成诸多其他故障，故对 EH 流量不足的原因进行分析，其故障树如图 8-28 所示，分析过程如下：从信号传输角度分析可得高压蓄能器未正常投入会导致 EH 油流量不足；从 EH 油泵自身角度分析得流量和压力调节装置磨损，进口管路密封不好，泵冲程控制调整不准确泵老化造成的性能恶化同样会造成 EH 油流量不足；除此之外，系统中存在不明泄漏也会造成 EH 油流量不足。

8.3.4 汽轮机轴向位移过大事故故障树分析

本机组采用 X、Y 方向的两个轴振动探头来监视振动信号并将其送到 TSI 装置，经 TSI 装置收集并处之后将振动模拟信号传送至 ETS 系统。X、Y 任一方向的振动信号数值超限并且信号质量正常，都会引起跳机，正常情况下，跳机信号会延时 3s。

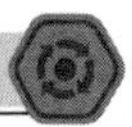

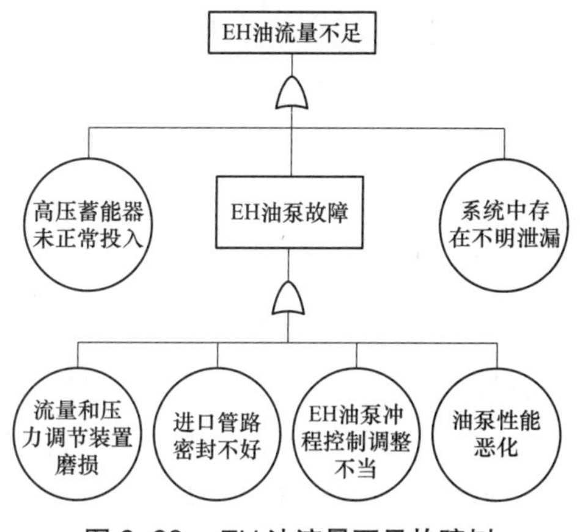

图 8-28 EH 油流量不足故障树

汽轮机组振动的主要特点及表现（特征）如下：

（1）转子质量不均衡。由于转子质量不平衡而产生的离心力或激励力，是发电厂中最重要的振动问题之一。尽管转子质量不平衡种类较多，但都会直接影响系统的性能。例如，转子弯曲会使得调节装置的弯曲状态未能得到及时调节，进而引发零件摩擦，最终导致工件和导向板之间的间隙增大。此外，调度控制不充分会引起汽轮机叶片变形及膜片弯曲进而也会引起振动问题，并且汽轮机的振动现象会随着速度增加、离心力的力度提升变得更加严重，因此有必要监视振动信号。对于轴向振动的某些变化，必须预先设置电阻，以便评估振动幅度。根据动态轴承安装的特定要求，严重的操作错误或其他现象可能会导致明显的振动问题。

（2）转子轴系未在中心位置。汽轮机组在运行时，对驱动轴系统有着严格的要求。为了避免剧烈振动，必须将零件安装在相应位置。在实际操作中，如果侧向反射不均匀或不符合轴安装位置要求，则必须调整转子轴系位置。由驱动轴系统故障引起的振动问题具有明显的特征。在两个相邻的轴安装在相应轴承部件的前提下，两个相邻轴的偏差和倾斜度很容易引起汽轮机的振动问题。因此，轴系未对准在一定程度上可以反映汽轮机组运行中的轴承偏差问题。

（3）油膜振动。汽轮机工作阶段的不稳定性会影响到整个发电过程。因此在汽轮机组的振动阶段，需要预先掌握振动的幅度，如果有不稳定或其他现象发生，需要及时汇总数据情况，并根据固定值控制汽轮机转速。此外汽轮机组运行期间转子不稳定，会引起转子振幅增加。油膜振动主要由汽轮机组的运行不稳定所引起。一般汽轮机稳定运行时振动频率与速度之比为 1 ： 2，此时，即使汽轮机转速增加，相应的振动频率也会保持在恒定状态。油膜振动故障的主要特征是低频振动和小振幅。在这一前提下，汽轮机的运行速度高于初级临界速度的两倍时，机组产生的低频振动速度将与初级临界速度同步，即共振现象。当汽轮机发生共振时，汽轮机的低频振动幅度会在某种程度上被放大，并且频率增加，进而转化为油膜振动。油膜振动与千斤顶轴中液压油压力不足以及运行期间润滑剂中杂质混入有关，其突出特征为低频振动。考虑到机组对振动频率的要求，运行过程中应根据实际经验调整相应的幅度，以避免剧烈振动。

机组振动故障树如图 8–29 所示，分析过程如下：

（1）中心振动异常：①汽缸体膨胀不均：汽轮机开始运转时，如果预定的时间不足、速度过快或负荷过大，汽缸体在加热过程中会膨胀不均。同时，汽轮机组活动销系统会限制汽缸的热膨胀，使得转子和汽缸在操作期间产生相对偏差，最终导致整个机组的异常振动。②差异膨胀增加和汽缸变形。在机组运行期间，如果抬高高压轴封，整个汽轮机将产生一定程度的轴向运动。此外，真空度下降时，废气的温度相对升高、轴承向上移动，也会导致机组振动。③联轴器中心点未对齐。随着设备负荷的增加，由安装时联轴器中心点未对齐引起的设备异常振动加重，会进一步造成整个设备的二次损坏。如果汽轮机组在高于设计值的入口温度下运行，其膨胀差异和汽缸变形可能会更加严重，从而导致设备中心振动超过轴承极限。

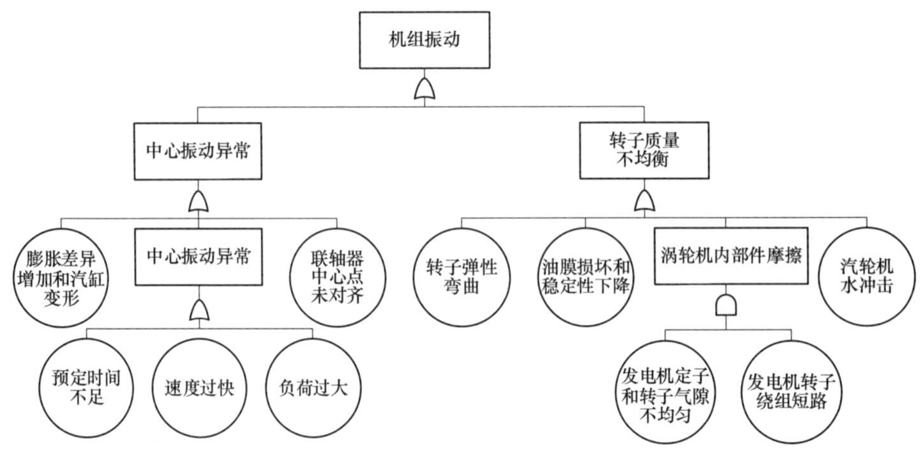

图 8–29　机组振动故障树

（2）转子质量不均衡：①由转子的弹性弯曲引起的振动。在汽轮机机组运行期间，叶片装置的破裂、磨损、腐蚀和溢出将导致转子不平衡，并在弹性弯曲力的作用下引起振动。②由于油膜损坏和稳定性下降引起的振动。在汽轮机长期高负荷运行的过程中，轴承油膜不可避免地会变得不稳定或损坏，轴承衬套的黑金会经燃烧后受损，导致整个轴承受热不均匀，最终在轴颈弯曲的作用下，整个汽轮机将产生异常振动。如果油膜损坏或浮起，设备的轴承衬套会更快地燃烧，进而引起轴颈受热弯曲，最终导致机组异常振动。③由涡轮机内部部件之间的摩擦引起的振动。在汽轮机运行期间，如果发电机的定子和转子之间的气隙不均匀，并且发电机的转子绕组短路，会导致整个汽轮机组的异常振动。由于转子叶片和导向叶片之间的摩擦，轴向误差和流动路径中的间隙不足，涡轮叶片的变形和隔膜的弯曲，轴承的放置或操作误差等，上述因素均会引起涡轮机内部部件之间的摩擦。④运行中由于水冲击而引起的振动，也是引起转子质量不均衡的重要原因之一。

8.4 小结

本章首先通过建立可靠性框图对汽轮机控制系统中 ETS、BTC、ATC 三个子系统故障的产生进行了分析，然后对控制系统中各个硬件设备的冗余数量加以考虑，并将各个设备的结构和冗余情况反映到可靠性的分析过程中，以便从中寻找出控制系统硬件薄弱部分并予以加强。然后，通过建立故障树对重大故障事件的故障机理做了详细的分析。对诸如汽轮机超速、汽轮机水冲击等事故进行故障树分析，循因溯果，不断剖析，分析出了整个事故的基本脉络框架。便于运行人员针对汽轮机控制系统薄弱环节进行保护，避免事故产生，也便于检修人员在事故发生后对事故原因进行分析。

9 余热锅炉控制系统可靠性分析

燃气轮机循环的工质排放温度（排气温度）很高，且大型机组排气量高达650kg/s以上，因而有大量的热能可以回收利用。余热锅炉可通过回收燃气轮机排气能量产生蒸汽，驱动蒸汽轮机做功，从而可以大幅提高机组热效率。余热锅炉相对于常规锅炉有许多不同。因此，如何保障余热锅炉的正常运行对于整个系统的运行有着重要的意义。本章拟针对余热锅炉的控制系统以及余热锅炉运行过程中的一些常见故障进行可靠性分析，以便为余热锅炉的故障诊断和预防提供参考意见。

9.1 概述

余热锅炉型联合循环是将燃气轮机布雷顿循环和蒸汽轮机朗肯循环结合在了一起，按照能量利用的先后，一般把其中的燃气轮机循环称为顶部循环或前置循环，把朗肯循环称为底部循环或后置循环，这种布置可以将能量在系统中从高品质到中低品位被逐级利用，从而提高机组的热效率。

通常余热锅炉由省煤器、蒸发器、过热器、再热器以及联箱和汽包等换热管组和容器等组成。在省煤器中，锅炉的给水完成预热的任务，使给水温度升高到接近到饱和温度的水平；在蒸发器中，给水变成为饱和蒸汽；在过热器中，饱和蒸汽被加热升温成为过热蒸汽；再热蒸汽在再热器中被加热升温到所设定的再热温度。余热锅炉在汽水侧的流程：给水进入余热锅炉后吸收热量，蒸发后成为过热蒸汽。省煤器的作用是利用尾部低温烟气的热量来加热余热锅炉给水，从而降低排气温度，提高余热锅炉以及联合循环的效率。通常联合循环中的余热锅炉在省煤器中产生蒸汽，因为蒸汽可能导致水击或局部过热。而且省煤器的蒸汽进入汽包后如被带入下降管还会对水循环带来不利影响。

通常情况下，蒸发器中只有部分水变成蒸汽，所以管内流动的是汽水混合物。汽水混合物在蒸发器中向上流动，进入汽包。在汽水分层的界面常常会上下波动，使得这部分管壁交替地与汽、水接触，壁温的交替变化使材料产生热应力疲劳，减弱其工作的安全性。因此，蒸发器的设计及运行必须防止汽水分层的发展。在水处理不良的情况下，各种杂质在蒸发器的内壁会形成沉淀物，增加热阻，导致局部超温爆管。正常运行的省煤器和蒸发

器管内始终有水存在，所以能够被很好地冷却；同时它们所处区域的烟气温度较低，所以通常采用碳制造。

汽包在余热锅炉中是不可缺少的重要部件。汽包除了汇集省煤器给水和汇集从省煤器来的汽水混合物外，还要提供合格的饱和蒸汽进入过热器或供给用户。汽包内装有汽水分离设备，可以将来自蒸发器的汽水混合物进行分离，水回到汽包的水空间与省煤器的来水混合后重新进入蒸发器，蒸汽则从汽包顶部引出。汽包具有较大的水容量和热惯性，对负荷变化不敏感。

以某电厂余热锅炉汽水流程为例，如图 9-1 所示。

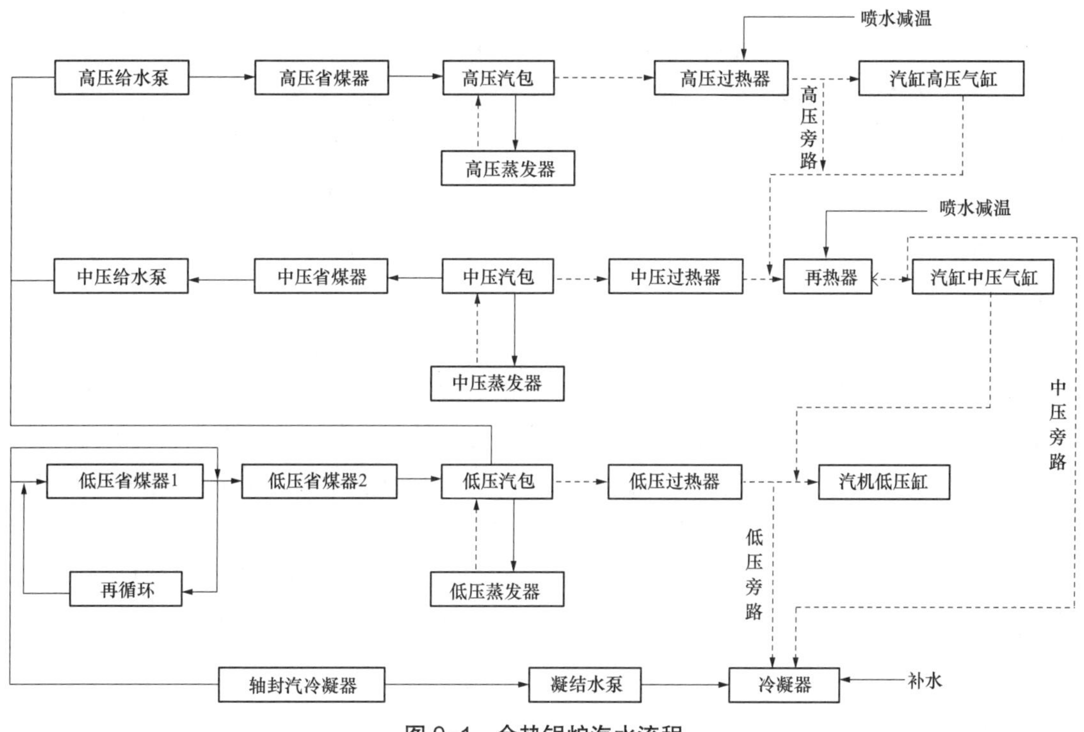

图 9-1 余热锅炉汽水流程

该电厂低压水循环系统由凝结水加热器（即低压省煤器）、整体式除氧器（与低压汽包合为一体）、低压蒸发器和低压过热器构成；中压水循环系统由中压给水泵、中压省煤器、中压汽包、中压蒸发器和中压过热器构成；高压水循环系统由第一级高压省煤器、第二级高压省煤器、高压汽包、高压蒸发器、高压过热器和再热器构成。烟气自左至右依次经过再热器、高压过热器、高压蒸发器、中压过热器、第二级高压省煤器、中压蒸发器、第一级高压省煤器、中压省煤器、低压过热器、低压蒸发器、凝结水加热器后，从烟囱排向大气。高压过热蒸汽进入汽轮机高压缸做功后，与中压过热蒸汽汇合进入再热器；再热蒸汽进入汽轮机中压缸做功后，与低压过热蒸汽一起混合并进入汽轮机低压缸做功。

9.2 余热锅炉控制系统可靠性框图

由 5.2 节分析可知，余热锅炉控制系统 DCS 侧现场级的现场信号数量十分庞大，单个主控制器单元难以处理数量级庞大的现场信号，进而无法单独实现一个控制过程，因此一个控制过程的实现往往需要两个以上子系统主控制器单元，即每个子系统主控制器单元都会接收部分现场信号，并且两个子系统主控制器单元之间存在双向通信，共同参与组态逻辑的处理与运算。然而，即使将冗余数量纳入考虑，相比现场信号而言几乎可以忽略不计。为了降低信号通信的复杂度，控制信号通常仅用一个子系统主控制器单元来发送。这就会产生两种情况：第一种情况为接受现场信号与发送控制信号均由一个子系统主控制器单元来实现；第二种情况为接受现场信号与发送控制信号分别由不同的子系统主控制器单元来实现。尽管在组态逻辑的处理与运算过程中，几乎全部的现场信号都存在不同程度的耦合，但是当我们忽略掉具体的组态逻辑处理与运算过程后，仅从信号通信与执行功能之间的关系角度出发，可以发现不同现场信号的通信过程是相互独立的。基于此，我们着眼于各个现场信号而不是一个控制过程，并分别按照上述两种情况采用可靠性框图进行可靠性分析。

第一种情况下的可靠性框图如图 9-2 所示。现场的现场信号被 I/O 单元所接收，由于冗余方式和冗余数量不同，每种现场信号所占用的通道数也不同，I/O 通道数 = 测量信号 / 状态反馈冗余 ×I/O 通道冗余，其中 I/O 通道冗余指的是 DCS 侧。为了进一步增加可靠性，在原本现场侧所发送的冗余信号的基础上，对各个冗余的现场信号的接收设置第二重冗余方式，即采取冗余的 I/O 通道对每个现场信号进行并行接收。至于每种现场信号的 I/O 通道数，本节不进行逐个说明，统一表示为变量 n。当 I/O 单元接收到现场的现场信号之后，还要经过 I/O 信号处理单元，之后传送至子系统主控制器模件并参与组态逻辑处理与运算。

在每个单元或模件组中，通常由网络接口模件执行数据发送功能，同样由网络接口模件执行数据接收功能，一般情况下网络接口模件并不涉及冗余。每个单元根据其执行功能的区别，其核心模件也有所区别，信号处理单元中核心模件为信号处理模件，子系统主控制器模件的核心与其他核心模件相比略微复杂，不仅要执行数据接收与处理功能还要依据自身存储的组态逻辑执行逻辑运算功能。因此，为实现功能分化并进一步增加冗余，部分厂家，例如第 4 章中所参考的厂家，按照前面所述功能将其分化为通信子模件和控制子模件。尽管核心模件种类有所差别，一般冗余数量均为 2。需要注意的是，主控制器模件中的通信子模件和控制子模件的冗余数量均为 2，且两种模件的故障是相互独立的，即通信子模件的故障并不会导致控制子模件的失效，且两种模件的冗余切换也是相互独立的。除了核心模件与网络接口模件外，必须将安装底座纳入考虑范围内。安装底座为每个单元或模件组输送电源的电力，是每个单元或模件组执行功能的前提，在可靠性框图中位于每个单元的首要位置。除了各个单元或者模件组外，它们之间的通信网络也必须纳入考虑，

I/O 单元与 I/O 信号处理单元之间的通信网络为现场通信网络，子系统主控制器单元与 I/O 信号处理单元之间的通信网络为子系统内部通信网络。上述通信网络的冗余数量均为 2。

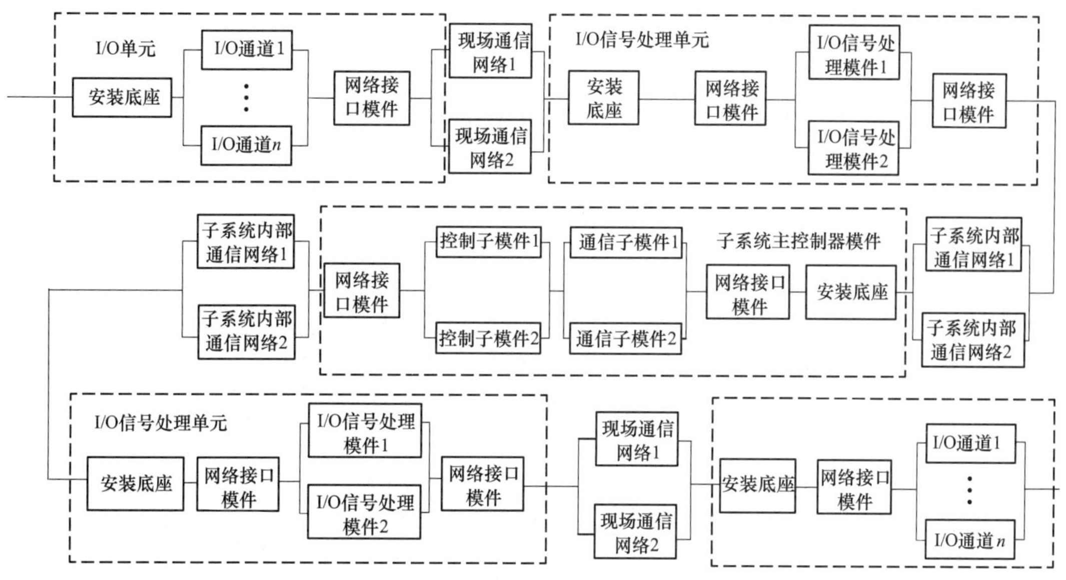

图 9–2 第一种情况下的余热锅炉控制系统可靠性框图

第一种情况下，在接收现场信号并通过组态逻辑处理与运算的过程中已经涉及了形成完整控制信号，所需要的全部单元，这些单元不仅在种类上是相同的，各单元内的所有模件以及各单元之间的通信网络都是相同的。如果仅考虑硬件种类和冗余数量对可靠性的影响，分析过程即可到此为止，若考虑到故障时要追查到信号通信过程中的具体环节，则需考虑整个功能执行过程，故图 9–2 的可靠性框图中将现场信号接收并进行逻辑运算的过程和控制信号发送的过程均包含在内。控制信号发送过程与现场信号接收过程仅通信方向相反，而通信连接及通信原理并无区别。需要注意的是，安装底座仍然需要放在每个单元或模件组的首要位置。

第二种情况下，现场信号接收过程与控制信号发送过程分别需要不同的子系统主控制器模件来完成，如图 9–3 所示。

事实上，现场信号接收过程与控制信号发送过程中所涉及模件和通信网络的种类和冗余数量均相同，区别在于信号接收过程与信号发送过程中的子系统主控制器单元不是同一个。图 9–3 对两个子系统主控制器单元分别编号为“#1 子系统主控制器单元”和“#2 子系统主控制器单元”。需要注意的是，这两个子系统主控制器单元并不是相互冗余的关系，分别执行信号接收、信号发送以及各自的逻辑运算功能。此外，两个子系统主控制器单元之间通过子系统间通信网络来实现两个主控制器单元的组态逻辑互通以及数据传输功能，冗余度同样为 2，并且和其他单元一样均需要网络接口模件作为数据接收端或者发送端。至于其他部分和第一种情况的相同。

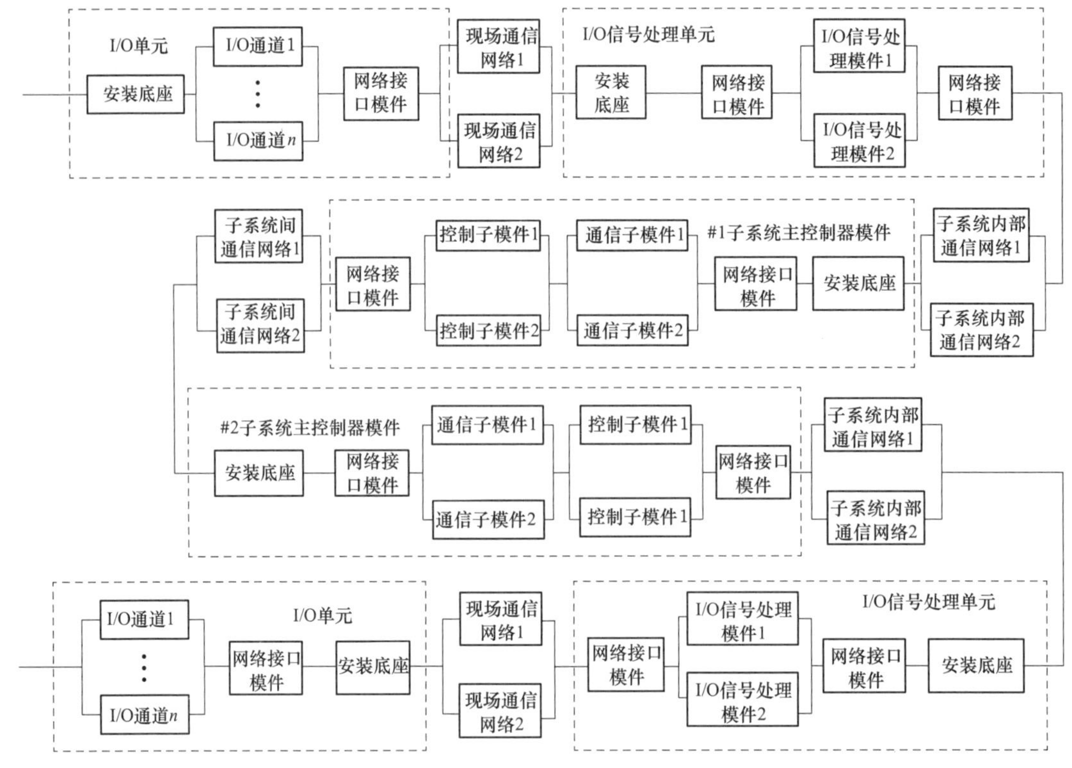

图 9-3　第二种情况下的余热锅炉控制系统可靠性框图

9.3　余热锅炉控制系统故障树分析

锅炉汽水系统分为高压、中压、低压系统（含除氧器系统）。余热锅炉配置除氧器，低压锅筒作为除氧器的水箱，正常除氧用汽取自余热锅炉低压锅筒供汽。在余热锅炉的热力循环过程中，管路长，检测信号多，时刻都存在着安全运行风险。温度和压力作为系统检测、控制的主要信号，更是不容有失，本节利用故障树分析法针对余热锅炉运行过程中存在的主要风险故障展开可靠性分析，为故障的诊断以及后续维修提供参考意见。

上一节中对相似部分较大的 DCS 做了一个可靠性框图，对控制系统各个硬件设备的冗余数量加以考虑，将各个设备的冗余数量反映到可靠性分析过程中。但是对于可靠性分析而言，仅仅从中找出薄弱部分是不够的，还需要去考虑故障形成的机理以及故障形成的本质原因。而这正是故障树方法的优点，通过故障树分析，我们就可以对余热锅炉控制系统的故障机理以及故障诱因有一个较为全面的了解。

9.3.1　余热锅炉汽包水位超限或满水故障树分析

联合循环机组中余热锅炉的汽水系统发生故障，会严重影响余热锅炉系统的稳定运行。根据故障现象和成因，采取合理可靠的处理措施来规避并且治理故障，对确保电厂汽水系统稳定运行意义重大。在汽水系统中，锅炉汽包满、缺水是长期困扰发电厂安全运行的恶性频发事件之一，对故障的早期征兆和发展趋势进行分析对于后续事故预警、规避事故发生具有重要意义。

汽包水位超限或满水，不会是毫无依据或者没有征兆的。一般情况下会有以下判断依据：① 汽包水位计就地指示过高。水位传感器显示值过高，水位高信号报警。②控制室各水位计同时向正值增大。DCS 画面上高水位报警，说明汽包水位在不正常快速上升。③给水流量不正常大于蒸汽流量。如果水位计显示错误，可能水位会显示不变，但这也是判断水位过高的重要因素之一，是从造成水位上升的原因角度去分析得出的。④ 蒸汽电导率增加，说明蒸汽中含水量变大，汽包水位异常上升。⑤ 严重满水时造成蒸汽带水，过热蒸汽温度急剧下降，主蒸汽管道发生水击和摆动。因此，需要根据余热锅炉现场运行情况对汽包水位过高或满水进行故障树分析。

如图 9-4 汽包水位超限或满水故障树所示，引发汽包水位高或满水有四个直接原因，汽包水位传感器故障已是底事件，可不再细分。汽包水位传感器故障后，可能会导致产生错误的汽包水位信号或者无法产生汽包水位信号。当错误的汽包水位信号通过信号传输通道进入到主控制器中后，会导致主控制器产生错误指令，执行机构错误动作提升汽包水位，继而造成汽包水位高或满水故障；当主蒸汽压力骤降时，也会造成汽包里面水位的上升，压力降低的同时水位会受压力影响而变化。造成主蒸汽压力骤降可以从蒸汽的产生和去向两个角度来分析。从蒸汽量产生来说，如果蒸汽量减少，主蒸汽压力会因为它而减少。造成其减少的原因可以追溯到燃料量问题侧，如果燃料量发生突变式减少，产生烟气减少，蒸汽量也会随之受影响。从蒸汽去向来分析，造成蒸汽量突然减少的最主要原因是负荷突增，对蒸汽的消耗增大从而造成主蒸汽压力的降低。除上述原因外，如果安全门动作，也会造成主蒸汽压力的降低。

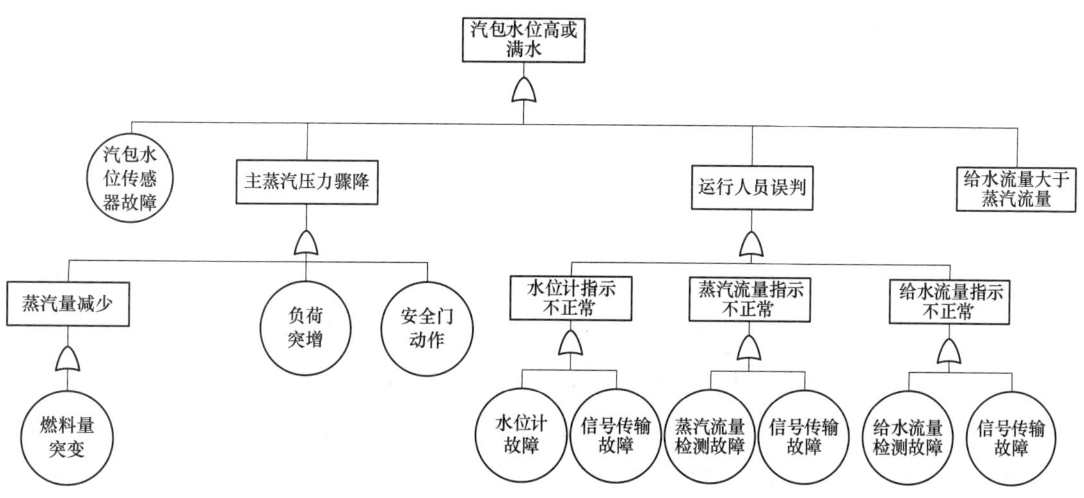

图 9-4 汽包水位超限或满水故障树

对造成汽包水位高的另外一个原因是运行人员的误判。虽然其中存在硬件故障，但主要仍是人为因素导致，不做赘述。对于汽包水位检测，一般来说，涉及三个主要信号，分别是水位信号、蒸汽流量信号及给水流量检测信号。上述三个信号不论哪个信号存在问题，都会造成运行人员的误判，发出错误指令，最终造成汽包水位高或满水故障的发生。这三个信号错误发生的原因可以从信号的产生以及信号的传输过程来分析。如果信号检测发生故障，或者信号传输线路故障，都有可能造成信号的错误，最终导致汽包水位高或满水事故的发生。

给水流量大于蒸汽流量是导致汽包水位高或满水的直接原因，故对此事故单独列写了故障树独立进行分析。如果主蒸汽调门故障，会造成蒸汽不受控制从调门离开，难以调控，从而造成主蒸汽压力降低。除此之外，从给水角度分析，如果给水泵发生故障，给水量不受控制，水量增多，也会造成汽包水位高或满水，非常危险。其实在余热锅炉的保护系统中，存在着汽包水位高的报警信号。如果水位报警信号失灵故障，而运行人员没有发现，也会造成给水流量大于蒸汽流量故障的发生，从而导致汽包水位高或满水。

如图 9-5 所示，汽包给水自动失灵，主要涉及的机构是 DCS 中的汽包水位控制系统。下面就锅炉执行机构接收信号异常来展开分析，包括给水泵、减温水阀以及疏水门接收信号异常，至于调门动作异常详见第 8.3.1 节图 8-4 和图 8-5。

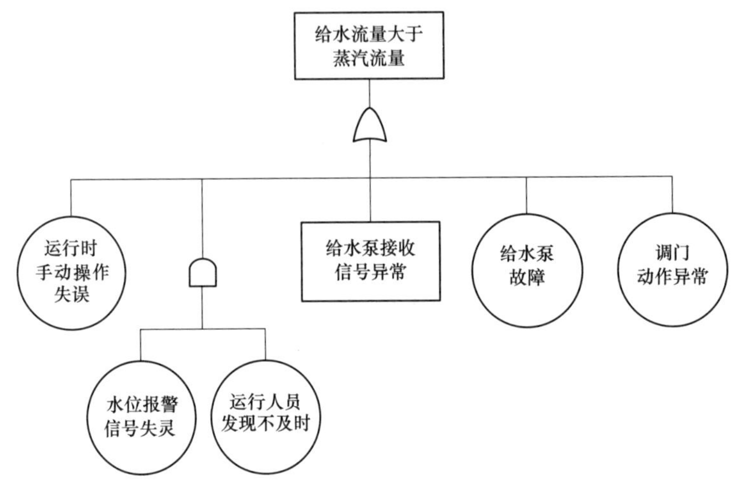

图 9-5　给水流量大于蒸汽流量故障树

图 9-6 针对的主要是现场级控制过程。由于现代的余热锅炉控制过程大多数通过 DCS 系统来实现，因此仅对现场级控制分析不足以估计整个系统的可靠性。下面从 DCS 系统的控制级进行分析，具体方法依然采用故障树分析。以第四章所参考的电厂为例，该电厂汽轮机机组设备中减温水阀和给水泵均为电动执行机构，而疏水门为气动执行机构。尽管在疏水门为气动执行机构，但并未采用类似主汽阀或调气阀采用分离式安装的方法，即疏水门气动执行装置与 DCS 信号接收装置安装位置相邻并不设有伺服机构，在将二者故障

统一为疏水门故障，即“疏水门”的前提下，故障分析过程可将其等同于电动执行机构。该电厂实际中，DCS系统控制级与各种电动执行机构之间的通信过程基本一致，故在图9-6中将“减温水阀接收信号异常”“给水泵接收信号异常”以及“疏水门接收信号异常”统一为“电动阀接收信号异常”进行分析。电动阀的直接信号源为I/O单元，“I/O单元发出信号异常”或者“I/O单元输出线路故障”均能导致“电动阀接收信号异常”。对“I/O单元发出信号异常”分析，可能是其本身故障即“I/O单元故障”，也可能是信号通信方面的原因，即“I/O单元接收信号异常”，二者采用或门连接。I/O单元中除I/O模件外，还有网络接口模件和安装底座，三者任何之一故障均可以导致I/O单元的功能无法实现，故三者采用或门连接。对“I/O单元接收信号异常”进行分析，可知I/O单元的直接信号源为I/O信号处理单元，并且二者之间通过现场通信网络实现数据传输，因此“I/O单元

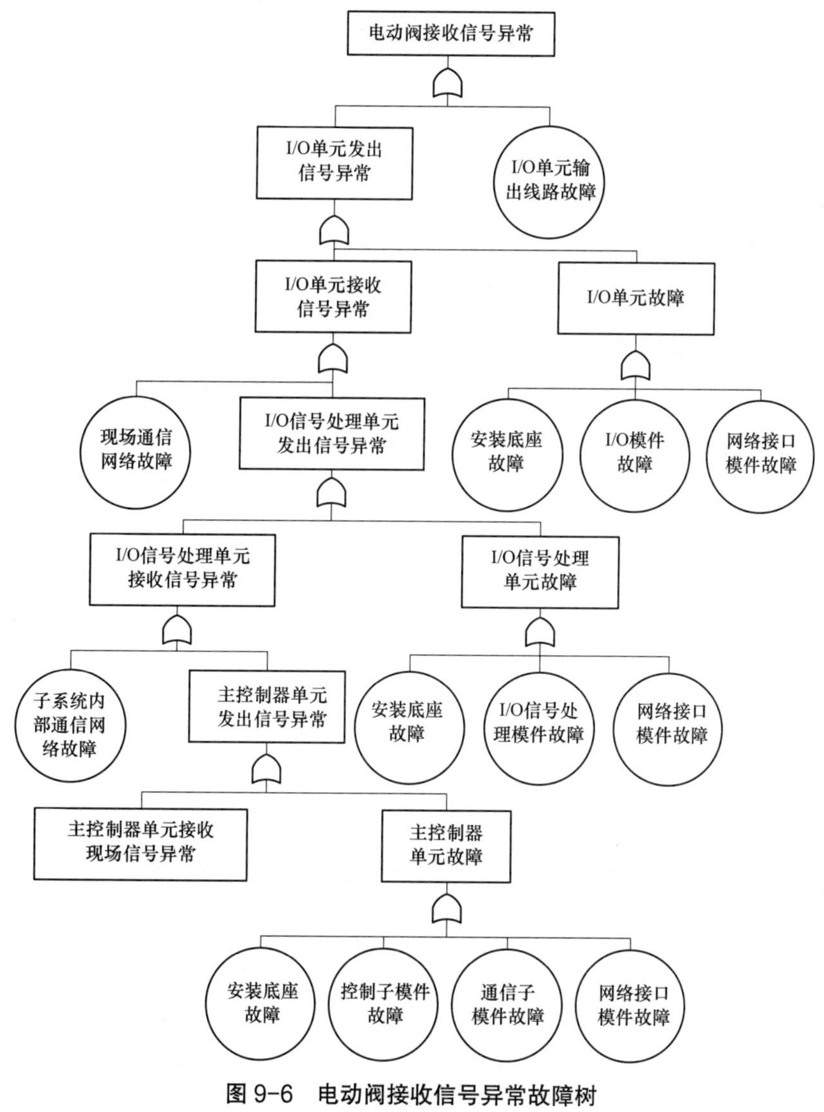

图9-6　电动阀接收信号异常故障树

接收信号异常”的直接诱因为“I/O信号处理单元发出信号异常”和“现场通信网络故障”，二者采用或门连接。同理，“I/O信号处理单元发出信号异常”的原因也分为两个可能，“I/O信号处理单元故障”或“I/O信号处理单元接收信号异常”，二者采用或门连接。这里，“I/O信号处理单元故障”与其他单元故障模式相同，分别为“安装底座故障”“核心模件故障”以及“网络接口模件故障”，三者采用或门连接。在对“I/O信号处理单元接收信号异常”分析方面，同样从信号源与通信网络的角度进行分析，其信号源与通信网络分别是主控制器单元和子系统内部通信网络，因此其直接诱因为“主控制器单元发出信号异常”和“子系统内部通信网络故障”，二者采用或门连接。“主控制器单元发出信号异常”的直接诱因同其它单元相似，但有一点不同。相似之处体现在两个方面：一是自身故障，即“主控制器单元故障”；一是信号传输出错，即“主控制器单元接收现场信号异常”。不同之处在于，主控制器需要执行组态逻辑管理功能，不仅依赖于硬件还依赖于软件。因此，“主控制器单元发出信号异常”的第三个诱因为“组态逻辑错误”，这三个诱因采用或门连接。

最后，对“主控制器单元接收现场信号异常”进行分析，如图9–7所示。

该分析过程与前文的分析过程和分析方法相同，但是追溯底层故障事件所需的信号通信过程是截然相反。前面的分析过程所侧重的通信过程主要是控制指令的生成，需要从现场级往上向控制级追溯控制信号；而此处“主控制器单元接收现场信号异常”侧重的是现场信号的接收，需要从控制级往下向现场级追溯现场信号。主控制器单元的直接信号源有两个，一个是监控级通过操作网和控制网向主控制器单元所传达的命令或下装的逻辑，另一个是来自现场的信号。本文侧重于自动控制系统的故障，故对监控级的命令不予以考虑。至于组态逻辑的下装过程与汽轮机事故中的相同，详见第8.3.1节图8–7主控制器模件组态逻辑错误故障树及相关分析。这里仅对来自现场的信号源予以分析，建立的“主控制器单元接收现场信号异常”故障树如图9–7所示。来自现场的信号首先通过I/O单元，然后通过现场通信网络连接至I/O信号处理单元，再经过子系统内部通信网络至主控制器，最后根据组态逻辑进行逻辑运算。每个单元均需要考虑信号接收与信号发送过程。在接收信号的过程中不仅要考虑信号源的信号发送过程是否正常还需要考虑数据通信网络是否正常；在信号发送过程中，需要同时判断能否正常接收信号源发送的信号，以及自身是否出现故障。上述过程与前文类似，仅信号传输方向有所不同。需要注意的是，I/O单元所接收的现场信号不仅包括现场的现场信号还包括电动机构的阀位反馈，因此底事件为“阀位反馈线路故障”“现场信号传输线路故障”以及“相应现场信号的传感器故障”，三者采用或门连接。

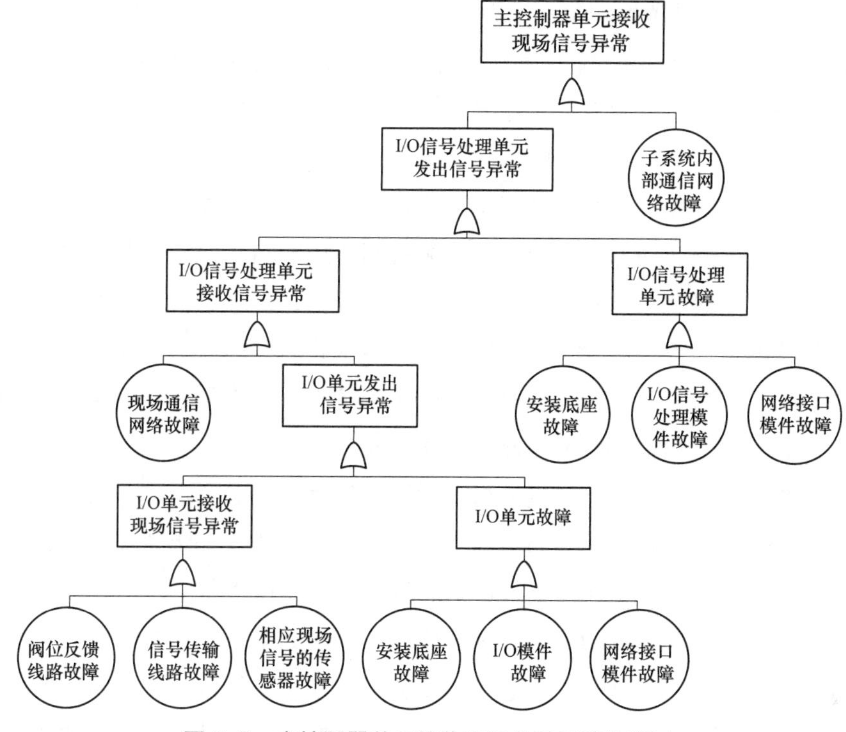

图 9-7　主控制器单元接收现场信号异常故障树

9.3.2　汽包水位低或缺水故障树分析

同汽包水位高一样，汽包水位低也是造成锅炉故障的因素之一，我们同样对汽包水位低或缺水按上述故障树分析方法进行分析。

汽包水位低或缺水主要有如下特征和表现：① 汽包水位计低于正常水位；② 控制室各水位计同时降低，低水位报警；③ 给水流量不正常小于正常蒸汽流量。

如图 9-8 汽包水位低或缺水故障树所示，造成汽包水位低或缺水的直接原因有如下 5 点：

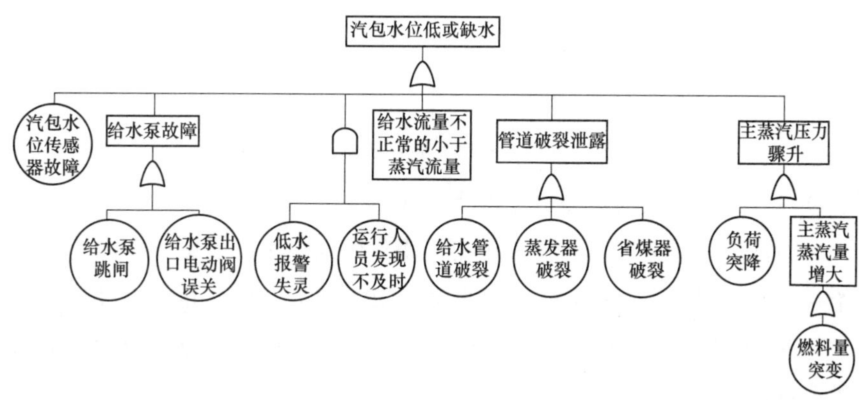

图 9-8　汽包水位低或缺水故障树

（1）汽包水位故障是考虑的第一个因素，也是底事件之一，无法再去细分。

（2）如果汽包水位传感器故障，错误水位信号会传输到主控制器，从而造成错误指令传输到执行机构上，从而可能导致汽包水位低或缺水故障的发生。

（3）如果给水泵发生故障，造成给水量减少，但是如果此时蒸汽量仍在正常去往汽轮机做工，水量的进入远小于蒸汽量的流出，汽包水位会大幅减少造成汽包水位过低或缺水的后果，这里的给水泵故障原因主要指给水泵跳闸造成的给水停止以及给水泵出口电动阀误关。如果在水流动过程中存在泄漏，水压会相应降低，也会造成水位低或缺水故障。此故障可以归纳为管道破裂引起泄漏，一般主要指给水管道破裂、蒸发器破裂或者省煤器破裂。从蒸汽侧分析，如果主汽压力骤升，水位也会随着相应降低，一般来说，造成主蒸汽压力骤升的原因可以从负荷侧和燃料侧两个角度来分析。

（4）从燃料侧来说，如果燃料量突增，烟气量加大，势必会造成蒸汽量增加，蒸汽压力增大，而水位也会下降出现水位过低现象，从负荷侧分析，如果负荷突降，蒸汽消耗量减少，也会造成蒸汽量消耗减少而造成的短暂性的主蒸汽压力骤升。

（5）除此之外，也存在以为人为因素造成的故障，如果低水位报警信号失灵，而运行人员未能及时发现汽包水位在降低的趋势，也会造成汽包水位低或缺水的后果。

因为给水流量不正常地小于蒸汽流量原因较为复杂，列写其故障树图如图 9–9 所示。

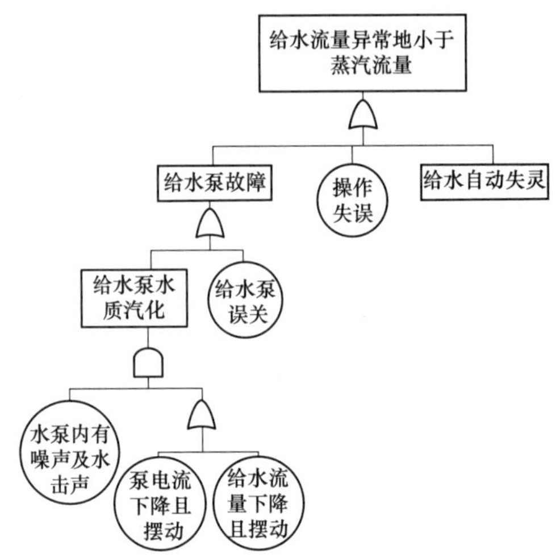

图 9–9　给水流量异常地小于蒸汽流量故障树

由图 9–9 可知，其主要有以下 3 个原因：

（1）人为因素造成的故障。在这里主要指操作失误引起的问题。

（2）给水自动失灵引起的故障 . 给水自动失灵主要涉及信号传输以及信号处理整个过程，涉及主要是 DCS 控制系统的硬件组成部分，在前文里面已经有较为详细的介绍，在这里不再进行重复介绍。

（3）给水泵故障是造成给水流量不正常地小于蒸汽流量的主要问题，给水泵故障可以向下细分为给水泵误关以及给水泵汽化两部分，给水泵误关会使给水流量直接小于蒸汽流量，对系统造成的影响显而易见；给水泵水质汽化主要由给水泵内有水冲击声以及给水泵电流下降摆动或者给水流量下降且摆动造成，也会对给水造成重大影响，大幅减少给水泵流量。

9.3.3 过热蒸汽温度异常故障树分析

在锅炉运行过程中，过热蒸汽温度是锅炉运行质量的重要指标之一。过热蒸汽温度过高，可能造成过热器蒸汽管道损坏，过热蒸汽温度过低，会降低热效率，严重时会使过热蒸汽管道局部过冷，引起炸管。在锅炉运行中，必须保持过热蒸汽温度稳定在规定值附近。因此，对过热蒸汽温度异常故障采用故障树进行分析，如图 9-10 所示。

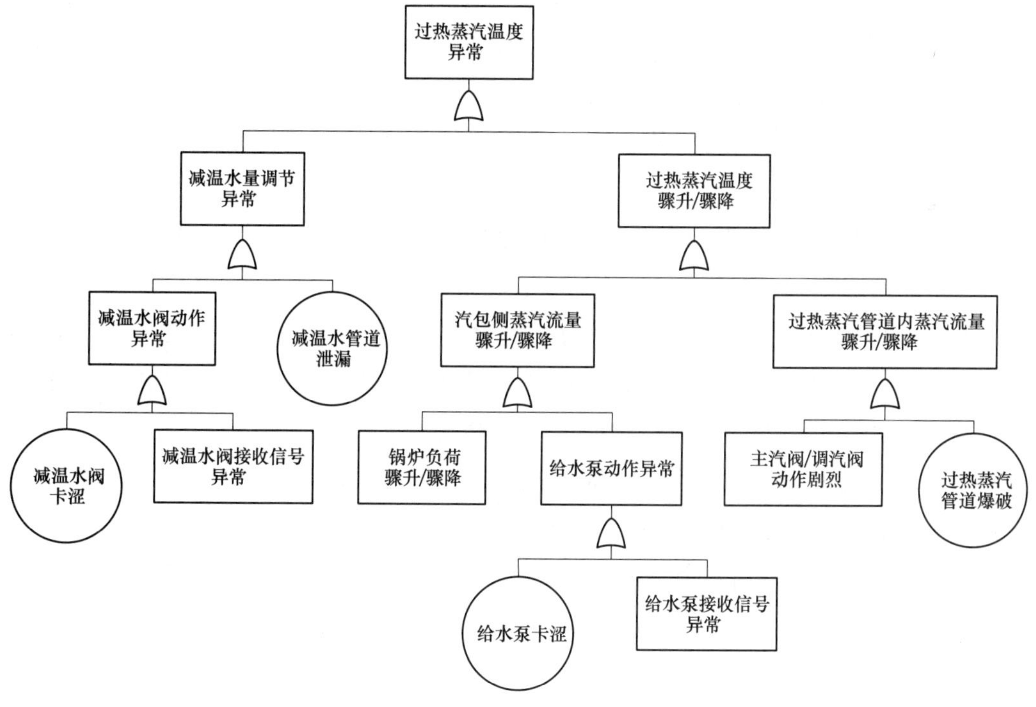

图 9-10 过热蒸汽温度异常故障树

引发顶事件“过热蒸汽温度异常”的直接因素有两个：一方面由于过热蒸汽温度控制是通过调节减温水量来直接实现的，因此“减温水量调节异常”必然会引起“过热蒸汽温度异常”；另一方面，在喷水减温调节正常的情况下，“过热蒸汽温度骤升 / 骤降”也是过热蒸汽温度异常的重要表现。综上所述，“减温水量调节异常”和“过热蒸汽温度骤升 / 骤降”采用或门与顶事件“过热蒸汽温度异常”连接。

下面对“减温水量调节异常”进行分析。已知有两方面因素会导致其直接产生，除了控制减温水量的执行结构，即“减温水阀动作异常”外，“减温水管泄漏”同样会直接引发“减温水量调节异常”，故二者采用或门与“减温水量调节异常”连接。至于“减温水阀动作异常”，在该联合循环机组中锅炉侧减温水阀为电动阀门，一般由 DCS 通过一系列逻辑判断形成减温水阀控制指令，再从 I/O 单元向减温水阀传达控制指令。因此，直接引发“减温水阀动作异常”的因素，一方面可能是“减温水阀卡涩”，另一方面可能是信号通信方面的因素，即“减温水阀接收信号异常”，二者之一均可以导致“减温水阀动作异常”，故采用或门连接。“减温水阀接收信号异常”详见第 9.3.1 节图 9–6。

对造成顶事件“过热蒸汽温度异常”的另一方面因素，即“过热蒸汽温度骤升 / 骤降”，其主要是因为过热蒸汽流量骤升 / 骤降而引发，据此可进一步分析并将其划分为两方面因素。一方面可能是由于“过热蒸汽管道内蒸汽流量骤升 / 骤降”而引发，另一方面也可能是由于“汽包侧蒸汽流量骤升 / 骤降”而引发。

在对“过热蒸汽管道内蒸汽流量骤升 / 骤降”分析方面，过热蒸汽流量由主汽阀 / 调节汽阀直接调节，因此“主汽阀 / 调汽阀动作剧烈”必然会导致“通过过热蒸汽管道的蒸汽流量骤升 / 骤降”。除此之外，不论主汽阀 / 调汽阀动作是否正常，“过热蒸汽管道爆破”也必然导致该故障事件的发生。

至于引发“汽包侧蒸汽流量骤升 / 骤降”的直接因素除了控制汽包侧蒸汽流量的给水泵方面，即“给水泵动作异常”外，“锅炉负荷骤升 / 骤降”也会引发该事件发生，二者采用或门连接。其中，“给水泵动作异常”的直接诱因与“减温水阀动作异常”相同，分别为“给水泵卡涩”和“给水泵接收信号异常”，同理二者采用或门连接。“给水泵接收信号异常”详见第 9.3.1 节图 9–6。在上述分析过程中，“锅炉负荷骤升 / 骤降”已在燃气轮机故障中分析而“主汽阀 / 调汽阀动作剧烈”与汽轮机故障中的“主汽阀 / 调节汽阀动作异常”除阀门自身原因外在信号通信方面的故障机理相同。

需要注意的是，“过热蒸汽温度异常”故障树考虑的情况是：现场信号的接收及逻辑运算过程和控制信号发送过程，均由同一个子系统主控制器单元完成。事实上其他电厂可能还存在着上述两个过程由两个子系统主控制器单元完成的情况。该情况下，上述故障树的分析过程需要额外考虑一个子系统主控制器单元内的各个模件以及两个子系统之间的通信网络，即子系统间通信网络。

9.3.4 过热蒸汽压力异常故障树分析

蒸汽压力过高，总的有用焓降增加了，蒸汽的做功能力增加了。因此，如果保持原负荷不变，蒸汽流量可以减少，对机组经济运行是有利的。但最后几级的蒸汽湿度将增加，特别是对末级叶片的工作不利。主蒸汽压力升高超限，最末几级叶片处的蒸汽湿度大大增加，叶片遭受冲蚀。新蒸汽压力升高过多，还会导致导汽管、汽室、汽门等承压部件应力的增加，给机组的安全运行带来一定的威胁。压力过低导致机组的效率下降，同样的负荷需要更多的蒸汽量来满足，导致叶片过负荷，温度过低蒸汽带水，严重时发生水冲击。下面对“过热蒸汽压力异常”进行分析，建立的故障树如图 9–11 所示。

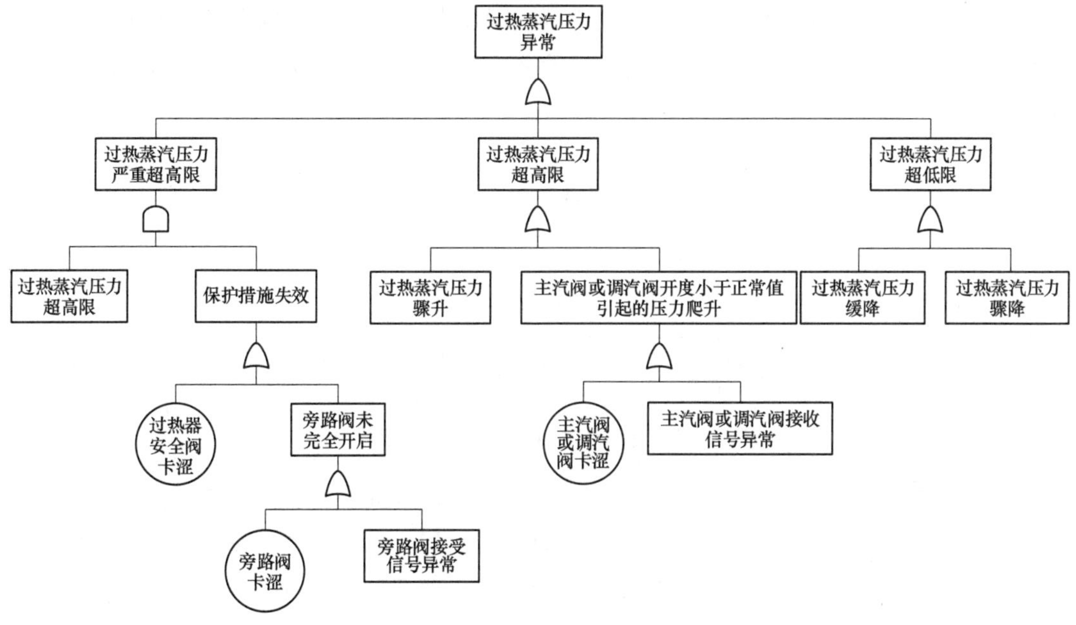

图 9-11 过热蒸汽压力异常故障树

顶事件“过热蒸汽压力异常”包括“过热蒸汽压力超高限”和“过热蒸汽压力”超低限两个方面。一般情况下，当过热蒸汽压力超高限时，会有相应的保护措施来防止过热蒸汽压力进一步增大，如自动开启旁路阀和过热器安全阀。如果二者不能正常开启，会造成更严重的后果。综上所述，将过热蒸汽压力失控进一步恶化，原因将是“过热蒸汽压力严重超高限”，因此，除“过热蒸汽压力超高限”和“过热蒸汽压力超低限”外，还应添加“过热蒸汽压力严重超高限”，三者采用或门与顶事件连接。新添加的故障事件是在“过热蒸汽压力超高限”的基础上“保护措施失效”造成的，故二者采用与门和“过热蒸汽压力严重超高限”连接。在上述保护措施中，过热器安全为介质驱动，不依赖外接设备原件；旁路阀为电动阀，不仅依赖于自身还依赖于 DCS 的信号通信过程。综上所述，保护措施失效可以归纳为“旁路阀未完全开启”和“过热器安全阀卡涩”，二者采用或门连接，并且“旁路阀卡涩”或者“旁路阀接收信号异常”均可以导致“旁路阀未完全开启”，而旁路阀和减温水阀作为电动阀在 DCS 系统中的通信过程相同，详细分析过程可直接参考第 9.3.1 节余热锅炉汽包水位超限或满水故障树分析中图 9-6 电动阀门接收信号异常故障树及相关分析过程。“过热蒸汽压力超高限 / 低限”的直接诱因从压力变化速率上均可划分为两个方面：一方面为“过热蒸汽压力缓升 / 缓降”；另一方面为“过热蒸汽压力骤升 / 骤降”。

图 9-12 中，“过热蒸汽压力骤升 / 骤降”的直接诱因与“过热蒸汽温度骤升 / 骤降”相同，均由蒸汽流量急剧变化而导致，可以细致划分为“汽包侧蒸汽流量骤升 / 骤降”和“过热蒸汽管道内蒸汽流量骤升 / 骤降”，二者同样用或门连接。更深层次的分析，详见第 9.3.3 节过热蒸汽温度异常故障树分析。过热蒸汽压力缓升和缓降的直接因素有所区别，

缓升主要由主汽阀或调汽阀开度小于正常值而引起，即“主汽阀或调汽阀开度小于正常值引起的压力爬升”，继续深究可归结为“主汽阀或调汽阀卡涩”或者“伺服油动机接收阀位信号受阻”。

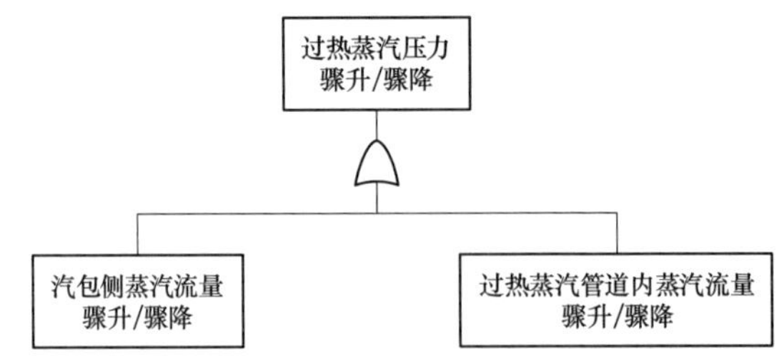

图 9-12　过热蒸汽压力骤升 / 骤降故障树

过热蒸汽压力缓降故障树如图 9-13 所示，分析过程如下：上文中提到的保护措施，即过热器安全阀与旁路阀，仅在压力超高限时开启，其他情况下二者未完全关闭，会引起蒸汽流量的损失，进而导致蒸汽压力缓慢下降。因此，除“主汽阀或调汽阀开度大于正常值”外，“过热器安全阀卡涩”或者“旁路阀未完全关闭”也会导致“过热蒸汽压力缓降”，三者采用或门连接。

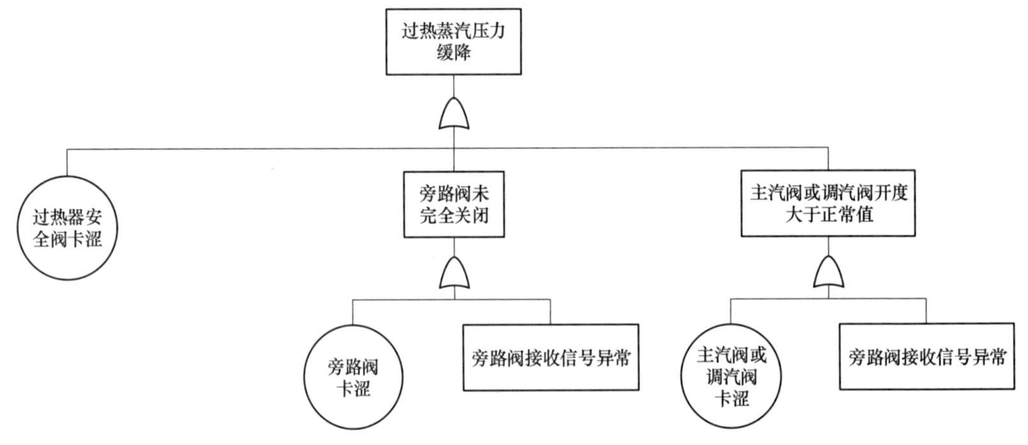

图 9-13　过热蒸汽压力缓降故障树

图 9-13 中，“主汽阀或调汽阀开度大于正常值”以及“旁路阀未完全关闭”的直接诱因分别与“主汽阀或调汽阀开度小于正常值”和“旁路阀未完全开启”相同。

9.4　小结

本章主要是对余热锅炉部分进行可靠性分析。首先简要介绍了余热锅炉的基本知识以及在联合循环机组中的余热锅炉与常规锅炉的不同之处。然后针对某型号余热锅炉控制系统通过可靠性框图法进行了可靠性分析，包括控制系统所使用模件的冗余情况和信号传输过程。对运行人员在针对薄弱环节进行改进以及后续的故障诊断工作都有重要的参考意见。接着，针对余热锅炉在运行过程中出现的主要故障，如汽包水位高或满水、汽包水位低或缺水、过热蒸汽温度异常以及过热蒸汽压力异常等问题进行了故障树分析。从故障树的顶事件开始追溯，一直追溯到涉及现场执行机构或控制系统的组成部件为止，详细描述了故障发生的各类原因，对后续运行人员避免事故的发生以及维修人员对机组定期巡检都有重要的参考借鉴意义。

参考文献

[1] 白焰，董玲，杨国田，译.Goble W M. 控制系统的安全评估与可靠性 [M]. 北京：中国电力出版社，2008.

[2] 王鹏，白焰，付亚利. 分散控制系统模拟量输出模件的安全评估 [J]. 化工自动化及仪表，2014，41（6）：680-683.

[3] 王志军，刁友锋，于孝宏，等. 燃气 – 蒸汽联合循环机组设备故障典型案例汇编 [M]. 北京：中国电力出版社，2019.

[4] 蔡青春，薛少华，龙双喜，等. 大型燃气 – 蒸汽联合循环发电设备与运行：机务分册 [M]. 北京：机械工业出版社，2013.

[5] 张东晓. 大型燃气 – 蒸汽联合循环发电技术丛书. 控制系统分册 [M]. 北京：中国电力出版社，2009.

[6] 朱达，苏烨，俞军，等. 燃气轮机发电机组控制系统典型故障分析与预控 [M]. 北京：中国电力出版社，2019.

[7] 张会生，周登极. 燃气轮机可靠性维护理论及应用 [M]. 上海：上海交通大学出版社，2016.

[8] 陈创庭，马晓茜，郭棋霖，等. 燃气 – 蒸汽联合循环机组运行与检修热控分册 [M]. 广州：华南理工大学出版社，2019.

[9] 白翎. 火电厂重要辅助设备可靠性状态识别研究 [J]. 热力发电，2017，46（11）：25-31.

[10] 赵智聪，靳江红，王庆，等. 基于多故障冲击模型和故障树的 PFD_（avg）计算方法研究 [J]. 中国安全生产科学技术，2021，17（4）：42-46.

[11] 苏烨，丁俊宏，丁宁，张江丰，孙坚栋. 全国燃气轮机联合循环机组热控系统典型故障分析及预控措施建议 [J]. 浙江电力，2020，39（8）：95-102.

[12] 方昆，梁前超，罗菁，梁一帆. 基于故障树的 SOFC-GT 联合循环系统可靠性研究 [J]. 海军工程大学学报，2020，32（4）：99-105.

[13] 吴龙剑，丁智华，徐宁，李红仁. 基于状态监测的发电设备可靠性增长模型研究 [J]. 设备管理与维修，2018，（24）：23-26.

[14] 张帅，唐健，严晶. 燃气轮机防喘放风气系统可靠性分析与优化 [J]. 热力透平，2016，45（1）：70-74.

[15] 曹策，王鹏，白焰，唐艳梅，付亚利 . 考虑共因失效的系统安全性评估 [J] . 数学的实践与认识，2017，47（23）：97–107.

[16] 高喜奎，白焰，蒋敏敏，琚赟 . 在线分析仪器故障诊断专家系统通信协议解析 [J] . 自动化与仪表，2015，30（8）：27–30.

[17] 侯国莲，戴晓燕，弓林娟，徐海鑫，张建华 . 基于 T–S 模糊模型的燃气轮机系统负荷跟踪多目标预测控制 [J] . 中国电力，2020，53（11）：212–219，226.

[18] 姚秀平 . 李建刚，主编 . 汽轮机设备及运行 [M] . 北京：中国电力出版社 .2009.

[19] 孙奉仲 . 大型汽轮机运行 [M] . 北京：中国电力出版社 .2008.

[20] 黄庆宏 . 汽轮机与燃气轮机原理及应用 [M] . 南京：东南大学出版社 .2005.

[21] 韩中合等编著 . 火电厂汽机设备及运行 [M] . 北京：中国电力出版社 .2002.

[22] 方建勇 . 燃气 – 蒸汽联合循环机组运行与检修主机分册 [M] . 深圳市广前电力有限公司，编 . 华南理工大学出版社 .2019.

[23] 肖小清 . 中国 M701F 燃气轮机主控系统特点及其一次调频特性 [J] . 中国电力，2008，53（8）：72–75.

[24] 朱明飘，席亚宾，邓小明 .M701F 联合循环机组旁路控制系统的特点 [J] . 广东电力，2007，30（6）：24–26，40.

[25] 罗国平 . 汽轮机组轴向位移和胀差传感器的零位锁定技术 [J] . 仪器仪表与分析监测，2007，23（4）：29–31.

[26] 黄力森，陈红英 .M701F 型燃气轮机冷却空气系统 [J] . 热力发电，2006，35（10）：54–56，59，77.

[27] 郭力，胡斌，李柏岩，冯桂清，刘锡海，刘石 . 燃气轮机发电机临界转速振动故障的诊断 [J] . 广东电力，2010，23（4）：81–85.

[28] 曹越，赵攀，王江峰，戴义平 . 带回热的燃气轮机 – 有机朗肯联合循环热力设计 [J] . 燃气轮机技术，2018，31（1）：11–15.

[29] 乔红，曹越，戴义平 . 燃气 – 蒸汽联合循环变工况性能和控制策略的研究 [J] . 热能动力工程，2017，32（3）：33–39，132–133.

[30] 王建永，王江峰，王红阳，戴义平，赵攀 . 有机朗肯循环地热发电系统工质选择 [J] . 工程热物理学报，2017，38（1）：11–17.

[31] 乔红，曹越，戴义平 .300MW 重型燃气轮机数学建模与动态仿真 [J] . 燃气轮机技术，2016，29（2）：28–33.

[32] 强雄超，陈海朝，杜洋，任敬琦，戴义平 . 燃气轮机动态仿真及排放特性研究 [J] . 燃气轮机技术，2018，31（4）：9–14，8.

[33] 张颖 .GE9FA 重型燃气轮机建模与控制研究 [D] . 华北电力大学，2014.

[34] 杜洋，戴义平，任敬崎，曹越，王江峰，赵攀 . 采用改进粒子群优化算法的燃机联合循环全工况性能优化方法 [J] . 中国电机工程学报，2021，41（10）：3434–3446，3669.

[35] 戴义平，张俊杰，李磊，王志强，高林.卧式布置主汽门关闭特性研究[J].汽轮机技术，2009，51(4)：241-244.

[36] 靳彦荣.基于DCS技术的水利枢纽闸门水电联合控制系统设计[J].中国水能及电气化，2021，17(3)：27-32.

[37] 江志文.完善DCS控制方案提高异常处理能力[J].电子技术与软件工程，2021，10(3)：125-126.

[38] 盛晖.WOODWARD505控制器结合横河DCS在汽动给水泵中的应用[J].化工自动化及仪表，2021，57(3)：302-305.

[39] 曾丽芳，吴志强，刘朝晖，等.一种新型适用于核电厂DCS系统输出模块可靠性分析方法[J].兵工自动化，2021，40(1)：55-59.

[40] 陈亮亮，吴斯鹏，王高尚.某项目DCS与ACC系统通讯跳跃故障处理方案研究[J].机电工程技术，2021，50(2)：227-229.

[41] 张兆宇，刘尚明.基于神经网络的重型燃气轮机启动过程建模研究[J].热力透平，2020，49(3)：169-174，185.

[42] 刘尚明，何皑，蒋洪德.重型燃气轮机控制发展趋势及未来关键技术[J].热力透平，2013，42(4)：217-224.

[43] 张兆宇，刘尚明.基于数据的燃气轮机建模与控制技术概述[J].热力透平，2019，48(2)：89-95.

[44] 邓奇超，刘尚明，孙晖.燃气轮机神经网络前馈控制对一次调频的影响[J].热力透平，2015，44(2)：127-132.

[45] 蒋洪德，任静，李雪英，谭勤学.重型燃气轮机现状与发展趋势[J].中国电机工程学报，2014，34(29)：5096-5102.

[46] 黄伟，常俊，孙智滨.重型发电燃气轮机的建模与状态监测研究[J].热能动力工程，2020，35(3)：81-86.

[47] 蒋洪德.加速推进重型燃气轮机核心技术研究开发和国产化[J].动力工程学报，2011，31(8)：563-566.

[48] 黄超群，王波，张士杰，赵丽凤，肖云汉.F/G/H级重型燃气轮机联合循环底循环热力性能简明估算模型[J].中国电机工程学报，2019，39(21)：6320-6328.

[49] 钟再锡，霍兆义，汪新，等.低热值煤气燃气轮机联合循环运行方案分析[J].中国电机工程学报，2021，41(16)：5650-5661.

[50] 郭赉佳，韩朝兵，陆炳光，等.基于余热利用的燃气轮机进气暖风技术研究[J].动力工程学报，2021，41(4)：278-285.

[51] 李鸿扬，温旭辉，王又珑.基于分轴燃气轮机发电的混合动力系统建模与分析[J].电工电能新技术，2021，40(2)：50-57.

[52] 冯永志，孟凡刚，黄延忠，等.重型燃气轮机转子启动过程热弯曲故障实验研究[J].节能技术，2021，39（4）：312-316.

[53] 陈云菲，罗海华，陈亦涵，等.用于高温供汽的燃气轮机热电联产储热系统仿真与性能研究[J].能源研究与利用.2021，33（2）：30-35.

[54] 蒋龙陈，王红军，张顺利.燃气轮机气流激振深度置信网络故障诊断模型[J].电子测量与仪器学报，2021，35（2）：115-121.

[55] 韩东江，郝龙，毕春晓，等.燃气轮机转子系统典型振动特性试验研究[J].振动与冲击，2021，40（4）：87-93.

[56] 滕伟，韩琛，赵立，等.基于改进粒子滤波的重型燃气轮机跳机故障预测[J].中国机械工程，2021，32（2）：188-194.

[57] 田明泉，杨和平.某型燃气轮机振动故障分析与处理[J].科技资讯，2011，9（03）：94-95，97.

[58] 李力，肖长歌.基于马尔科夫模型的核电厂汽轮机保护系统可靠性研究[J].热力发电，2020，49（1）：63-69.

[59] 万伟，董慕杰，刘玮，等.基于Petri网理论的核电站主给水系统建模及其可靠性分析[J].热力发电，2013，42（12）：17-21，39.

[60] Avval H B, Ahmadi P, Ghaffarizadeh A R, et al.Thermo-economic-environmental multiobjective Optimization of a gas turbine power plant with preheater using evolutionary algorithm[J]. International Journal of Energy Research, 2011, 35(5): 389-403.

[61] Arghode V K, Gupta A K.Development of high intensity CDC combustor for gas turbine engines[J]. Applied Energy, 2011, 88(3): 963-973.

[62] Guido Marseglia, Blanca Fernandez Vasquez-Pena, Carlo Maria Medaglia, Ricardo Chacartegui.Alternative fuels for combined cycle power plants: an analysis of options for a location in India[J]. Sustainability, 2020, 12(8): 3330-3330.

[63] Hyunwoo Song, Jeong-Min Lee, Junghan Yun, Soo Park, Yongseok Kim, Kyoung-Sup Kum, Young-Ze Lee, Chang-Sung Seok.Oxide layer rumpling control technology for high efficiency of eco-friendly combined-cycle power generation system[J]. International Journal of Precision Engineering and Manufacturing-Green Technology, 2020, 7(12): 185-193.

[64] Ivan Lorencin, Nikola Anđelić, Vedran Mrzljak, Zlatan Car.Genetic algorithm approach to design of multi-layer perceptron for combined cycle power plant electrical power output estimation[J]. Energies, 2019, 12(22): 4352.

[65] Jaroslaw Krzywanski.Heat transfer performance in a superheater of an industrial CFBC using fuzzy logic-based methods[J]. Entropy, 2019, 21(10): 910-919.

[66] Krzysztof Kosowski, Karol Tucki, Marian Piwowarski, Robert Stępień, Olga Orynycz, Wojciech Włodarski, Anna Bączyk. Thermodynamic cycle concepts for high-efficiency power plans. Part A: public power plants

60+[J]. Sustainability, 2019, 11(2): 554.

[67] Krzysztof Kosowski, Karol Tucki, Marian Piwowarski, Robert Stępień, Olga Orynycz, Wojciech Włodarski, Anna Bączyk.Thermodynamic cycle concepts for high-efficiency power plans. Part A: public power plants 60+[J]. Sustainability, 2019, 11(2): 554.

[68] Xuemei Zhang, Xiaolin Teng, Hoang Pham. Considering fault removal efficiency in software reliability assessment[J]. IEEE Transactions on Systems, Man & Cybernetics: Part A. Systems, Man, and Cybernetics, Part A, 2003, 33(1): 114–120.

[69] Y. -C. Hsieh and P. -S. You.An effective immune based two-phase approach for the optimal reliability-redundancy allocation problem[J]. Applied Mathematics and Computation, 2011, 218(4): 1297–1307.

[70] Liu B.Uncertain risk analysis and uncertain reliability analysis[J]. Journal of Uncertain Systems, 2010, 4(3): 163–170.

[71] Isermann R. Model-based fault-detection and diagnosis-status and applications[J]. Annual Reviews in Control, 2005, 29(1): 71–85.

[72] Isermann R. Model-based fault-detection and diagnosis-status and applications[J]. Annual Reviews in Control, 2005, 29(1): 71–85.

[73] Yaxiong Wang, Jiangfeng Wang, Ziyang Cheng, et al.Dynamic performance of an organic Rankine cycle system with a dynamic turbine model: a comparison study[J]. Applied Thermal Engineering, 2020, 181: 115940.

[74] Śliwiński M. Safety integrity level verification for safety-related functions with security aspects[J]. Process Safety and Environmental Protection, 2018, 118, 79–92.

[75] Yang Du, Gang Fan, Shaoxiong Zheng, Pan Zhao, Jiangfeng Wang, Yiping Dai.Novel operation strategy for a gas turbine and high-temperature KCS combined cycle[J]. Energy Conversion and Management, 2020, 217(C): 113000.

[76] Fuhaid Alshammari, Apostolos Pesyridis.Experimental study of organic Rankine cycle system and expander performance for heavy-duty diesel engine[J]. Energy Conversion and Management, 2019, 199(C). Article ID: 111998.

[77] Antonio Colmenar-Santos, David Gómez-Camazón, Enrique Rosales-Asensio, Jorge-Juan Blanes-Peiró. Technological improvements in energetic efficiency and sustainability in existing combined-cycle gas turbine (CCGT) power plants[J]. Applied Energy, 2018, 223: 30–51.

[78] Eslami Mostafa and Banazadeh Afshin. Control performance enhancement of gas turbines in the minimum command selection strategy[J]. ISA Transactions, 2020, 112: 186–198.